U0682533

The Sentimental Origin of Virtue:
An Inquiry into
Thought of Moral Sentiments

道德的情感之源

弗兰西斯·哈奇森道德情感思想研究

李家莲　著

ZHEJIANG UNIVERSITY PRESS
浙江大学出版社

图书在版编目（CIP）数据

道德的情感之源：弗兰西斯·哈奇森道德
情感思想研究/李家莲著. —杭州：浙江
大学出版社，2012.9
ISBN 978 – 7 – 308 – 10531 – 6

Ⅰ.①道…　Ⅱ.①李…　Ⅲ.①哈奇森，
F.（1694～1746）– 伦理学 – 研究
Ⅳ.①B82 – 095②B561.299

中国版本图书馆 CIP 数据核字（2012）第 207288 号

道德的情感之源：弗兰西斯·哈奇森道德情感思想研究
李家莲　著

责任编辑	杨苏晓	
装帧设计	丁　丁	
出版发行	浙江大学出版社	
	（杭州天目山路 148 号　邮政编码 310007）	
	（网址：http：//www.zjupress.com）	
排　　版	北京京鲁创业科贸有限公司	
印　　刷	浙江印刷集团有限公司	
开　　本	640mm×960mm　1/16	
印　　张	23	
字　　数	239 千	
版 印 次	2012 年 10 月第 1 版　2012 年 10 月第 1 次印刷	
书　　号	ISBN 978 – 7 – 308 – 10531 – 6	
定　　价	48.00 元	

版权所有　翻印必究　印装差错　负责调换
浙江大学出版社发行部邮购电话（0571）88925591

序

戴茂堂

在古希腊，物质生活算不上发达。和别的文明相比，古希腊文明是脱离尘世的文明，是最不功利的文明。古希腊人虽不为功利所动，但却渴望完美和幸福，向往美好的生活。对古希腊人来说，真正的幸福就是灵魂合于那最美好最完满的德性的现实活动。可是，历史进入近代之后，科学技术的"发展"，工业革命的"成功"，极大地提高了生产率，导致了物质财富急剧增加。更糟糕的是，在暴涨的物质财富面前，人们不再像古希腊时期那样欣赏和相信德性的力量，人的全部热情为自然物和作为人造物的商品所牵引，完全服从和服务于资本追求利润的需要。结果是，内在的德性比不上外在的产品，灵魂的优异比不上财富的华美。人与物的关系彻底地颠倒了。这种颠倒体现出物的价值上升的同时是人的价值的下降，导致了幸福与德性的分裂与剥离。外在世界的繁荣是以内心世界的萎缩为代价的，外在世界的胜利是以内心世界的失宠为代价的。外在世界形成了对内在世界的挤压，外在世界越强大，内在世界越渺小。外在世界越来越强大，并且越强大也就被认为越真实；内在世界越来越渺小，并且越渺小也就被认为越虚假。于是，内在世界被外在世界所牵引和统治。人被物所遮蔽，人与人的关系被物与物的关系所遮蔽。外在的事物越被看重，内在的人性就越被消解。人类总希望通过外在的什么来证明什么，可是到头来，当外在的东西越来越强盛的时候，我们突然发现，那一切只能证明我们自己因为失去了德性的支撑而变得越来越脆弱、越来越不幸。康德的伦理学把这种情况称之为"德性与幸福的二律背反"，似乎是缺德之人往往拥有高官厚禄，而有德之人多有不幸。在这二律背反的背后，康德看出了德性与幸福的双重异化。其实，"苏格兰启蒙运动领军人物"①、格拉斯哥道德哲学教授弗兰西斯·哈奇森 (Francis Hutcheson 1694 — 1746) 早于康德已经敏锐地发现了这种二律背反与双重异化。只不过，与古希腊的亚里士多德不同的是，尽管哈奇森赞美德性，但他不像亚里士多德那样认定，如果人能让灵魂中的理性的逻各斯和通神的努斯而不是让植物性灵魂和非理性的情感因素起主导作用，那么人就有了人之为人的德性，就能成为最优秀、最卓越、最幸福的自己；与近代的康德不同的是，尽管哈奇森也意识到道德与幸福的紧张与背反，但不像康德那样认定，如果人道德地行为就在于人对理性规则的意识和自觉，那么最高的道德境界就在于人能够根据纯粹理性的自我一致性这个规律来行动，体现出立法意志的自律。

亚里士多德和康德尽管不在同一个时代，但他们的伦理学

---

① William Robert Scott. *Francis Hutcheson：His Life，Teaching and Position in the History of Philosophy* [M]. Thoemmes Press, 1992, P 2.

都轻视情感，有着共同的理性主义倾向。他们都以为，理性能够确保个人之间的权利分配和秩序维护，没有理性就没有道德。而情感则是无章可循的，经不起反思和推演。在他们那里，道德能力就是指人的意志服从抽象的理性秩序或规则的能力。人的道德源自人的理性，理性为人的行为制定了规则和秩序。遵循道德和遵循合理性的规则是一个意思。可是，问题恰恰在于，在道德实践中总是那些未经反思的情感以一种非算计的方式推动着我们去乐善好施，而在乐善好施的过程中理性至多只是为促进道德行为的更好实现起着一种辅助作用。人道之关怀、伦理之同情等等总是理性主义者不能圆满解释的。何况不合理地行为并非是不道德地行为，合理性地行为也很难就说是合道德的行为。在西方，正是以哈奇森为代表的情感主义伦理学看出了这一点，才率先站出来与理性主义伦理学来进行对抗。哈奇森道德情感主义只是在近代特殊的历史语境中产生的，它把人的道德行为追溯为人的某种利他性的情感能力的运用或表现。道德关系原则上是一种情感关系，它是由仁慈、友爱等体现某种关怀他人的情感来维系的，而不是理性算计或设计的产物。道德本质上源自人内在的情感动因，只是仁爱之心的自行展露。在哈奇森看来，没有仁爱这种情感动因和情感能力，就没有道德。人道德地行为不是出于对规则的服从和对道德律的敬重，而是一种内在的情感作为动因的结果。所以，哈奇森反对把道德本身建基于合理性主义之上，而主张从情感主义立场重建道德理论，恢复道德的力量。

当近代大部分伦理学家都把道德解释为合理性的产物的时候，哈奇森把情感引入伦理学，本来意义非凡。但哈奇森的重要性在那个理性主义盛行的时代注定是要被遮蔽的。尽管他曾经影响了著名的斯密、休谟等等，但他自己的名字却鲜为人知。遗憾的是，在我们今天这个时代，至少在国内，依然还在持续着近代对哈奇森的这种遮蔽，并且有意无意地绕开哈奇森。结果导致对于哈奇森的研究，至今几乎还是一片空白。正是出于对哈奇森研究现状的不满，也是出于对伦理学疏忽情感之维的反思，李家莲博士利用她独特的英文优势，在广泛涉猎文献和原典的基础上，撰写了她的心血之作《道德的情感之源——弗兰西斯·哈奇森道德情感思想研究》，应该说是可喜可贺。

之所以导致哈奇森研究几乎一片空白，毫无疑问应该归缘于我们今天的伦理学依然缺乏对于内在情感的关切。本来，伦理学应该是富于人情味和感召力的。但是，今天的伦理学却显得有些冷漠，有些刚硬，缺乏亲和力。今天的伦理学把这种冷漠与刚硬首先指向了人自身。我们现有的伦理原则和道德条目，对于人自身来说，很是隔陌，有如一种"身外之物"。它们的提出由于缺乏足够的自我意识和自由意志之基础，大多像是一种外在于人的强制规定和刚性规范，像是一种冷冷的理性法则、抽象的道德玄谈或体面的思辨表达。当今天的伦理学家用现有的这套伦理原则和道德条目对大众进行启蒙、教化和规训时，不仅缺少亲和力，反而还表现出一种曲高和寡和居高临下的尴尬，表现出一种对人自身的精神冷淡。也就是说，无论人自身愿不愿意、认不认可，我们的伦理学几乎都期待或要求大众无条件地服从或接受它的伦理原则和道德条目，这是没有选择的选择。时下有人把这种情况形象地称之为"道德绑架"。我们的伦理学把这种冷漠与刚硬同时也指向了自然界。今天的伦理学建基于传统层次的人类中心主义立场上。传统层次的人类中心主义着眼于片面的人类利益，从而难以理解和接受环境友好原则、生态公平原则以及资源节约原则。建基于这种立场的伦理学不仅不能自觉地实现和完成对自然的关爱与呵护，并且还会有意无意地容忍甚至助长人类对自然的冷漠、征伐和敌视。当前，很是火热的生态伦理学急切地呼吁人们应当倾听大自然的声音，承担保护自然生态的道义责任，恰恰可以反过来理解为，这是在为我们的伦理学一度严重疏忽了对自然的尊重与热爱而"补课"。显而易见，今天的伦理学之所以显得有些冷漠和刚硬，很大程度上是因为它缺少了热情而温暖的情感的支撑——既对自然界缺乏敬畏之情，又对人自身缺乏仁爱之情。在自然界面前，如果没有敬畏之情，自然界就一定沦为要被征服的对象；在人自身面前，如果没有仁爱之情，人自身就一定沦为要被冷淡的对象。

然而，真正的伦理学却不能没有情感的支撑。甚至可以说，伦理学天然地就与情感具有某种亲缘关系。这主要是由伦理学特殊的学科性质所决定的。众所周知，伦理学是研究道德规范的学科。道德与法律是人类的社会生活到目前为止发展并建立起来的两种基本规范手段和制约机制。但这是两种不尽相同的规范手段和制约机制。法律是由国家机关制定、认可和解释，并通过国家强制力保证实施；而道德主要通过社会舆论、个人良心等非强制性力量发挥作用，既没有对违规行为的硬性制裁，更不须使用强制性暴力手段为自己开辟道路。如果说法律的至高无上出于人们在理性上的畏惧，那么道德的崇高力量出于人们在情感上的敬仰。法律是刚性化的硬约束，意味着一种限制，人必须被置于法律的约束范围之内，严格按照法律的规定行使权利和履行义务；而道德是柔性化的软约束，重在养成与范导，意味着个人的自我立法、自我命定，内蕴着个体的内心自觉与情感自愿。可见，即使作为一种行为的规范手段和制约机制，道德的本性也不是强制而恰好是自由。在这个意义上，可以说，与法律的冷峻与严厉恰好相反的是，道德充满自由感，道德使人的情感得到自由，得到敞开，而不是感到限制，感到异化。如果伦理学总是有意无意绕开人的自由情感，伦理学就难以提出有亲和力的道德原则来。道德意识的确立以及道德行为的发生都离不开道德主体的情感参与，所以不关切道德情感的伦理学是空洞的伦理学。对于伦理学来说，尽管自由情感本身还不是一条道德规范，但它却是考量一切道德规范的前提。当一个人不处于自由情感的状态下，他就不能保证他的行为是属于他自己的。而如果连自己的行为都受制于人或事，那他的行为的道德性将无从谈起。一个完善的道德行为首先应该是行为者在自由情感状态下自愿自觉地选择的结果。显然，伦理学也只有建立在自由情感之基础上才能最大限度地体现出伦理学的人学性质和人文关切。也正是在这个意义上，我们认为，伦理学不应该是冷漠的，而应该是温暖的、热情的。在今天，我们的伦理学要构筑起道德的大厦，就必须唤醒人温暖的情感，把道德的良知重新根植于人类的情感。正是在情感的深处，才会有道德的驻留地。因为只有伟大的情感才能够激发高贵的灵魂。只有魂牵梦萦的真情才能打开每个人的道德心扉。只有从心灵深处刮起的旋风才能激荡每个人的道德心海。所以，只有完成对人的情感的"占有"，我们的道德信仰

才能庄严地站起来。有了情感，世界到处都是可以"比德"的风景。情感如伞，可以撑开一片道德的晴空。情感似碗，盛满了关切与疼爱。情感似桥，可以让人与人、人与物、物与物相互贯通。在这个意义上，可以断言，今天的伦理学必须进行道德的情感还原，必须走向对道德情感的强调，必须敞开伦理学的情感维面，实现道德理性向道德情感的飞跃和转换。长期以来，我们的道德教育效果不佳，显然既不是听众太冷漠，也不是听众太迟钝，而是我们的道德说教苍白无力，不能以情动人。我们主张敞开伦理学的情感之维，就是要打落、反抗和推翻僵死的道德规范，赋予道德以生命的激情，使抽象的道德回返到具体的情感生活，将那些令人眼睛热、鼻子酸、心头颤的情感生活展示出来，将那些被理性剥夺了的情感生命重新发还给人。

在这个急功近利和实用主义的年代，每个人似乎都在努力寻求好的生活，但却并不清楚什么才是真正的好的生活。这种不清楚明显地表现在每个人似乎都想用外在的东西来定位好的生活，每个人的眼光都是向外寻求发展，都忙于应付自己身外的事情，并以外在的标准来衡量自身的成功和幸福。而无暇应付自己，包括自己的内心世界。可是，忙碌使他们注定只能生活在生活的表层，而不能回复到内心的深处。那样一来，可以找到的所谓好生活注定只能是外在于人的，不再有人愿意用心去关注自己的内心和灵魂、情感与德性。没有灵魂之光的普照，我们只能在浑浊漆黑的现实中奔忙，注定不能拥有好的生活。很多时候，很多人，就是这样成了现实的牺牲品。如唯利是图者被赤裸裸的金钱诱惑着，有了金钱的诱惑，贪婪无处不在，官僚主义者被热乎乎的权利诱惑着，有了权利的诱惑，阴谋无处不生。就这样，金钱往往就成了唯利是图者的滑铁卢，权利往往就执行了官僚主义者的安乐死。在这种情况下，伦理学假使想要充分地开掘人生的内涵和深度，就得去认同德性的力量和情感的魅力。否则，伦理学就很容易下降为以立法的方式来寻求好生活的道德规范论。其实，对于没有灵魂的人来说，外在的规范恰如一纸空文，形同虚设。实际上，在我们这个有了完善法制的社会，依然到处充斥着犯罪、恐怖、战争、生态失衡……导致这种状况的根本原因是，人忽视内在的良好品质，人过于冷漠无情。若要找到生活的善和意义，就得要从内部建立自己，完成自己，善化自己。规范论也是想建立自己，但由于忽视了内在的情感的力量，所以，总是不能真正完成自己。当道德和情感处于双重乏力的情况下，伦理学要想有所作为，必须接纳道德情感主义力量的加入。对于创新伦理学来说，这是一项基础性的工作，也是一项决定性的工作。有了这项工作，伦理学以后才不再会有对自然界和人自身的冷漠与刚硬。当然，也只有有了这项工作，我们才会读懂哈奇森以及他的情感主义伦理学的巨大意义。当然，也只有在那个时候，我们才会最大程度地去感受李家莲博士选择哈奇森伦理学来做博士论文的良苦用心和学术价值。

引　言

　　哲学永恒的主题离不开人，而作为人生哲学、价值哲学、幸福哲学的伦理学更是离不开对人性的关注。对于立足人性的伦理学来说，人的情感，尤其是道德情感具有更加特殊的意义。然而，在西方伦理思想史上，我们发现，同"理性"相比，"情感"不是一个受到重视的词汇。在西方伦理学中，情感往往被当作是与理性相对立的概念而只能在道德论证中扮演附属的角色。这样，在西方伦理学史研究中，少数对于情感问题给予了特别注意的伦理学家如弗兰西斯·哈奇森（1694—1746）等也在这种偏见中被有意无意地忽视了。可是，如果我们坚信，在探索人性的伦理学中，离开了对心灵的触动，离开了对良知的唤醒以及对情感的激发，所有的探索都不会开启道德世界的大门，相反，还会堵塞道德之源，那么，当我们今天在面对道德问题的时候，我们便应该把道德情感当作一个非常重要的伦理学话题来予以探讨，我们便有必要对专门讨论过道德情感问题的伦理学家进行专题研究。

　　在弗兰西斯·哈奇森全部道德哲学中，道德情感思想占据着基础性的重要地位，因为我们发现，在道德情感思想中，哈奇森对诸多哲学问题表达了自己的基本哲学立场。对哈奇森的道德情感思想而言，我们需要在其产生的历史背景和理论渊源（第一章）中了解哈奇森对道德与情感所持有的独特态度（第二章），在此基础上，我们还需要探讨哈奇森所讨论的道德情感的来源（第三章）以及如何培养（第四章）的问题，最后我们需要对哈奇森道德情感思想作出自己的评价（第五章）。

17世纪末以及18世纪早期苏格兰特有的历史背景孕育了哈奇森道德情感思想。苏格兰社会急剧变迁的政治、经济和文化氛围以及同时代思想家和新古典主义思潮中受人推崇的古代思想家们都对哈奇森道德情感思想的形成产生了影响。在道德问题上，哈奇森认为，道德的根源不存在于有别人的自然物之上，而只存在于人的身上，对人而言，道德的根源不存在于最高者的条律、理性、知识以及利益中，而只存在于人的情感中，而对人的情感而言，道德的根源不存在于自爱这种情感中，而只存在于指向他人的普遍而平静的无私仁爱中。为了论述普遍而平静的无私仁爱是道德的基础和根源，通过实现从美学研究到伦理学研究的过渡，哈奇森找到了可以进行道德判断的道德感官。经由道德感官的判断，我们知道，唯有普遍而平静的无私仁爱才是真正的道德情感，它不仅可以获得道德感官的赞许，而且可以给拥有它的人带来最高和最持久的幸福与快乐。然而，在找到了真正的道德情感之后，我们并不一定可以顺利地产生这种情感，相反，我们需要对这种情感进行不断的培养。哈奇森认为，只有通过对我们的理性进行训练，从而消除观念的虚妄联合，进而使我们的感官和感情保持纯粹，我们才能培养真正的道德情感。在培养道德情感的过程中，我们要对我们的情感进行控制，只有这样，我们才能找到走向幸福的路径。作为苏格兰启蒙运动的领军人物，哈奇森具有长老派牧师和格拉斯哥道德哲学教授双重身份，这种特殊身份决定了其道德情感思想的全部主旨是要使人的情感从指向亚伯拉罕启示神转为指向人类公共善或普遍善。

　　从总体来看，哈奇森道德情感思想具有三个明显的理论特征：其一，这种道德情感的基础建立于整体的乐观人性论之上；其二，道德评价的根据是感官论；其三，道德评价的原则是动机论。对哈奇森的道德情感思想而言，其最大的理论成就体现在，首先，哈奇森的伦理思想扩展了洛克开创的经验主义认识论的地盘，拓宽了它的理论深度；其次，通过高扬人的主体地位，哈奇森的道德情感思想为苏格兰社会从传统走向现代确立了新的信仰基础，在这个基础上，通过与自然法传统的联合，哈奇森道德情感思想有力地推动了社会公共领域内的进步。与此同时，我们需要注意的是，由于受到时代自身的局限，哈奇森的全部思想体系体现了浓厚的自然主义方法论特征。这样，我们发现，哈奇森美学混淆了"科学世界"和"美学世界"的界限，对于经由美学过渡而来的伦理学而言，它也混淆了"事实世界"和"价值世界"的界限。立足对人性的客观分析，我们发现，这种理论缺憾直接导致哈奇森所找到的道德情感是不完整的道德情感。但是，即使如此，我们还是要承认，哈奇森在道德情感问题上做出的历史性探索是非常有价值的，这种价值不仅体现为"自私的伦理学"从此之后变得不再那么"自私"，而且体现在哈奇森开创了英国思想史上的历史新篇章。

目　录

....

绪　　论

我们生活在一个渴慕成功的时代，一个五光十色的时代，一个心理危机不断涌现的时代，一个真正的道德情感日益被遗忘的时代。当追逐财富的欲望蔓延到人类生活的各个领域时，当来自性灵深处的自由之声日益淹没于时代的喧嚣时，我们感到了莫名的痛苦与失落。这是因为，我们发现，当我们征服世界的时候，我们性灵深处的精神家园早已被我们的"征服"所征服。当我们越来越热衷于获取外部世界的"成功"时，我们却早已越来越远离人类亘古以来赖以寄居并生生不息的永恒故乡。在很多时候，当我们暂时离开这热火朝天的一切而稍做片刻沉思时，我们或许会对自己的"成功"感到莫名的焦虑，因为我们已经无奈地感觉到，浮士德在荣华与显赫背后体验到的惊恐和无助正在向我们走近，我们所有行为和动机背后的根基已被我们挖掘一空。每当有了这种体验后，如果我们有机会独自面对自我，我们不禁会因直视了内心深处的苍白和荒凉而羞愧不已。在我们的人生经历中，这种类似的处境还有很多很多，而全部问题的本质最后却只通向一个问题：你所做的一切是否建立在真正的道德情感之上？

其实，这个问题并不为我们这个时代的人所独有。欧洲人，尤其是开产业革命之先河的英国人，早在两百多年前就注意到了这个问题。在近代社会的开端之处，当反对天赋观念论的英国哲学家们高唱着"自爱"的凯歌而把道德的根源归于至高者的奖惩时，在此之后的数个世纪，随着历史的发展，当美德被人视为"蠢行"时，当"私恶即公利"的观点四处流行时，真正的道德情感日益沦丧的危机在社会中逐渐显现。于是，英国社会的有识之士就走上了艰辛的思索之路，他们开始求教内心，开始观察人性并注意到这样一个事实：一旦人们不择手段地获取了梦寐以求的"成功"之后，曾经因为阻碍了他们的成功之途而被他们无情抛弃的众多高尚情感或美德又会得到复苏，面对这种现状，英国社会的思想家们开始不停地探索为什么人类的心灵会这般"反复无常"呢？人类心灵中是否天然就存在着某种不可磨灭的高尚情怀？我们的人性自身是否有可能包含某种真正道德且崇高的东西？如果答案是肯定的，那么，我们如何才能知晓并培养这种珍贵的情感呢？我们知道，在英国思想史上，从沙夫茨伯利勋爵到亚当·斯密，从哲学家休谟到大主教巴特勒，我们可以列举很多很多对此做出过思考的名单。然而，我们却常常忘记一个不该忘记的人物，一位身为斯密老师和休谟朋友的思想家，他不仅敏锐地洞察到了时代的问题，而且用自己的智慧开出了药方。虽然我们发现，由于受到时代自身的局限，他的药方未必能根治时代的痼疾。但是，难能可贵的是，这位身为苏格兰启蒙运动领军人物的思想家为我们解决问题暗示了一个方向。沿着这个方向，当我们今天面对曾同样困扰过他的那些问题时，我们幸运地发现，一切都是如此豁然开朗。我们之所以会感到如此幸运，这是因为我们发现，作为精神与灵魂的领路人，尽管他的思想未必很完善，也未必能让所有人信服，但是，他的探索仍然可以被称为瑕不掩瑜，因为他为我们指明了回"家"的方向。由于他的被发现，我们禁不住要感谢历史，感谢她以极大的慷慨给我们留下了丰厚的遗产，使我们在遭遇困境时能回过头来从他那里找到出路。这个"他"就是具有长老派牧师和格拉斯哥道德哲学教授双重身份的弗兰西斯·哈奇森（Francis Hutcheson，1694-1746）。

作为"现代美学的创始人"①以及"苏格兰启蒙运动领军人物"②或"苏格兰启蒙运动中第一位伟大的哲学家"③，作为对1740年以后进行写作的英国哲学家产生了深远影响的思想家，哈奇森在国外从来没有被遗忘过，既有高深的思想家对他的深情缅怀，也有普通的研究者对他的细心解读。就哈奇森的道德哲学而言，他之所以引人注目，不仅因为他重视情感在道德生活中的作用，而且在于，他的道德理论非常具有原创性，路易吉·特科把哈奇森视为"第一位在道德基础问题上提出自

---

① William Robert Scott. *Francis Hutcheson: His Life, Teaching and Position in the History of Philosophy* [M]. Thoemmes Press, 1992, p. 260.

② Ibid., p. 2.

③ Alexander Broadie. *The Tradition of Scottish Philosophy: A New Perspective on the Enlightenment* [M]. Edinburgh: Polygon. 1990, p. 92.

己原创性理论的苏格兰哲学家"①。在格拉斯哥大学，哈奇森被亚当·斯密称为"永远无法让人忘记的哈奇森"②。斯密于1737—1740 年在格拉斯哥大学聆听了哈奇森的授课，并"对哈奇森的人格留下了深刻印象"③。在专业和职业方面，斯密都受到过哈奇森的影响，"确实，在教育家或著述家中，再也没有人能够像这个人那样启迪他的良知，给他的思想指明方向。斯密有时被称为休谟的学生，有时被称为魁奈的学生。然而，如果说他是谁的学生，只能说他是哈奇森的学生。"④实际上，有研究者指出，"的确，当斯密开始写作他自己的《道德情操论》的时候，很显然，他已经吸收了相当多的哈奇森思想。"⑤除了斯密之外，"在创作自己的杰作时，头脑中对哈奇森念念不忘的哲学家就是休谟"⑥。正是这样，普莱尔（Arthur N. Prior）曾说，"在休谟的道德哲学思想中，没有什么东西不能追溯到哈奇森，只不过在休谟这里，它们变得更加清晰且有针对性而已。"⑦或许正是因为看到了哈奇森和休谟之

① 亚历山大·布罗迪（编）. 苏格兰启蒙运动 [M]. 北京：生活·读书·新知三联书店，2006 年，第 136 页.

② Ibid, p. 93.

③ William Robert Scott. *Francis Hutcheson: His Life, Teaching and Position in the History of Philosophy* [M]. Bristol: Thoemmes Press, p. 230.

④ 亚当·斯密. 道德情操论 [M]. 蒋自强等译. 北京：商务印书馆，1997 年，第5 页.

⑤ Alexander Broadie. *The Tradition of Scottish Philosophy: A New Perspective on the Enlightenment* [M]. Edinburgh: Polygon. 1990, p. 93.

⑥ Ibid, p. 93.

⑦ Bernd Graefrath. *Journal of Scottish Philosophy* [M]. Edinburgh: Edinburgh University Press, 2003, p. 179.

间的种种关联，肯普·史密斯（Kemp Smith）曾在 1941 年细
细地描述了哈奇森对休谟而言的种种功绩，拉尔夫（Ralph）曾
在 1947 年详细地讨论过哈奇森与休谟之间的各种联系①。在作
过详细比较之后，"肯普·史密斯曾经有力地论证说，休谟人
学中始终贯穿的总思路——我们根据自己的感情自然而然不
可避免地将世上本没有的各种特性'投射到'世界上——最初
受过哈奇森道德理论的启发。《人性论》第三卷可能最先写
成。"②由于休谟和斯密各自都从哈奇森那里受惠不少，因此，
有人指出，"我们甚至可以合理地揣度，通过哈奇森，休谟和
亚当·斯密建立了直接的关系。"③实际上，我们发现，即使在
18 世纪，哈奇森的历史影响就跨越了国界以及单一的学科领
域。在康德的前批判时期以及晚年著作中，在对哈奇森展开批
判的同时，哈奇森也成为康德高度尊重的人物之一。正是这
样，读者可以从康德的著作中明确地感受到哈奇森的影响。除
此之外，历史表明，在政治学领域和经济学领域，哈奇森也是
一个不可忽视的人物。

　　纵观国外的研究文献，我们可以发现，在时间上看来，哈
奇森的著作在 18 世纪曾多次在多个国家出版，针对哈奇森的
研究也大量出现。19 世纪哈奇森著作的出版和研究略有减少。

① V. M. Hope. *Virtue by Consensus: The Moral Philosophy of Hutcheson, Hume, and Adam Smith* [M]. New York: Oxford University Press, p. 1.
② 巴里·斯特德. 休谟 [M]. 周晓亮，刘建荣译，济南：山东人民出版社，1992 年，第 247 页.
③ 埃利·哈列维. 哲学激进主义的兴起：从苏格兰启蒙运动到功利主义 [M]. 曹海军等译，长春：吉林人民出版社，2006 年，第 13 页.

从 20 世纪到现在，哈奇森著作的出版以及针对其思想的研究再次多了起来。从内容上来看，自从 18 世纪以来，对哈奇森的研究大致可以从以下四个方面进行总结：其一宏观研究。这种研究主要集中在对哈奇森个人人生经历、性格的记述，以及对他的思想在哲学史上的继承关系进行探索。最有代表性的作品是由威廉·罗伯特·司各特（William Robert Scott）所写的《弗兰西斯·哈奇森：生活、教学以及在哲学史上的地位》一书。其二美学研究。彼特·基维（Peter Kivy）在这方面作了长久而细致的研究，他于 1976 年出版了《第七感官：哈奇森与 18 世纪英国美学》(*The Seven Sense：A Study of Francis Hutcheson's Aesthetics and Its Influence in Eighteenth-Century Britain*) 一书。在经历了时间的考验之后，牛津大学出版社于 2003 年出版了该书的修订版。修订版的前面两个部分未对 1976 年版进行修改，第三部分按主题收录了作者自 1976 年以来在期刊杂志上发表的有关哈奇森美学研究的七篇论文。除此之外，马泰的《哈奇森论美的观念》[①]一文也是比较有代表性的专题美学研究。其三，伦理学研究。国外学者对哈奇森的伦理学思想的研究重点集中于哈奇森的"道德感官"之上，如马克·斯特拉塞的《弗兰西斯·哈奇森道德哲学的形式和效用》(*Francis Hutcheson's Moral philosophy：Its Form and Utility*) 就是以道德感官为切入点，对哈奇森道德哲学体系作

[①] Patricia M Matthews. Hutcheson on the idea of beauty，*Journal of the history of philosophy*；Apr 1998；36，2；Academic Research Library，p. 233.

的全新解读。以哈奇森的道德感官为研究中心，丹尼尔·凯瑞的《洛克、沙夫茨伯利和哈奇森：在启蒙时代以及后世饱受争议的多样性》（*Locke, Shaftesbury, and Hutcheson: Contesting Diversity in the Enlightenment and Beyond*）考察了由洛克开启的对道德多样性问题的探索和争论，认为今日世界中出现的道德多样性问题其实早在启蒙时代就拉开了序幕，通过对历史的考察，我们可以预测道德多样性问题的未来。除此之外，凯利的《纪录与争论：哈奇森的道德感官以及天生性问题》（*Notes and Discussion: Hutcheson's moral sense and the problem of innateness* ①）也是很有代表性的针对哈奇森道德感官理论的研究。其四，社会学、法学、政治经济学研究。基于哈奇森思想对现代社会的历史进程以及启蒙运动产生的深远影响，国外学者不断对哈奇森的社会学、法学、政治经济学思想进行了研究，如 *Traditions in Thought: The case of Scottish political economy, aspects of the influence of Francis Hutcheson on Adam Smith* 等论文都是比较有代表性的研究成果。除此之外，在《自然法与道德科学》等著作中，努德·哈孔森曾探讨了哈奇森的道德思想同自然法之间的种种关联，并认为哈奇森的道德感官构成了自然法的基础。

　　相对国外的研究而言，迄今为止，国内的哈奇森研究几乎是一片空白。国内哈奇森研究的滞后性体现在以下几个方面：

_____

① Daniel Carey. Notes and Discussion: Hutcheson's moral sense and the problem of innateness, *Journal of the history of philosophy*: Jan 2000; 38, 1; Academic Research Library, p. 103.

其一，国内找不到有关哈奇森的生平传记作品或译著。对于绝大多数人来说，相对于休谟、亚当·斯密等人来说，弗兰西斯·哈奇森在目前仍然是一个陌生的名字，我们仅仅只能在一些美学或伦理学的论文中零星地看到他的名字而已。其二，对于哈奇森的美学思想，有鉴于其不可磨灭的历史地位和思想影响，国内有过零星的介绍，但是非常不完善，称不上专题研究。在《西方美学史》中，朱光潜先生曾介绍过哈奇森，朱先生认为，《美与德性观念根源的研究》的"第一卷专论美，在英国专门论美的著作中，这要算是头一部"①。除此之外，在《西方美学史》中，朱先生对哈奇森所讨论的美的几种类型进行了介绍，并对他的美学思想所产生的历史影响进行了简要叙述。综观国内对哈奇森美学思想的介绍，基本上都没有超越朱光潜先生的叙述。其三，对于哈奇森的伦理学思想，国内学者的研究尚停留在简介的阶段。几乎所有的研究成果都建基于周辅成先生编著的《西方著名伦理学家评传》和《西方伦理学名著选辑》这两本书之上。对于哈奇森的伦理学思想，人们大多从宏观上认为，哈奇森的伦理学思想来源于沙夫茨伯利，极为反对霍布斯、曼德维尔等人所提出的利己主义，或者说，他的伦理学是在批驳霍布斯和曼德维尔伦理学的基础上建立起来的②，人们认为哈奇森有别于他们的最大特点是提出了被称为仁爱的天然感情。对于哈奇森立足美学思想所建立起来

---

① 朱光潜. 西方美学史 [M]. 北京：人民文学出版社，1979 年，第 214 页.
② 周辅成. 西方著名伦理学家评传 [C]. 上海：上海人民出版社，1987 年，第 307 页.

的伦理学体系来说，目前国内的所有研究和简介都是零碎而不成系统的，读者无法从中把握哈奇森思想的来龙去脉，也无法对其极具特色的道德哲学思想作出自己的评价，更无法体会到哈奇森对道德情感的探索具有多么重要的历史贡献。正是因为这样，当我们把研究的目光集中于休谟、斯密等哲学家时，我们往往会遗忘了他们共同的导师和前辈。因此，哈奇森的思想与休谟、斯密等人的思想之间的联系问题仍然是我们目前研究中的盲点。其四，对于哈奇森的著作而言，到目前为止，国内尚没有完整的译本。至今为止，我们所能见到的零星译文主要是对《论美与德性观念根源》中的第一篇论文即《对美、秩序等的研究》和第二篇论文即《对我们的德性或道德善的观念根源的研究》这两篇论文中的某些章节和段落的翻译。缪灵珠先生翻译过《对美、秩序等的研究》这篇论文的部分章节。在周辅成先生编写的《西方伦理学名著选辑》中，署名为"星南"的译者对《对我们的德性或道德善的观念根源的研究》中的部分章节做过翻译。在语言功底上，所有这些零星的译文都是非常出色的译作，但是，当我们立足哈奇森本人的思想体系来看待它们时，我们发现，它们有一个共同的不足：由于对哈奇森的思想体系缺乏系统的研习，他们对哈奇森的重要概念，如"the sense of beauty"以及"moral sense"等表示各种"感官"的名称都翻译为"美感"和"道德感"。至于与这些概念类似的"the public sense"以及"the sense of honor"，由于它们在现有的零星译文的原文本中没有出现，所以，暂时没有译名。在汉语语境中，相对西方语言，如英语和法语等语言所蕴含的精确性和明晰性而言，汉语语言自身具有一定的模糊性，因此，对于西方语言中用很多词汇所言说的东西，汉语往往用一个词汇就表达了意思。具体到对哈奇森的翻译，我们发现，"美感"或"道德感"既可以指一种感受美或道德的能力，也可以指美或道德在人们心中激发的某种感受，甚至还可以指人们对美或道德的欲求。然而，事实上，在哈奇森的道德哲学思想中，这些名称都是他在对洛克的认识论思想进行继承和改造的同时，通过运用培根所倡导的归纳法对人类五种外在感官的工作原理进行总结归纳之后所创造出来的独特概念，它们不仅体现了哈奇森道德哲学自身特有的理论特色，而且体现了英国经验主义认识论的纵深发展。我们发现，精确看来，在哈奇森的道德哲学中，"the sense of beauty"以及"moral sense"等概念所指的仅仅只是某种类型的感官。这样，根据哈奇森的表述，我们知道，"美感"或"道德感"所表示的"美或道德在人们心中激发的某种感受"被称为"知觉"，它正好符合哈奇森对"感觉"的定义，即"因外在对象的呈现并作用于我们的身体而在心灵中唤起的那些观念被称为感觉"①；而"人们对美或道德的欲求"则被哈奇森称为"情感"或"感情"，因为我们的心灵之所以欲求它们，是因为心灵认定它们为善。实际上，研究苏格兰启蒙运动的资深专家亚历山大·布罗迪（Alexander Broadie）曾说，"如同'感官'运用于'五种感官'这样的短

---

① 弗兰西斯·哈奇森. 论美与德性观念的根源 [M]. 高乐田等译，杭州：浙江大学出版社，2009 年，第 3 页.

语一样，哈奇森在这样的意义上使用了'感官'的概念"①。正是在这个意义上，在《论激情和感情的本性与表现，以及对道德感官的阐明》这本书的"论激情的本性和表现"的第一节中，哈奇森说到，"如果把可以接受独立于我们意志的观念、并产生快乐或痛苦知觉的心灵中的每一种规定称为一种感官，与通常解释过的那些感官相比，我们将发现许多其他感官"②，在此基础上，以洛克认识论为基础，哈奇森由我们通常所知的五种感官类推出了其他各种感官，这样，就产生了"美的感官"、"公共感官"、"道德感官"以及"荣誉感官"等各种颇具哈奇森理论特色的词汇。由此看来，把"the sense of beauty"、"moral sense"、"the public sense"以及"the sense of honor"等词汇译为"美的感官"、"道德感官""公共感官"以及"荣誉感官"是更加忠实于哈奇森的思想的汉语表达，也是更加可信的译文语言。

　　综观国内外的哈奇森研究，我们发现，无论是热热闹闹的国外研究，还是冷冷清清的国内研究，它们都存在着一个共同的遗忘：虽然有少数当代美国学者如马里兰大学的道德哲学教授迈克尔·斯罗特（Michael Slote）注意到了哈奇森道德哲学体系中的情感问题并认为"（18世纪哈奇森等人的）道德情感主义给德性伦理提供了某些极好的条件，而在此前，这些东西

---

① Alexander Broadie. *The Tradition of Scottish Philosophy: A New Perspective on the Enlightenment* [M]. Edinburgh: Polygon, 1990, p. 93.
② 弗兰西斯·哈奇森. 论激情和感情的本性与表现，以及对道德感官的阐明 [M]. 戴茂堂等译，杭州：浙江大学出版社，2009 年，第 5 页.

在很大程度上都受到了人们的忽视"①，但斯罗特本人的兴趣不在于对哈奇森的道德情感理论作深入的专门研究，而在于试图通过情感的路径来复兴当代德性伦理理论。因此，总体上看来，从 18 世纪到我们今天的时代，国内外所有有关哈奇森的这些研究都没有对哈奇森学说中的道德情感问题作专题研究。然而，只要认真地读一读作者的代表作，我们发现，无论在美学著作还是在伦理学著作中，"情感"都是一个非常重要的词汇。在哈奇森看来，美的感官可以产生审美情感，即心灵对审美快乐的欲求；道德感官可以激发道德情感，即心灵对道德快乐的欲求。如果说在哈奇森的美学和伦理学著作中，"情感"是中心词汇，那么，如果我们联系哈奇森自身的长老派牧师身份，我们发现，正是哈奇森对"情感"所持有的、不同于亚伯拉罕之神的指向的探索推进了哈奇森道德情感思想体系的诞生，并由此而使哈奇森从牧师转变为格拉斯哥大学道德哲学教授。除此之外，当我们在更广阔的历史中来考察哈奇森时，我们发现，当我们考虑到他在苏格兰启蒙运动中的领军地位以及对后世思想家的深远影响，我们甚至可以说，正是"情感"学说推动了苏格兰启蒙运动的兴起，正是"情感"学说赋予了苏格兰启蒙运动以美学倾向和利他主义倾向，从而使苏格兰启蒙运动染上了截然不同于法国启蒙运动和德国启蒙运动的鲜明民族特色。正是因为这样，本研究将把哈奇森学说中的"情

---

① Michael Slote. *Morals from Motives* [M]. New York：Oxford University Press, Inc. 2001, p. viii.

感"，尤其是"道德情感"作为选题，由此，本研究的选题意
义、研究方法以及重点解决的问题都将围绕它而展开。

一　选题意义

对于伦理学来说，人性论具有非常特殊的意义。哲学永恒
的主题离不开人，而作为人生哲学、价值哲学、幸福哲学的伦
理学更是离不开对人性的关注①。伦理学是关于人性的学问，
离开了对人的研究，尤其是对人性的研究，伦理学就会缺乏主
体性基础，而作为关注人的伦理学来说，也就相应失去了其逻
辑起点。对于立足人性论的伦理学来说，人的情感，尤其是道
德情感具有更加特殊的意义。关注人的道德情感是研究伦理学
或伦理学史不可缺失的重要维度。这是因为伦理学与心理学之
间有深刻的联系。"如果说道德的根本在于自由意志，而自由
意志根本上不是对必然的认识，而只是一种自由感，那么，伦
理学就不能脱离与心理学的干系。如果伦理学还讲道德良心、
道德同情、道德意识、道德情感的话，那么，伦理学也就完全
不能没有心理学的基础。"②因此，我们可以同意梯利的说法：
"就伦理学研究道德意识状态而言，我们简直可以说它就是心
理学的一个分支。"③正是从伦理学与心理学之间特有的紧密联
系出发，我们认为，伦理学研究中的道德情感问题是不可忽视

---

① 江畅. 幸福与和谐 [M]. 北京：人民出版社，2005 年.
② 戴茂堂. 西方伦理学 [M]. 武汉：湖北人民出版社，2002 年，第 10 页.
③ 弗兰克·梯利. 伦理学导论 [M]. 何意译，桂林：广西师范大学出版社，2002
年，第 10 页.

的道德问题，换句话说，当我们面对道德问题时，我们不得不面对、分析并处理主体的道德情感问题。有鉴于"情感"与"人"的紧密联系，无论在伦理学研究的理论层面还是在现实层面，本研究都具有重要的意义。

（一）本研究的理论意义

从西方到中国，从古代到当代，立足人性的哲学研究不可谓不少，立足人性的伦理学研究也不能说太少，然而，立足人的情感的伦理学研究却不算太多。这是因为，无论在哲学研究还是伦理学研究中，与"理性"相比，"情感"不是一个受到重视的词汇。在西方伦理学史上，随着一个又一个理性化的伦理学体系不断推陈出新，人的情感逐渐被遗忘在阴冷的角落。"从这个意义上说，情感问题在西方哲学中是'不入流'的"①，因此，我们发现，"西方传统道德观，受西方传统哲学的影响，主要地是一种轻视感情欲望的道德观"②。综观我们目前的西方伦理学研究，我们缺乏了一个重要的维度，即情感的维度。这种缺乏集中体现为没有对西方伦理学史上关注了道德情感问题的伦理学家给予足够的重视。

在西方伦理学中，情感往往被当作是与理性相对立的概念而只能在道德论证中扮演附属的角色。因而在西方伦理学史研究中，少数对于情感问题给予了特别注意的伦理学家也在这种偏见中被有意无意地忽视了。比如，在西方近代启蒙运动中，

---

① 蒙培元. 漫谈情感哲学（下）[J]. 新视野，2001 年，2 期.
② 张世英. 新哲学讲演录 [M]. 桂林：广西师范大学出版社，2006 年，第 343 页.

沙夫茨伯利和弗朗西斯·哈奇森最早确立了一种建立在心理学
基础上的道德学说①。然而，国内的西方伦理学研究者大多认
为沙夫茨伯利、哈奇森的伦理学只是继承了英国经验主义传统
而建立在经验心理学基础上，没有什么价值，因此对他们在近
代道德哲学中的作用视而不见，丝毫没有注意到他们的学说恰
好坚决地反对了霍布斯等人创立的以"自爱"为核心的经验主
义伦理学。要么有研究者误解了他们而认为他们"把感情的地
位与作用夸大到不适当的程度"②，要么有研究者忽略了他们
而认为"近代哲学在认识人的道德本性方面分为两个流派：一
派（马基雅弗利、霍布斯）的出发点是：人的本性从来就是坏
的、恶的；另一派（莫尔、卢梭）则认为人的本性从来就是善
的"③。 显然，在这种把握中根本就没有沙夫茨伯利、哈奇森
等人的位置。在为数不少的西方伦理学史的研究专著中对沙夫
茨伯利、哈奇森只字不提的却是大多数。似乎沙夫茨伯利、哈
奇森根本就是与西方伦理学没有关联、无足轻重、可有可无的
人物。麦金泰尔在他的《伦理学简史》提到了哈奇森，但认为
哈奇森"的观点仅仅建立在无根据的断言上"④。

---

① 马丁·摩根史特恩，罗伯特·齐默尔. 哲学史思路：穿越两千年的欧洲思想史 [M].
唐陈译，北京：中国人民大学出版社，2006 年，第 299 页.
② 黄伟合. 欧洲传统伦理思想史 [M]. 上海：华东师范大学出版社，1991 年，第
179 页.
③ A. 古谢伊诺夫，P. 伊尔利特茨. 西方伦理学简史 [M]. 北京：中国人民大学
出版社，1992 年，第 297 页.
④ 阿拉斯代尔·麦金太尔. 伦理学简史 [M]. 北京：商务印书馆，2003 年，第
221 页.

休谟在近代建立了情感主义的伦理学。他说:"只要说明快乐或不快乐的理由,我们就充分地说明了恶和德。"①休谟把道德建立在快乐和痛苦的情感上,把德性归结为一种主观性的情感。他说:"道德这一概念蕴涵着某种为人类所共通的情感。"②少数研究者注意到了休谟关于"道德的区分不是来自于理性"③和"道德感是道德的根源和道德评价的标准"④的观点。其实,正是觉察到情感在道德中的极端重要性,休谟在伦理学史上首次作出了"事实与价值"、"是与应该"的分离,这是休谟对伦理学史的最特殊贡献。然而,伦理学的研究由于缺乏情感的视角,有人反而认为休谟伦理思想中有价值的成分仅是"对幸福问题的看法"⑤以及"包含若干辩证法的和历史唯物主义的思想因素"⑥。这种评价是不得要领的。在相同思路的范导下,对于亚当·斯密的研究重点则集中于《国富论》和经济自由思想,对其经济思想的伦理基础即道德情感学说,以及《道德情操论》却研究不够。人们几乎从不愿意承认亚当·斯密是一位成绩卓著的伦理学家,也不愿意承认他的《道德情操论》是西方伦理学史上的经典之作。

出现于 20 世纪的元伦理学认为伦理学应该把善是什么当

---

① 休谟. 人性论(下卷)[M]. 商务印书馆, 1997 年,第 511 页.

② 休谟. 道德原则研究 [M]. 商务印书馆, 2002 年, 第 124 页.

③ 周晓亮. 休谟及其人性哲学 [M]. 北京:社会科学文献出版社, 1996 年,第 245 页.

④ 同上书, 第 253 页。

⑤ 阎吉达. 休谟思想研究 [M]. 上海:上海远东出版社, 1994 年,第 427 页.

⑥ 同上书, 第 429 页。

作伦理学应该解决的初始问题即元问题。元伦理学的创始人摩尔认为，善是一个简单到不能定义的东西，因而我们只能依靠直觉来对其进行判断。因此，善的问题是一个自明的问题，它能最为有效地带来个人感情上的快乐和由美好事物而产生的喜悦行为。元伦理学之情感主义代表罗素认为，伦理命题属于价值而非事实领域，因而只能表达情感却不表达任何知识。斯蒂文森的《伦理学与语言》深入研究了人们在现实生活情境中进行的道德争论的性质、意义和功能，从而构建起一个庞大的情感主义伦理学理论体系，被批评家称为是继摩尔的《伦理学原理》之后，元伦理学中最富于创造性的著作，是对伦理学的情感理论的最彻底最精确的系统阐述和研究。斯蒂文森认为，伦理学的任务不是制定或论证道德规范，而是分析伦理语言的意义和功能，具体来说就是从情感意义上分析道德语言，指出道德判断之所以与科学判断不同就在于它具有科学判断所不具有的情感意义。然而，国内伦理学界对这种从情感维度切入道德问题的伦理学至今感到特别陌生。元伦理学当然也不能在伦理学史研究中扮演主流伦理学的角色。

综上所述，我们发现，从过去到现在，在"道德的围墙"之内，西方人乐此不疲地筛选着各样的范畴，厘定着繁复的概念，探讨着多样的原则，构建着精美的体系，但是他们却忽视了一个不该忽视的重要维度，即情感的维度。人类伦理学的历史为什么会是这样的呢？这主要是由于人们走进了道德的误区，因此，道德与情感发生了分离。在西方伦理学史上，人们对道德的误解主要体现为把道德等同于理性和知识。

　　我们发现，在西方伦理学史中，把道德等同于理性知识的做法具有源远流长的历史轨迹。在古希腊人看来，善之所以善，一个根本的原因在于它本身就是真或者说真的知识。道德依赖于理性知识，没有理性知识就没有德性，善出于知，恶出于无知。人只有具备了有关道德的知识才能做善事，而且人具备了有关道德的知识就必然做善事。所以苏格拉底强调，伦理学必须寻求关于善的永恒的、普遍的概念和定义。而"美德即知识"就是他关于美德（善）的一般知识。它表明理性知识是美德的"充分""必要"条件。"美德即知识"的命题经过亚里士多德之形而上学的提升，成为西方伦理学普遍认同的命题。德国哲学家赖欣巴哈说："把美德视为知识的见解是一种本质上的希腊的思维方式。"①只要理性被夸大，情感就没有生长的空间。所以，在亚里士多德的学说中，"差不多完全没有可以称之为仁爱或慈爱的东西。人类的苦难——就他所察觉到的而论——并没有能在感情上打动他；他在理智上把这些认为是罪恶，但是并没有证据说这些曾使得他不幸福，除非受难者恰好是他的朋友。更一般的来说，《伦理学》一书中有着一种感情的贫乏"②。近代伦理学是在自然科学方法的荫庇下成长起来的，具有明显的科学化、认识论倾向。近代伦理学认为美德可以借助某种逻辑的工具而得以获得，善恶可以借助理性的手段而得以认识。洛克就说："道德学和数学是一样可以解

---

① 赖欣巴哈. 科学哲学的兴起 [M]. 北京：商务印书馆，1991 年，第 45 页.
② 罗素. 西方哲学史（上）[M]. 北京：商务印书馆，1963 年，第 238 页.

证的。因为伦理学所常用的各种观念，既是实在的本质，而且它们相互之间又有可发现出的联系和契合，因此，我们只要能发现其相互的常性和关系，我们就可以得到确实的、真正的、概括的真理。我相信，我们如果能采取一种适当的方法，则大部分道德学一定会成了很明白的，而且任何有思想的人亦不会再怀疑它，正如他不会怀疑给他解证出的数学中的命题的真理似的。"①在现代，自然主义伦理学主张无批判地使用各种自然科学材料和自然科学方法，甚至寄希望于借助自然科学如遗传工程、行为技术学的成就来解决道德难题，达到道德的完善和伦理学的成熟。实用主义伦理学从生物进化论和彻底经验论出发，认为一切自然科学都可以成为道德研究和伦理科学的用具。当伦理学把道德贴上理性知识的标签时，就必然会用普遍的知识来否定特殊的情感，走向情感与理性的二分。事实上，情感问题在西方理性哲学中是不入流的，被遗忘在阴冷的角落。人的情感生命受到理性的排斥，道德之学最终会成为远离情感"知识之学"。用有序的理性来排斥自由的情感，甚至最终会导致道德的不可能。正如国外学者所指出："如果这些知识不在人的感性体验、偏爱、和需要的烈火中溶化，任何的道德规范、义务、禁令等的知识都不能保证个人道德上的可靠性"，"没有道德感，真正的人道和集体主义不可能得到发展。"②

　　正是基于以上种种原因，我们认为，对于以研究人的情感

---

① 洛克. 人类理解论（下卷），第640—641页.

② A.N. 吉塔连柯.情感在道德中的作用和感觉论原则在伦理学中的作用 [J]. 世界哲学，1986（2），第16页.

而著称的哈奇森，我们应该恢复"情感"在其伦理学思想中的本来面目。事实上，我们在文献检索中发现，在西方社会，研究者们针对哈奇森的研究固然种类繁多，著述颇丰，但是，我们却没有发现以情感为视角的专题研究。我们还发现，即使对于哈奇森这样认真探索过情感的伦理学家来说，其思想的火花也难免不会受到西方社会处于强势地位的科学理性精神的"剪裁"，以至于其"有心"所栽的花并没有在那个时代发芽，而其"无心"所插的柳却在其身后的时代迅速变得绿树成荫。这种现象自身就是西方伦理学缺乏情感维度的最好证明。有鉴于道德情感问题在伦理学研究中的重要地位，有鉴于道德情感在哈奇森伦理思想体系中的重要地位，有鉴于历史对哈奇森的不公正"吸收"，我们认为，过去的时代以及过去的研究都忽视了不该忽视的东西，这不能不说是一个遗憾。对于今天的我们来说，我们有必要在对历史的反思中精心培育哈奇森曾播下的思想之种并使之生根发芽，这或许就是本研究的理论意义所在。

（二）本研究的现实意义

对于我们来说，在道德领域内，我们的传统文化给了我们很多经典的教诲，对于这些教诲，西方人也是深表尊敬的。对中国文化深有研究并成为西方汉学研究"奠基者"之一的明恩溥曾说，"中国的古籍之中完全没有任何会使读者的心灵变得庸俗的东西，这个最为重要的特点常常被人们提到，这或许就是中国古籍与印度、希腊和罗马文献的最大区别。"①密迪乐

_____

① 明恩溥. 中国人的气质 [M]. 上海：上海三联书店，2007 年，第222页.

先生曾说，"无论古今，没有一个民族能像中国人这样拥有如此圣洁的文献，其中完全没有一处放荡的描写，没有一句出格的话语。四书五经中的每一句话，每一条批注，都可以在英国的任何一个家庭里大声诵读。"①对此，明恩溥先生也深表赞同。西方著名的汉学家理雅各也曾说，"很明显，在这个民族中无疑地有着某种最伟大的道德力量之准则"②，"对于孔子行善和真诚的教诲，欧洲人没有理由不接受。孔子推出了金科玉律之后就成了卫道士，中国人对他的戒律很熟悉，就像西方人很熟悉登山宝训一样"③。然而，事实却是，在时代已经迈入21世纪的今天，我们发现，我们不仅没有被传承了几千年的经典教诲教导成为德行高尚的人，形成民风敦厚的社会环境，相反，我们却深为道德问题所困扰，这种困扰不仅是萦绕在心头的难题，而且甚至是可以为我们触手可及的一个又一个事件。我们发现，一件又一件道德失范的实例反复出现，如新华网报道，2009年底，武汉"武疯子"学士残忍地杀害空巢老人④。再例如，2010年元旦期间，在新的一年开始之际，北京科技大学性格开朗的女生在酒店杀害与自己平时关系要好的同

① 明恩溥. 中国人的气质 [M]. 上海：上海三联书店，2007年，第222页.
② James Legge. *Chinese Classics with a Translation, Critical and Exegetical Notes, Prolegomena, and Copious Indexes* [M]. Taipei：Southern Materials Center, Inc, 1985, p. 10.
③ James Legge. *The Religions of China：Confucianism and Taoism Described Compared with Christianity* [M]. London：Hodder and Stoughton, 1880, p. 261.
④ http：//www. xinhuanet. com/chinanews/2009 - 12/19/content _ 18544420. htm.

学后投案自首①。理雅各曾说,"中国人讲究的师道尊严是世上任何国家都无以相比的,再也没有一个国家像中国这么敬重学问。"②然而,事实是,就在2008年,我们却惊奇地发现了"学生付成励课堂上杀死中国政法大学教授程春明"③这样的新闻,不仅如此,面对媒体铺天盖地的报道,身处看守所的付成励却表现得"很平稳、很冷静",并说"我认罪,但我一点都不后悔"④。如果我们稍加留心,我们就会无奈地发现,表现为各种场面的道德失范的例子还有很多很多,它们不仅把受害人的生存推向极端危险的境地,而且也让旁观者比以往任何时候都更加关注道德问题。正是社会生活中的这些潜在的危险促使众多的人有意无意地开始谈论或思考道德建设问题,不仅思考我们该用什么样的价值观来指导我们的人生与生活,而且思考被人们称为"道德滑坡"现象的深层根源问题。

对于当今"道德滑坡"的现象,我们可以找到诸多的根源,诸如在教育内容上的重"知识"轻"德行",在教育方法上的重"说教"轻"体验",然而,深入的反思使我们明白,我们的问题的真正根源在于,我们的典籍以及我们的文化传统没有给我们的道德建设提供重要的心理支撑,即情感的动力。对

---

① http://www.shxb.net/html/20100104/20100104_221698.shtml.

② James Legge. *Chinese Classics with a Translation, Critical and Exegetical Notes, Prolegomena, and Copious Indexes* [M]. Taipei: Southern Materials Center, Inc, 1985, p. 10.

③ http://www.ckpu.com/post/39.html.

④ http://bbs.rednet.cn/MINI/Default.asp? 111 –15587911 –0 –0 –0 –0 –0 –a –.htm.

于我们的传统道德而言，作为"德"的核心内容，无论是"外德于人"的"义"，还是"内德于己"的"仁"，二者都体现了强烈的"理性至上主义"①。在这种意义上，我们认为，"中国传统道德是一种典型的理性道德"②。对于位于我们通常所说"五常"之首的"仁"而言，我们发现，这个由两个"人"所组成的汉字本身给我们传达的文化意蕴似乎是，在两个人的交往中，"仁"就发展起来了。但仔细地观察"仁"，一个非常有趣的文化现象却可以逐渐显现出来：明恩溥曾敏锐地发现，"我们应该注意到这样一个具有暗示性的情形，即中文中大多数表示情感的字都带有'心'字偏旁，可是'仁'字当中却没有'心'"③。这似乎为当代时不时地表现出来的"不带诚心地体现美德"④、"缺乏公共精神"⑤等社会现象找到了某种文化上的证据，但是，更重要的是，"仁"字所传达出的文化信息是，在我们的文化传统中，被视为道德王国中的重要组成成分的"仁"缺乏道德情感的维度。对于道德而言，或者说，对于有道德的人而言，这种缺乏是一种致命的缺陷。它不仅可以把道德变成非人化的道德，而且可以使人失去人固有的丰富性和高贵性，把人从神圣的伦理维度下降为"麻木不仁"的非人。在这种意义上，考虑到在我们的文化传统中，道德是最高的伦

① 梁漱溟. 中国文化要义 [M]. 上海：学林出版社，1987 年.
② 戴茂堂. 走向情感化的道德：关于传统道德的反思，社会科学 [J]. 1998（9）.
③ 明恩溥. 中国人的气质 [M]. 上海：上海三联书店，2007 年，第 146 页.
④ 引文同上.
⑤ 同上书，第 76 页。

理学范畴，考虑到我们传统社会的全部努力就在于使社会生活实现道德化的提升，我们认为，"中国人缺乏的不是道德而是道德情感"①。

正是这样，我们认为，通过借助于哈奇森对道德情感的思考，本研究可以为当代人，尤其是中国人走出道德困境，乃至文化困境提供一种新的思路。在进行有中国特色社会主义建设的今天，由于认识到伦理型的传统文化使得中国的自然科学远不如西方发达并由此导致了近代中国的贫穷和落后，因此，我们开始虚心地求教于西方，大力地发展我们自己的自然科学，这样，我们发现，"学好数理化，走遍天下都不怕"早已成为妇孺皆知的常识，在大学，生物、计算机、法律等专业一次又一次地变得炙手可热。可是，稍作反思，如果我们相信，教育的目的在于全面涵养人的内在精神，那么，我们认为，对于今天的中国而言，"中国文化更为严重的问题倒是道德情感的缺如"②。如果我们坚信，通过对道德情感进行培养，我们可以进入道德的境界，那么，我们认为，"我们这个社会最为缺乏的不只是甚至不是经济资本或物质资源，而是我们急需却又不可能在短期内积累起来的社会文化资源和道德资源。"③事实上，很多对中国文化深有了解和研习的外国人也通过自己的观察和思考注意到了这个问题，例如，早在 1890 年，明恩溥就

---

① 戴茂堂. 走向情感化的道德：关于传统道德的反思，社会科学 [J]. 1998 (9).
② 引文同上。
③ 万俊人. 义利之间：现代经济伦理十一讲 [M]. 北京：团结出版社，2003 年，第 11 页.

说道，"中国有着许多需要，国家领导人认为陆军、海军和军工产是当务之急，而对中国怀有良好愿望的外国人则认为，她需要的是纸币、铁路和科学教育。但是，对这个帝国的状况作一番更为深入的分析之后，难道不会发现她最深切的需求之一就是更多的人类同情心吗？……她需要把人当作人来同情，她需要懂得，如甘霖一般自天堂洒落的仁爱品质，既祝福行善者，也祝福接受者——这是一种神圣的情感。"①在这个意义上，对我们而言，仔细研读为数不多的前人在道德情感方面进行的宝贵的理论探索并体味其中的成败得失，对于我们当今的道德建设，甚至我们今后的文化发展来说，是具有重大现实意义的课题。我们以道德情感问题来切入哈奇森的道德哲学思想体系，并试图以哈奇森对道德情感的探索为前车之鉴来引领我们当今的道德教育，这应该算是本研究所具有的现实意义。

二　研究方法

针对研究者对哈奇森道德哲学的不同理解，本研究试图以道德情感问题为主线，立足人性的结构对它进行系统探讨，并阐述其历史价值和理论得失。本研究不仅仅只是对哈奇森的道德情感学说进行"纯文本"式解读，而是把哈奇森的道德哲学思想与当时的社会历史环境结合起来，试图在苏格兰社会大转型的历史背景下来解读哈奇森的道德情感学说。在这个过程中，融入跨文化视角，力图通过对历史的反思给我们时代的道

---

① 明恩溥. 中国人的气质 [M]. 上海：上海三联书店，2007 年，第 163 页.

德建设提供新的路径。但这不等于说，本研究抛开了对哈奇森原文本的文本式解读。综合看来，本研究的研究方法可以概括为以下五种：第一种研究方法是文本细读法。本研究的首要任务是对哈奇森的代表作进行文本细读，所进行的文本解读都建立在文本细读的基础之上，准确、精细地理解原文本是本研究赖以进行的基础所在。第二种研究方法是翻译法。在进行文本细读的过程中，作者与其他研究者进行合作，对哈奇森的代表作进行翻译，在翻译的过程中不断加深对原文本的体悟。在本书构思与写作的过程中，关键参考资料绝大多数为英文资料，因此，建立在文本细读基础之上的准确翻译也是贯穿始终的重要研究方法。第三种是反思的方法。哲学的研究需要反思的方法，而对于被称为人生哲学的伦理学的研究而言，更加需要反思的方法。在反思的过程中，作者试图联系中外历史上其他道德哲学家对待情感的不同态度，进而对哈奇森道德情感理论进行评论，并在此基础上试图提出作者自己的道德情感思想。第四种研究方法是社会历史研究方法。哲学思想的产生固然离不开哲学家的天赋，但更重要的是，它更离不开时代的土壤。因此，本研究将把哈奇森的道德哲学思想纳入哈奇森时代的社会历史大背景中进行考察，这样，既可以为哈奇森思想的产生找到社会和历史的根基，又可以看一看，哈奇森的道德哲学思想对社会历史的进程究竟产生了什么样的影响。第五种是跨文化比较的方法。从本研究的选题确立之初，直到写作的完成，总是浸透着跨文化比较研究的视野，作者力图在对这位身为"苏格兰启蒙运动领军人物"思想家的道德情感进行解读的过程中，通过思想的力量，不仅对西方社会从传统走向现代的转型轨迹进行追踪，而且力图结合中国的文化传统来反思我们所面临的时代问题。

三　重点解决的问题

什么才是真正完整的道德情感？

在哈奇森的时代，自爱与无私的仁爱是重要的时代课题，哈奇森的道德情感理论是在对近代英国学者对这个时代课题的回答感到不满意的情况下建立起来的。他的道德情感理论不仅解决了伦理学传统中的德性人性化问题，为伦理学增添了新的色彩，而且开拓了苏格兰启蒙运动的道路。但是，寓于时代自身的局限，哈奇森道德哲学仍然存在着理论不足。在近代英国自然科学的大背景之下，哈奇森借用自然科学的实验方法来研究人的情感。一方面，哈奇森认为，真等于美，美的根源在于寓多样性于统一性的审美对象能够使美的感官产生审美快乐。另一方面，哈奇森认为，在所有的审美快乐中，德性之美是最高的美，因此，善等于美。在自然科学兴旺发达的大背景之下，借用自然科学的研究方法，哈奇森把真善美进行了统一，并由此引申出了有别于亚伯拉罕之神的上帝观，进而提出了较有特色的幸福学说，他所提出的"神"以及"幸福"更多强调人的世俗权利、人的社会性、公共秩序以及社会的公共福利和幸福。由于这些思想直接推动了苏格兰以及众多西方国家，包括18世纪的美国社会由传统社会向现代社会的转型，因此，在西方社会，哈奇森通常被称为"苏格兰启蒙运动的领军人物"。

本研究认为，哈奇森的道德情感学说在一定意义上反映了人性的实际情况，这是哈奇森思想中值得肯定的内容。我们不得不承认，哈奇森在当时的时代已经在道德情感方面作出了最艰难的理论探索。立足人的内在自然性，哈奇森不仅找到了属于人的道德情感，而且使这种思想在当时的时代成了启蒙的先锋。或许正是因为这样，他的道德情感思想对后世英国哲学家产生了重要影响，在哲学史上散发着经久不衰的永久魅力。与此同时，本研究认为，由于受到时代的局限，哈奇森把真善美在经验领域内用科学的方法进行等同，这种做法毕竟是有缺陷的，它终究未能指引哈奇森找到真正完整的道德情感，从而找到走向德性的真正完全的情感之路。哈奇森所找到的道德情感虽然的确是道德的情感，不过，它这并不能引导人走向美德之路，因为它受制于经验主义哲学背景和自然科学的研究方法，忽视了人内在的自由性。我们认为，只有在尊重人的内在自然性的同时立足人的内在自由性，才能找到真正完整的道德情感；只有依靠真正完整的道德情感，我们才有可能真正成为有道德的人。

第一章　哈奇森道德情感思想的源流

哲学思想的诞生虽然离不开哲学家的天赋，但同时，它更离不开哲学家赖以生长的社会土壤和文化传统。对于哈奇森而言，他的全部道德哲学，尤其是道德情感思想更是根植于他的时代和社会。虽然哈奇森出生于爱尔兰，但由于苏格兰与爱尔兰之间固有的深厚历史文化渊源，他父辈和苏格兰保持着密切联系，而他自己也从很小的时候就开始在苏格兰接受教育，他的代表作都是从苏格兰学成归来之后在都柏林创作而成，因此，我们可以说，苏格兰对哈奇森的影响要远甚于爱尔兰对他的影响。对此，哈奇森自己也是承认的，当哈奇森受聘于格拉斯哥大学道德哲学教授时，在就职演说中，他深情地描绘了自己对苏格兰的感情，"当我得知曾是我的母校的大学在 13 年后提议恢复我——它以前的学生——以自由、而曾经被我像长辈一样敬重的杰出的管理者和教授们现在已经选择我成为他们的同事时，的确不是一般的高兴。对于我以前长辈的怀念，使我能没有太多悲伤地离开我可爱的祖国：为了寻求古老的母亲……我从她追寻我的血统。我渴望回到苏格兰，回到值得敬重的母亲、亦即那些勇敢而博学的人的身边；我的这种心情在我们的时代没有被削弱，岁月不会削弱它的丰富底蕴"①。在苏格兰的求学和生活的时光开启了哈奇森进行哲学思索的大门，哈奇森曾说，正是在苏格兰，他"首先探索了美德的本性和原因"，"正是这儿，当我们在大学的花园里、或者在城郊格洛他（Glotta）河轻柔流过的美丽乡村中散步的时候，当我们在朋友和同事之间进行高雅友好的交谈、或者自由谦逊的争论之中，所有这些东西常常得到思量和权衡，逐渐深深地沉淀在我的心中。在我回想所有这些东西的时候，我的苏格兰之行似乎充满了幸福、欢欣和快乐"②。对于17—18世纪的苏格兰而言，政治、经济、文化领域都发生了艰难的变迁和转型，哈奇森就生活在这个充满剧变的时代中。历史表明，至少从1603—1707年这段时期，苏格兰人被迫去考虑他们被卷入的历史变迁③，在政治领域，苏格兰要面对"合并"带来的一系列问题；在经济领域，苏格兰不仅要实现从传统社会向现代商业社会和市场经济的转变，而且要在这个转变的过程中实现自身的脱贫；在文化领域中，苏格兰的宗教氛围变得更加温和，牛顿自然科学精神深深地影响着那个时代的人们，新古典主义时代的来临使人们继文艺复兴之后第二次把目光转向古希

---

① 弗兰西斯·哈奇森. 逻辑学、形而上学和人类的社会本性 [M]. 强以华译，杭州：浙江大学出版社，2010年，第205—206页.
② 引文同上。
③ Alexeander Broadie. *The Cambridge Companion for the Scottish Entightenmenf* [C]. New York：Cambridge University Press, 2003, pp. 5 –25.

腊，并从那里寻求精神力量和理想生活的榜样。具体而言，就哈奇森来说，当他在 17 岁即 1711 年进入格拉斯哥大学学习时，"教师队伍由拥护新思想和维护旧传统的老师们所组成"①，在这个意义上，我们可以说，哈奇森生活在两个时代的交替之际，新旧时代的冷暖交汇孕育出了哈奇森以道德情感为核心的道德哲学。1717 年，哈奇森从格拉斯哥大学毕业后，他回到爱尔兰并在都柏林创作了他的代表作——《论美与德性观念的根源》（1725）与《论激情和感情的本性与表现，以及对道德感官的阐明》（1728）。

第一节　17—18 世纪苏格兰的时代变迁

一　政治变迁

对于 17—18 世纪的苏格兰而言，政治变迁主要体现为 1707 年"合并"带来的影响。在 1707 年的"合并"条约签订之前，苏格兰一直享有相对独立的政治主权，没有像英格兰那样不断受到外族侵占，苏格兰人一直以保留了独立的民族身份和文化传统而感到骄傲和自豪。在今日英国的四个组成部分中，无论从人口比例还是地理面积而言，苏格兰都是仅次于英格兰的第二大领土，但是在 1707 年以前，她却一直是一个相对独立的国家。从地理上来讲，苏格兰拥有英国最崎岖、最贫

_____

① William Robert Scott. *Francis Hutcheson: His Life, Teaching and Position in the History of Philosophy* [M]. Bristol: Thoemmes Press, p. 12.

瘠的土地，3/4 的人口居住在相对富庶、肥沃更靠近英格兰的南部"低地"地区，北方"高地"是一片人口稀少、湖泊众多的地方。苏格兰的本土居民是凯尔特人，不同于南部英格兰凯尔特人的是，他们在历史上一直保持了相对独立的身份和地位。当英格兰在公元 43 年被罗马帝国入侵并成为罗马帝国的一个成员长达 400 年时，由于受到地理上的天然屏障的保护，以罗马人建立的"哈德良长城"（Hadrian's Wall）为界，苏格兰凯尔特人得以保持独立。对于苏格兰而言，在后来的历史中，在盎格努－撒克逊人的入侵中，虽然她再次幸免于难，并再次保持了自己的民族独立，但是，她内部的"低地"和"高地"却不再是纯粹的地理名称，而是染上了各具特色的人种和文化色彩。公元 6 世纪，当英格兰受到盎格努－撒克逊人入侵的时候，被驱赶的英格兰凯尔特人来到了格拉斯哥地区，与此同时，北爱尔兰人占据了苏格兰的西南部地区，从此之后，这两种人被合称为"苏格兰人"（Scots），而这片土地也开始被称为"苏格兰"。与此同时，被称为皮克特人（Picts）的苏格兰本土居民不得不开始向北方移居，来到人口稀少、土地贫瘠的"高地"地区。自此之后，苏格兰"高地"人和"低地"人甚至开始说不同的语言，盖尔语（Gaelic）和古老的文化传统在北部"高地"地区得到了很好的保留，而南部居民所使用却是与英语极其相近的方言，即苏格兰语（Lowland Scottish）。从公元 9 世纪开始，苏格兰开始频繁地受到海盗入侵，外在的压力使苏格兰内部的各个国王结成联盟并逐渐走向统一，几乎在同一时段，盎格努－撒克逊人的英格兰也开始逐渐走向统一，至此，苏格兰和英格兰形成了两个相互独立的政权。但是，从此之后，苏格兰和英格兰之间却战火不断，直到14世纪，在罗伯特·布鲁斯（Robert Bruce，1274.7.11－1329.6.7）国王的领导下，在班诺克本战役（The Battle of Bannockburn，1314.6.23－1314.6.24）中以少胜多打败了英格兰军队，苏格兰开始享受了近300年的民族独立。

17—18世纪之间，苏格兰逐渐向英格兰靠近，最终于18世纪初同英格兰实现了合并。1603年，伊丽莎白女王（Queen Elizabeth，1533.9.7－1603.5.24）过世，她终生未婚，没有子嗣继承王位。1岁继承苏格兰王位的詹姆士六世（James the Sixth of Scotland，1566.6.19－1625.3）成年后同伊丽莎白女王之间的关系一直非常融洽，因此，女王逝世后，他于1603年继承了英格兰王位。但是，王权之间的这种联合并没有导致苏格兰同英格兰之间政治实体意义上的合并，相反，在接下来的一百年内，苏格兰仍然保持着政治上的独立身份。转机发生在1707年，经过英格兰国会与苏格兰国会之间的协商，《合并法案》得以通过，苏格兰同英格兰实现了"合并"。虽然长远看来，合并的确具有积极意义：它使政治和社会的稳定成为可能，从而为18世纪后半个世纪苏格兰的商业经济发展开辟了道路。对社会发展的乐观态度以及积极地关注和参与其中是苏格兰启蒙运动的主旋律[1]。但是，对于当时的苏格兰而言，"合

---

[1] 丘吉尔. 英语国家史略 [M]. 薛力敏、林林译，北京：新华出版社，1985年，第54页.

并"并没有立即改变苏格兰的落后和贫困面貌，相反，它给苏格兰社会内部带来了巨大的动荡，给人们的心理带来了深度冲击。在政治上，苏格兰高地反对合并，保持着对斯图亚特王朝和詹姆士二世的忠诚，他们于 1690、1715 和 1745 年发动流血叛乱，企图实现王朝复辟，并维持苏格兰古老的政治独立身分。在民族心理上，我们发现，至少在 1603—1707 年这段时间，苏格兰就开始被迫去思考他们被卷入的历史变迁①，而到了 18 世纪，这种思考变得更加紧迫了。正如福布斯教授所言，"在 18 世纪的苏格兰，有一种特殊的历史情境：那就是急剧的、大跨度的历史变迁对于人们的心灵和思想所产生的冲击，并且是以一种强制的方式。这使苏格兰人深深地体验到变化的需要，以及那些不愿变化或者不适应变化的那些人群的命运……遵从伟大的变化法则就意味着现代化。"②

苏格兰之所以由"合并"而感受到剧烈的社会变迁，这与它的邻居英格兰密不可分。1688 年"光荣革命"使王权得到了平稳过渡，英格兰从此进入了奥古斯都时代或黄金时代。英格兰从此变成了君主立宪制的国家，国家权力逐渐从国王转移到议会和内阁。随之而来的是，资本主义体系在英国得以迅速而全面地建立。就在这个时候，英格兰在海外大力进行殖民扩张，不断为本国聚集财富。与此同时，不断扩大的海外市场以

---

① Alexeander Broadie. *The Cambridge Companion fo the Scottish Enlightenmenf* [C]. New York：Cambridge University Press, 2003, pp. 5 -25.

② G. P. Morice. *David Hume Bicentenary papers* [C]. Edinbargh：Edinburgh University Press, 1977, p. 42.

及不断增加的海外贸易使传统小规模的手工生产方式显得捉襟
见肘，各种产品的需求大幅增长。由于圈地运动进一步受到推
进，大量土地落入少数富人之手，成千上万的农民离开土地，
成为靠工资养活的产业工人，自由劳动力市场得以形成。1694
年，英国银行（the Bank of England）成立，银行业的兴起使
大公司的诞生有了经济基础。在多种因素的合力下，以纺织业
为领头羊，英国诞生了产业革命。随着一系列新技术和新机器
的运用，产业革命在把英国变成了名副其实的"世界工厂"的
同时也把巨额财富带给了英格兰资本家和城市中产阶级。英格
兰的繁荣和富庶无时无刻不在刺激着苏格兰寻找适合自己发展
的道路。

　　正是由于有了这些政治上的变化，17—18 世纪的苏格兰思
想家们以英格兰为榜样，不断致力于社会改良，开始为苏格兰
全新的文明化进程寻找新的文化基础。在这样的背景下，思想
家们对社会以及社会发展都形成了自己的理解，弗兰西斯·哈
奇森就是其中的领导者之一。或许是因为有了这样的背景，哈
奇森的道德情感思想所谈论的人性不是抽象而孤立的人性，而
是社会状态下的人性，他的情感思想体系的理论重心不是要研
究私人化的情感体验，而是重点探讨情感的公共性指向，更
多地关注人的社会性以及人与人之间的合作与社交性。这种
情感理论所隐藏的目的是要探究一种社会发展理论，并对人
类社会如何从蒙昧走向文明极其复杂的演化机制作出自己的
探讨。

二 经济变迁

对于 17—18 世纪的苏格兰而言，自身的经济状况并不令人乐观。1603 年的王权合并并没有给苏格兰带来经济上的生机，相反，在强大的英格兰面前，苏格兰成为"一个他国，一个贫穷而被忽视的王国"①。在整个 17 世纪，苏格兰的经济状况没有什么大的改变。1688 年的光荣革命也没有使这种状况得到改变。到了 17 世纪的最后 10 年间，由于遭受了 7 年农业歉收以及达里恩殖民计划的失败，苏格兰社会过去的经济状况更是雪上加霜。为了改变经济上的窘迫状况，威廉三世发动了扩张性的国际战争。但战争并没有给苏格兰带来复兴的希望，相反，战争使苏格兰原本脆弱的海外贸易体系濒临破碎，并使苏格兰从此增添了更加沉重的税收负担。在 1690—1707 年之间，苏格兰人激烈地讨论着他们作为一个独立民族所遭受的种种失败和痛苦。他们对可以引起经济增长的各种条件进行了大讨论，最后认为，商业和自由贸易是解决经济问题的救世良方，认为对于当时的苏格兰来说，最需要的就是更多的资金、更有效率的工厂以及更大的市场。因此，在当时的苏格兰人看来，一旦与英格兰合并，就可以加入英格兰的资本主义生产体系和巨大的市场销售体系，这是解决苏格兰社会经济问题的最好方法，于是，经过多方协商，1707 年的合并得以诞生。

对于"合并"之后的苏格兰而言，最紧迫的任务是要完成

---

① Nicholas Phillipson. *Hume* [M]. New York：St. Martin's press, 1989, P.32.

封建农业经济向商业经济的转型，进而摆脱贫穷和落后的经济面貌。经济上的转型不断地刺激着苏格兰思想家们的哲学思考。在大众心理上，英格兰的市场经济及其商业精神就是苏格兰效仿的榜样，苏格兰一心想加入这种商业精神支配下的英格兰大工业生产体系和巨大的市场销售体系。相对 16 世纪的文艺复兴而言，18 世纪的产业革命发生在更广阔、更深刻的观念变革的基础上。通过批判宗教独裁，人性内在的活力得以唤醒。逐利与追求快乐不再被视为罪恶。随着英国银行在 1694年成立，文艺复兴时期的莎士比亚在《威尼斯商人》中谴责过的借贷牟利的行为在 18 世纪的英国人心中不再被视为道德上的污点，相反，全国性银行业开始兴盛起来。"不断发展的市场经济改变着人们的日常生活方式"①。产业在革命，社会在变革，哲学、伦理思想以及人们的价值观念都发生了巨大的变化。人们对人性，尤其是人的自然本性充满了崇拜。人们认为，"人是自然的产物，存在于自然之中，服从自然的法则，不能越出自然，哪怕是通过思维，也不能离开自然一步。"②由资本主义生产方式的发展而来的产业革命、科技进步和社会变革，不仅改变了人们的伦理观念，而且连人们的思维方式也发生了深刻的改变。对于"合并"之后的苏格兰而言，为了改变贫穷和落后的面貌，哲学家们首先在思想领域内接受了全新

① R.福斯菲尔德.现代经济思想的渊源与演进 [M].杨培雷译.上海：上海财经大学出版社，2003 年.
② 北京大学哲学系.西方哲学原著选读（下）[C].北京：商务印书馆，1982 年，第 203 页.

的、以理性和自由为旗帜的新思想，并以此为标准来衡量旧有
的一切价值标准和道德体系。

对于苏格兰而言，17—18 世纪是社会发生巨大变化的时
期。经济上的贫穷导致人们不断在思想上去寻求出路。与此相
适应的是，相对过去而言，苏格兰的教会变得更加宽容，大学
教育得到了改革。时代的巨变在社会上引起了很大的心理反
应，社会公共领域内的各种论辩大量出现，各种出版物急剧涌
现。这一切不仅给苏格兰经济带来了复苏的曙光，而且，更重
要的是，它们给苏格兰社会带来了文化的繁荣和兴盛。

三　文化变迁

(一) 温和的宗教环境

在 16 世纪之前，如同欧洲其他地区一样，苏格兰教会同
罗马教廷之间一直保持着比较密切的关系，1192 年，苏格兰教
会被宣布为罗马教廷的"特殊女儿"①。当宗教改革兴起的时
候，苏格兰也卷入了时代的大潮中。路德教义早在 1528 年就
已传入苏格兰，当时帕特里克·汉密尔顿曾为此而被处以火
刑。但宗教改革取得长足进展却是在伊丽莎白女王统治时
期。自此之后，在约翰·诺克斯（John Knox, 1515 –1572）
这位新教运动领袖人物的领导下，苏格兰教会扫除一些障碍，
在教义和教会体制上基本采取日内瓦的方式，苏格兰宗教改革

① 不列颠百科全书·国际中文版（第 15 卷）.北京：中国大百科全书出版社，
1999 年，第 37 页.

从此染上了强烈的加尔文主义的色彩，苏格兰由此逐渐形成了
自己的民族教会，即苏格兰长老会（Church of Scotland）。这
个时期，由于受到玛丽女王的镇压，很多英格兰新教徒逃往苏
格兰，带来了大量新教宣传品。实际上，正是宗教因素使 1707
年的"合并"在文化心理上成为可能，"合并"成功之后，苏
格兰宗教受到了一定的制约，具体表现为长老会的迫害不能维
持下去，因为英格兰的托利党人促使长老会宽容天主教派和其
他教派，恢复对贵族和王权的效忠。由此，苏格兰产生了温和
的宗教环境，与此相适应的是，牧师变得更加开明。

18 世纪早期，爱尔兰长老派进入了"其历史上的危机时
期"①。由于很多回到爱尔兰的宗教人士曾在苏格兰或欧洲大
陆接受过高等教育，因此，他们的思想便与传统的、老一辈牧
师产生了很大的分歧。正是这样，这个时期的长老派开始偏离
严格的加尔文主义。一些信奉自由理性的人开始在教会占主导
地位，他们强调道德教化和实践道德而非神学争论②。哈奇森
从很小的时候就开始受到了苏格兰社会中的时代新思想的熏陶
和影响。在爱尔兰，长老派分为传统主义者和更具理性倾向
的"新光"牧师两个派别。哈奇森的父亲，约翰·哈奇森是个
传统主义者。作为长老派牧师，他曾经给具有自由主义倾向的
信徒写过教会应答。虽然哈奇森的父亲是传统主义的长老派牧

---

① William Robert Scott. *Francis Hutcheson: His Life, Teaching, and Position in the History of Philosophy* [M]. Bristol: Thoemmes Press, p. 18.
② Jane Rendall. *The origins of the Scottish Enlightenment* [M]. New York: St. Martin's Press, 1978, p. 42.

师，但他却更喜欢同具有理性倾向的"新光"牧师交往，他在贝尔法斯特开始同具有自由主义倾向的神职人员有了交往，并在思想上开始倾向于信仰与爱有关的信仰自由神学，这种神学和"新光"有紧密关联①，是一种"与爱有关的信仰自由神学"②。1711 年，哈奇森进入格拉斯哥大学学习。在他入学的时候，格拉斯哥大学的教职人员中既有旧思想的拥护者，也有新思想的倡导者③，正是在这种新旧思想的交融中，哈奇森接受了教育。在大学期间，他尤其受到了辛普森（Simpson）的影响，此人怀疑原罪说中的惩罚，相信自由意志以及异教徒的得救。当他从格拉斯哥大学毕业之后回到爱尔兰的时候，1719 年 25 岁的哈奇森获准成为教会的实习牧师，在辛普森（Simpson）的影响下，哈奇森与"新光"靠得更近了，为此，他的父亲甚为不悦。在这些新思想的影响下，作为牧师，在布道的过程中，他的会众甚至公开反对他布道辞中的那些异端邪说④。尽管如此，由于爱尔兰当时的宗教环境相对宽松，年轻的哈奇森并未因他的"异端邪说"而受到更为严厉的批判，他在都柏林不仅出色地担任了牧师之职，而且在 1725 年结婚并于同年完成

---

① Francis Hutcheson. *An Essay on the Nature and Conduct of the Passions and Affections, with Illustrations on the Moral Sense* [M]. Indianapolis: Liberty Fund, p.vi.

② Ibid, p.xi.

③ William Robert Scott. *Francis Hutcheson: His Life, Teaching, and Position in the History of Philosophy* [M]. Bristol: Thoemmes Press, p. 12.

④ William Robert Scott. *Francis Hutcheson: His Life, Teaching, and Position in the History of Philosophy* [M]. Bristol: Thoemmes Press, p. 15.

了《论美与德性观念的根源》，并在三年之后写出了《论激情和感情的本性与表现，以及对道德感官的阐明》。

苏格兰相对宽容的宗教环境曾经哺育了幼年的哈奇森，对于成年的哈奇森而言，正是同样的宗教环境把相对当时而言较为激进的他推上了格拉斯哥道德哲学的教职，而借助于教学这个平台，他的道德哲学反过来又影响了那个时代的宗教环境。这样，18世纪中后期，温和派在教会中占据了主导地位，它甚至在1779年开始宽容天主教徒，就这样，教会成为了苏格兰启蒙运动中的重要机构。19世纪早期，由于基督教虔信派在苏格兰兴起，哲学家们"优雅的异教"和辉格语气使他们感到不满，激进的长老派牧师和托利党人最终控制了苏格兰的大学和学院，由此，学院里安排了更保守和更具有宗教倾向的课程和教师。或许还有很多其他原因，正是在这段时期，苏格兰启蒙运动也随之画上了句号。

（二）兴盛的自然科学

自从文艺复兴以来，当人的目光从上帝自身转向自然世界时，自然科学应运而获得了很大的发展。首先，这种发展体现为对自然的崇拜。"17世纪的人对自然界充满了幻想，他们不把神当作受造之物的创造者来礼赞，反而新兴的科学家把自然界看作自我一致的机器，有其独立的规律，和自己的理性。"[①]其次，这种发展体现为新的方法论的确立。当培根在

---

① 侯士庭（James M. Houston）.灵修神学发展史 [M].台北：中福出版有限公司，1995年，第41页.

1620 年出版《新工具》的时候，英国近代自然科学从此开始有了全新的方法论上的指导，《新工具》中倡导的经验归纳法取代传统演绎法而成为科学研究中的主要方法。随着培根被称为新科学的代言人，结合了大量的实验和观察的归纳法也成为许多科学的基础。由培根所代表的科学模式强调以"分析"和"观察"的方法来认识世界。在认识复杂现象时，要在细心观察的基础上把整体分割成不同的简单组成成分来进行考察，然后再对这些成分进行整合，在当时的时代，这种方法构成了人们认识世界和社会的主要方法。牛顿深信归纳法，多次表达了对培根哲学的信奉，他甚至还在培根的基础上探讨了归纳法的推广问题。自然科学的兴旺固然离不开它所采用的思维方式，但更为重要的是，它离不开其特有的操作方法。这种操作方法不仅使自然科学本身得以取得划时代的进步，而且，更重要的是，它早已超越科学领域而对人类的其他学科以及人类本身产生了深远影响。因此，贝克尔曾说，"启蒙运动的灵感部分来自笛卡儿、斯宾诺莎和霍布斯等人的理论，但是这个运动的真正创始人是艾萨克·牛顿。"[①]牛顿从科学领域让人类对自己的生存环境有了全新的确定认识，将人类从上帝掌控的世界中引领出来，自此之后，哲学与科学联袂开始步步提升人类的思维。正是这样，当牛顿在 1688 年出版《自然哲学的数学原理》这部巨著时，它就与光荣革命一起被视为启蒙运动兴起

---

① 卡儿·贝克尔. 十八世纪哲学家的天赋 [M]. 何兆武译，北京：生活·读书·新知三联书店，2001，第 59 页.

的标志①。这个意义上，保罗·伍德认为，"我们应当承认，牛顿主义（不论其以何种形式被呈现）为18世纪的大部分研究提供了概念性启示并对道德科学的发展具有重大影响。"②如果说"对自然知识的不断探索是'构建苏格兰启蒙运动文化内核的几个主要因素'之一"③，那么，对于道德科学而言，苏格兰启蒙思想家们试图破解人类心灵的奥秘时，"他们自认为与物理学家、植物学家和生理学家并无二致，都是名副其实的自然科学家。因为他们与自然科学家们一样，探索的对象都是自然世界，这个世界不仅包括人类和其他生物的躯体，也包括人的心灵，而他们的探索也受到自然科学方法论的严格约束"④。对他们而言，在研究心灵的时候，他们"把人的心灵看做是自然的一部分，也像自然的其他部分那样通过经验科学研究对其进行考察"⑤。

哈奇森美学和伦理学都是在把人类心灵视为自然科学研究对象的同时充分运用自自然科学研究方法进行研究的理论成果，因此，可以发现，他很好地继承了培根倡导和实践过并为牛顿深信的归纳法。首先，哈奇森非常重视"观察"在哲学研究中的重要地位。在《论激情和感情的本性与表现，以及对道

---

① 赖尔·威尔逊. 启蒙运动百科全书 [M]. 刘北成，王皖强译，上海：上海人民出版社，2004 年，"序言"第 2 页.
② 亚历山大·布罗迪（编）. 苏格兰启蒙运动 [M]. 杭州：浙江大学出版社，2010年，第 99 页.
③ 同上书，第 90 页。
④ 同上书，第 58 页。
⑤ 同上书，第 60 页。

德感官的阐明》的开篇处，哈奇森旗帜鲜明地说道，"在本研究中，我们几乎无须推理或论证，因为只需通过明晰地注意所意识到的、发生在心灵中的一切，确定性就可以获得。"①其次，哈奇森忠实地继承了牛顿的归纳法。归纳法不同于演绎法，它通过对一般事实和经验材料的分析而得到普遍的原理，也就是从事实中发现原理，并运用事实来证明原理本身。这种思维方法没有依照从原理到原理、从概念到概念或从原理到事实的思维路径去解决问题，而是"钻研事物本身"，然后总结出"事物本身所以形成的那些普遍的自然规律"。哈奇森一再强调，自己的道德哲学思想没有建立在可以先于现象被先验地把握和表述的秩序、规律或"理性"之上，他更多的是通过对事实的揭示以及对知识的积累而让结论变得日益清晰和完善，哈奇森使理性只关心丰富多彩的现象，并时刻用这些现象来衡量自身的准备性和有效性。在阐述美学思想时，哈奇森首先在方法论上作了这样的陈述："为了更清楚地揭示人类的美的观念的一般基础或诱因，我们有必要首先在更简单的类型中考察它，如规则形体呈现给我们的那种美，也许我们会发现，同样的基础可以延伸至更复杂的类型中。"②我们发现，无论对于哈奇森美学思想还是伦理思想而言，归纳法都是他始终坚持的基本研究方法。如果说由培根所创立的归纳法服务于一个目的

---

① 弗兰西斯·哈奇森. 论激情和感情的本性与表现，以及对道德感官的阐明 [M]. 戴茂堂等译，杭州：浙江大学出版社，2009 年，第 3 页.
② 弗兰西斯·哈奇森. 论美与德性观念的根源 [M]. 高乐田等译，杭州：浙江大学出版社，2009 年，第 14 页.

即"表明什么事物能够从已知的事物中归纳出来"①的话，那么，对于哈奇森而言，他的经验论不同于洛克经验论的最大之处在于，作为我们一切知识的来源，洛克的"感官"是通过观察法而发现的，但是，哈奇森却通过对"感官"的工作原理进行总结和归纳，进一步具体化了"感官"的定义，深化了"感官"的内涵，扩展了"感官"的内容。正是这样，我们可以看见，在哈奇森的美学和道德哲学中，他虽然在五官感官的意义上使用了"感官"，但是，他所讨论的"感官"内容已经远远地超越了我们通常所说的五官感官，因为在他的"感官"中，相对五种外在感官而言，这种"感官"增加了"内在感官"、"美的感官"、"公共感官"、"荣誉感官"以及"道德感官"等内容。这样，哈奇森一方面认为，"把我们的外在感官划分为五种普通的类别是一种荒谬和欠完美的做法"②，另一方面在给出了自己对"感官"的定义后接着说道，"与通常解释过的那些感官相比，我们将发现许多其他感官"③。

以数学为基础，当牛顿力学成为近代自然科学的经典形态时，数学这门学科就一跃而成为所有学科中的王者，近代一切学问都要仰仗数学的光芒才得以萌芽和成长。正是这样，卡西尔指出，"在近代的开端，知识的理想只是数学与数理自然科

① 科林·布朗. 基督教与西方思想（卷一）[M]. 查常平译，北京：北京大学出版社，2005 年，第 184 页.

② Francis Hutcheson. *An Essay on the Nature and Conduct of the Passions and Affections, with Illustrations on the Moral Sense* [M]. Indianapolis：Liberty Fund, p. 16.

③ 同上书，p.17.

学，除了几何学、数学分析、力学以外，几乎就没有什么能当得上'严格的科学'之称。因此，对于哲学来说，文化世界如果是可理解的、有自明性的话，似乎就必须以清晰的数学公式来表达"①。胡塞尔认为，在 17 世纪，西方哲学的传统"信念认为，对哲学的所有拯救都依赖于这一点，即：哲学把精密科学作为方法楷模，首先把数学和数学的自然科学作为方法的楷模"②。尽管哈奇森道德哲学的主旨在于强调道德情感的崇高地位，尽管哈奇森在晚年对以情感为内容的道德到底能否计算其德性的程度提出了质疑，但是，哈奇森在一生中终究无法逃脱时代强加给他的命运，《论美与德性观念的根源》（1725）显示了浓厚的数学痕迹。在《对美、秩序等的研究》中，他"用数学方式"③表达了自己用观察和归纳的方法所发现的美的根源。在《对我们的德性或道德善的观念根源的研究》中，他更是清晰而明白地引入数学计算的方法，通过一系列公式对我们的道德程度进行精细地计算，并由此得出了有关道德程度之计算的一系列"公理"④。

（三）大学变革、文化公共领域的兴起以及开放视野的形成

由于受到宗教力量的推动，早期苏格兰大学主要是为了给教会培养人才。在主教们的帮助下，早在 1469 年，苏格兰

---

① 卡西尔. 人文学的逻辑 [M]. 耶鲁大学出版社，1961 年，第 4 页.
② 胡塞尔. 现象学的观念 [M]. 上海译文出版社，1986 年，第 25 页.
③ 弗兰西斯·哈奇森. 论美与德性观念的根源 [M]. 高乐田等译，杭州：浙江大学出版社，2009 年，第 15 页.
④ 同上书，第 131 页。

议会通过了强迫民众受教育的法案。与此同时，圣安德鲁斯大学（1417）、格拉斯哥大学（1451）、爱丁堡大学（1583）以及阿伯丁大学（1494）这四所主要大学得以建立起来。17 世纪末，为了适应苏格兰社会新的政治经济发展的需要，在政府和教授们的努力下，这些大学都进行了改革，课程设置、学习领域、学习方法和教师的配备都进行了调整[①]。在 1690—1720 年间，格拉斯哥大学和其他苏格兰大学相继增加了人文科学、历史、数学、东方语言、教会史、法律、医学、植物学以及化学这些课程，大学专业教育得到迅速推进[②]。在改革的过程中，有关人的灵魂、神的存在、天使的存在等问题的讨论成为哲学家们探讨的主题，从而产生了有关人类心灵的研究，研究显示，"到了 17、18 世纪，苏格兰大学里的灵物学者们对天使的研究兴趣退潮，取而代之的是对人的关注，而灵物学也发展成为围绕人的心灵所进行的系统性研究，尤其是道德哲学研究，因为我们最能感悟的就是人的心灵"[③]。在 17、18 世纪，向新思想开放的大学逐渐成为苏格兰知识发展的中心，学院派的思想家成为苏格兰启蒙运动中的重要人物，弗兰西斯·哈奇森、亚当·斯密、托马斯·雷德和约翰·米勒在格拉斯哥大学任教授，而亚当·弗格森、道格拉斯·斯图亚特和威廉姆·罗伯特

① Jane Rendall. *The Origins of the Scottish Enlightenment* . New York: St. Martin's Press, 1978, p. 37.
② 亚历山大·布罗迪（编）. 苏格兰启蒙运动 [M]. 北京：生活·读书·新知三联书店，2006 年，第 18—19 页.
③ 亚历山大·布罗迪（编）. 苏格兰启蒙运动 [M]. 杭州：浙江大学出版社，2010 年，第 58 页.

是爱丁堡大学教授，他们的学生们主导着阿伯丁大学和安德鲁斯学院。哈奇森于 1711 年来到格拉斯哥大学求学。由于一些颇具魅力且持温和神学观的教师和敢于挑战大学权威专制的在政治上活跃的爱尔兰学生的影响，1711 年正好是格拉斯哥大学转衰为兴的时期①。在哈奇森毕业之后直到哈奇森担任格拉斯哥道德哲学教授的十多年时间内，大学内部发生了很大的变化。虽然在宗教神学领域，随着辛普森（Simpson）教授职位的终止，保守派曾一度占了上风，但是，在其他领域，随着哈奇森的到来并加入"进步的派别"②，学校在各个方面已经走上了现代化改革的道路。随着哈奇森担任格拉斯哥大学教授，他成了一个"教授式的牧师"。面对他的学生，他传播着双重福音，一种是现代精神的福音，他追求的是亮光与文化，以及对仁爱和美的热忱；另一种是具有艺术特性的教学福音，他致力于把追随他的、可塑性很强的学生们培养成其伦理理想的现实展现者③。这一切都说明，尽管阻力重重，可是苏格兰大学还是在哈奇森的时代走上了现代化的道路。历史显示，直到今天，在苏格兰各大学里，在道德哲学领域，哈奇森式的教学风格仍然具有主导性的影响力④。

---

① Francis Hutcheson. *An Essay on the Nature and Conduct of the Passions and Affections, with Illustrations on the Moral Sense* [M]. Indianapolis：Liberty Fund. p.xi.
② William Robert Scott. *Francis Hutcheson：His Life, Teaching, and Position in the History of Philosophy* [M]. Bristol：Thoemmes Press, p. 60.
③ Ibid, p. 65.
④ Ibid, p. 66.

　　除大学之外，17—18 世纪的苏格兰社会中还存在着一个文化"公共领域"，它主要由俱乐部、社团、图书出版、报纸、评论和杂志所构成，是启蒙思想家之间相互交流以及与社会进行沟通的重要场所①。在这个文化"公共领域"中，人们相互交流的内容涉及社会、文学、科学和农业等各种领域，文人、教士、商人、政治家、土地贵族和律师等不同社会阶层的人既可以自由地对苏格兰社会的现实问题发表自己的看法，也可以就理论研究进行争辩与交流。哈奇森曾经与罗伯特·摩尔斯沃斯（Robert Molesworth）有过交往，后者是沙夫茨伯利的亲密朋友，也是一些激进知识分子如约翰·托兰德（John Toland）和安东尼·柯林斯（Anthony Collins）的密友。摩尔斯沃斯曾经在爱尔兰培养了有才能的知识分子阶层，他们都曾为《都柏林杂志》撰稿。有人推测，正是通过结识摩尔斯沃斯圈子内的各样人物，沙夫茨伯利的著作开始真正引起哈奇森的兴趣，也正是在这个圈子里，哈奇森开始接触开明的英格兰知识分子，如身为都柏林大主教的威廉·金（William King）和爱德华·辛格（Edward Synge）。在同一个时期，哈奇森毫无疑问也感受到了更加顽固保守的人对他的影响。就是在同多种思想的对话中，哈奇森孕育了以道德情感为核心的道德哲学体系。事实上，这种思想和文化的交流不仅催生了哈奇森思想体系的诞生，而且促使它变得更加严谨和成熟。早在 1724 年，哈奇森

———————

① Jane Rendall. *The Origins of the Scottish Enlightenment* . New York：St. Martin's Press, 1978, pp. 42 -44.

就在《伦敦杂志》(*The London Journal*) 上发表文章，批判当时流行的道德体系，这篇小文章就是 1728 年出版的《论激情和感情的本性与表现，以及对道德感官的阐明》中第二篇论文的雏形。在《蜜蜂寓言》出版之后的 1723 年，被人视为"一个恶魔般的人物、令虔诚可敬之士感到惊恐"①的曼德维尔公开直接质疑沙夫茨伯利高雅的人性论思想，追问无私的道德行为是否可能，与此同时，他认为，德性中不存在无私的仁爱，他认为人的行为都是由一系列自私的冲动和自利的动机所构成。就在这个时候，哈奇森加入到了这场论战中，通过重申人性自身中的美，以文章的形式，而不是像沙夫茨伯利那样，以文雅的谈话式的方式，哈奇森成功地替沙夫茨伯利实现了辩护，从而使人性中美与仁爱可以同在的思想变得更加清晰而有说服力，并使之广播四海之外。这样，1725 年，哈奇森出版了《论美与德性观念根源的研究》，就在同一年他开始同小吉尔伯特·伯内特 (Gilbert Burnet) 在《伦敦杂志》上互相通信，来为该书进行辩护，由此，滋生了该书的修订版，哈奇森在 1726、1729、1736 年分别出版了三个版本的修订版。在 1725 年和 1726 年，哈奇森在由詹姆士·阿巴科 (James Arbuckle) (该人也是摩尔斯沃斯圈子内的人物) 主编的《都柏林周刊》(*Dublin Weekly Journal*) 就"笑"这个主题发表了一系列文章来反对霍布斯和曼德维尔。1728 年，在受到了同时代思想家的赞

① 哈耶克. 经济、科学与政治：哈耶克思想精粹 [M]. 冯克利译，南京：江苏人民出版社，2000 年，第 573 页.

美、责难与质疑之后，哈奇森出版了第二本重要著作——《论激情和感情的本性与表现，以及对道德感官的阐明》，1742年，该书的修订版问世。

17世纪之后，很多苏格兰人开始到欧洲以及欧洲以外的地方留学，因此，17—18世纪的苏格兰思想家不仅具有包括道德哲学、历史学和经济学在内的综合视野，而且他们还具有指向欧洲，甚至全世界的开放视野。他们通过旅行、书信和沙龙等形式不断与欧洲同时代思想家进行交流。他们与欧洲大陆的理性主义思想有着亲密的联系，哈奇森在作品中反复引用并借鉴格劳秀斯、普芬道夫的自然法思想来阐述自己的道德哲学。他们非常了解理性主义的思想，但他们始终站在经验主义的立场上来观察社会。对于哈奇森来说，他虽然不赞成用演绎的方法来寻找道德的源头，也不赞成道德理性主义，但是，他并不反对使用理性。他一再强调，要通过理性的训练来控制我们的激情和感情，进而通达幸福，"通过频繁的沉思和反思，尽可能地强化私人或公共的平静欲望而非特殊激情，并使平静的普遍仁爱处于特殊激情之上，这对所有人而言都必定具有极端重要性"①。

第二节 思想渊源

对于哈奇森的思想渊源来说，最重要的是古代思想家的影响和同时代思想潮流的影响。由于新古典主义的来临，和沙夫

---

① 弗兰西斯·哈奇森. 论激情和感情的本性与表现，以及对道德感官的阐明 [M]. 戴茂堂等译，杭州：浙江大学出版社，2009年，第118页.

茨伯利一样，哈奇森对古希腊生活图景以及古代思想家充满了迷恋和赞美，因此，我们在他的著作中可以很清楚地看到古代思想家对他的影响。与古代思想家同样重要的是，哈奇森还受到了同时代思想家的深刻影响，尤其是经由沙夫茨伯利而来的影响。正是立足于沙夫茨伯利所面对的时代问题，哈奇森在更深刻、更明晰的层面上作出了自己的思考，从而提出了独具特色的道德情感思想体系。除此之外，我们不可忽视的是，在担任道德哲学教授之职之前，哈奇森是出色的长老派牧师，因此，尽管他站在自由主义的宗教立场上反对清教，但是他终究无法完全而彻底地脱离清教加给他的深刻影响。

一 古代的影响

（一）西塞罗

西塞罗于公元前106年出生在罗马东部的一个贵族家庭。他自小聪慧，并且对演讲术和哲学有深厚的兴趣。公元前63年，西塞罗当选为罗马共和国的执政官，后来进入元老院，成为罗马共和国晚期最重要的思想家之一。他对罗马共和制度极为拥护。他于公元前45年被安东尼杀害，其原因在于，安东尼认为，西塞罗应该对恺撒的被刺杀负思想上的责任。

在西塞罗的哲学思想中，伦理学占有非常重要的地位。他的绝大多数哲学著作都致力于讨论善的本质、人与人之间的义务以及社会生活的道德准则等等。在思想倾向方面，他反对伊壁鸠鲁的快乐主义，比较拥护斯多葛派的伦理思想。西塞罗认为，世界万物生生不息的自然过程是因为受到了自然法则的支配所导致的。自然法则不仅绝对地支配着宇宙的自然事物，而且也支配着人类的生活。如同在自然界一样，在人类社会，这种法则无所不在，无所不能，它用一条无形的纽带把人与人连接成一个巨大的整体。这种法则可以赋予人以理智，并可以指导人的行动，我们每个人的生活都受到这种自然法则的必然性所决定。因此，"善"的生活就是依照"自然"而来的生活。也就是说，凡是符合自然的都是善的，凡是与自然相违背的都是恶的。对于西塞罗而言，这就是他用以评价人们行为的善恶、适宜与不适宜的标准。除此之外，西塞罗还进行类推，把这种法则运用到社会领域，强调人的社会责任和道德义务，并在这个意义上要求公民服从国家的法律。

在西塞罗的所有著作中，对哈奇森影响最大的就是《论义务》。在这本书中，作者主要讨论的是人类的社会生活中应该履行的各种义务，"一切有德之事皆出自下述四种来源中的一种：(1) 充分地发现并明智地发展真理；(2) 保持一个有组织的社会，使每一个人都负有其应尽的责任，忠实地履行其所承担的义务；(3) 具有一种伟大的、坚强的、高尚的和不可战胜的精神；(4) 一切言行都稳重而有条理，克己而有节制。"①正是在这个义务论基础上，西塞罗讨论了各种美德和德行。

哈奇森在创作自己的道德哲学思想时，吸收了西塞罗的思想，他在著作中频频引用西塞罗来阐明自己的观点。这集中体现在两个方面：

---

① 西塞罗. 西塞罗三论 [M]. 徐奕春译，北京：商务印书馆，1998 年，第 96 页.

　　首先，虽然沙夫茨伯利发现了古希腊生活理想中的"美"所蕴涵的和谐，并打算把它由美学延伸到伦理学领域，但最终以理论的形式完成这一工作的却是哈奇森。哈奇森之所以能比较顺利地使"美"实现这种延伸，其中一个重要的因素就是西塞罗的《论义务》给他提供了理论支撑。或许正是因为这样，哈奇森曾直接引用西塞罗的《论义务》中的一段话作为《论美与德性观念的根源》（第二版）的扉页题词，这段话如下："因此，在这个可见世界中，再没有其他别的动物拥有感受美、爱与和谐的感官了。自然与理性通过将这一类比由感觉世界扩大到精神世界，从而发现，美、一致性与秩序都更多地在思想与行为中得以保留。正是根据这些要素，才锻造和形成了作为我们这一研究主题的道德善性。尽管这种道德善性未得到普遍的尊崇，但它仍然配享尊荣；尽管尚未有人赞美它，但按其本性，它值得赞美。在此，你见到的这个形式本身，正像是道德善性的衣服脸孔，要是我们的肉眼能够看到的话，将会唤醒多么非凡的智慧之爱啊。"①

　　其次，虽然"最大多数人的最大幸福"通过哈奇森第一次进入英语世界并随后被"功利主义者们把这话当成了他们的口号"②，从而使之成为"功利主义提出的一个很重要的价值原

---

① 西塞罗. 论义务 [M]. 瓦尔特·米勒译，剑桥，马塞诸塞：哈佛大学出版社，1975 年，第 14—17 页.
② 周辅成. 西方著名伦理学家评传 [C]. 上海：上海人民出版社，1987 年，第 311 页.

则"①，但这并不说明，这是哈奇森的独创，也不能说明，是哈奇森发明了它。其实，这个说法最早可以上溯到斯多葛派的"世界公民"（citizenship of the world）一说，后来，经由哈奇森对西塞罗、塞内加、爱比克泰德和马可·奥勒留等人思想的综合发展而出现在英语世界中。在哈奇森频繁引用并一再赞美的《论义务》一书中，在许多地方已经暗含了"最大多数人的最大幸福"这种说法。我们甚至可以说，哈奇森的这个短语可以视为对西塞罗的"复制"②。

西塞罗不是一个书斋式的学者，而是一个演说家，一个社会活动家，一个积极投身于社会生活的政治家。在这点上，哈奇森也深受影响。如果我们说，哈奇森的著作在历史上具有重要地位，散发着巨大的魅力，但我们更不应该忘记的是，他更大的魅力是表现在其雄辩式的演说中，"他的演说可以点燃与他接触的每个人的想像力"③。正是这样，他在课堂上的讲授是充满激情的，因为他需要听众，他认为，写作过程中想像中的"读者"是模糊而冷漠的，而课堂上的听众却是真实而热情的。正是这样，有人说，他的著作仅仅只是其"课堂教学的概要"④而已。作为一个社会活动家，哈奇森非常关注现实社会

---

① 万俊人. 义利之间：现代经济伦理十一讲 [M]. 北京：团结出版社，2003 年，第 61 页.

② William Robert Scott. *Francis Hutcheson：His Life, Teaching, and Position in the History of Philosophy* [M]. Bristol：Thoemmes Press, p. 275.

③ William Robert Scott. *Francis Hutcheson：His Life, Teaching, and Position in the History of Philosophy* [M]. Bristol：Thoemmes Press, p. 147.

④ 引文同上.

中人的权利和义务问题，正是这种关注引导哈奇森在《论美与德性观念的根源》中对人的各种权利，如绝对权利、非绝对权利、外在权利、可让渡权利和不可让渡权利进行了深入研究，并在这种基础上反对专制权力，拥护民主权利。由此，哈奇森认为，是否需要改革、变更与废除政府的权利，应基于这样一个判断，即看这个政府是适应了还是背离了其目的，也就是看其是否最大限度地保障了社会的幸福与安全，也就是说，对于政府而言，"为最大多数社会成员提供最大幸福的行为就是最好的行为"①。正是因为这样，当清教徒们在17—18世纪历经种种艰难困苦漂洋过海来到新大陆时，当他们要在这里建立摆脱了欧洲痼疾的"上帝之城"时，他们选中了哈奇森的学说作为政府以及国家制度得以建立的理论支撑之一。正如有人指出的："哈奇森的哲学，已成为美国人政治观念的一部分，这些观念是美国政体得以形成的理论基础。他的著作在18世纪被引介到美国，通过他的学生们以及来自苏格兰的访问学者们的介绍——这其中就有1759年来美国的本杰明·富兰克林，哈奇森的哲学开始广为人知。他的理论观念甚至成为殖民地课程的一部分。"②

（二）贺拉斯

贺拉斯（Quintus Horatius Flaccus，前65—8），生于意大利南部阿普利亚边境小镇维努西亚（今维诺萨），是古罗马文

---

① Francis Hutcheson. *An Inquiry into the Original of Our Ideas of Beauty and Virtue* [M]. Indiananpolis：Liberty Fund, p. x .
② 引文同上。

学"黄金时代"的三大诗人之一，活跃于奥古斯都时代。约公元前52—前50年，贺拉斯到罗马求学，后来又去雅典深造。公元前44年恺撒遇刺后，雅典成了共和派活动的中心，贺拉斯应募参加了共和派军队，并被委任为军团指挥。公元前42年，共和派军队被击败，贺拉斯自称"弃盾而逃"。后来他趁大赦机会返回罗马，贫困中写下了众多诗作，如《讽刺诗集》(2卷本)、《长短句集》、《歌集》(4卷本)、《世纪之歌》以及《书札》(2卷本)。作为罗马传统的继承者，古希腊的生活是贺拉斯的理想生活，他认为，诗人"应当日夜把玩希腊的范例"[1]。在艺术观上，贺拉斯认为，文学作品不仅要有审美作用，而且要有教育作用。贺拉斯赞美拥有健全头脑的诗人，褒奖蕴含"光辉思想"[2]的文学作品，他指出，"诗人的愿望应该是给人益处和乐趣，他写的东西应该给人以快感，同时对生活有帮助……寓教于乐，既劝谕读者，又使他喜爱，才能符合众望。这样的作品……才能使作者扬名海外，流芳千古。"[3]在贺拉斯看来，诗歌的主要目的在于秉承神的旨意来指导人生。因此，贺拉斯善于用诗歌进行道德说教，以闲谈形式嘲笑吝啬、贪婪、骄奢淫逸等人类的各种陋习。除此之外，他还善于运用诗歌来宣扬远离世俗纷扰、保持内心宁静和知足常乐的生活理想。

在新古典主义的影响下，贺拉斯是哈奇森非常喜爱的古代

---

[1] 贺拉斯. 诗学·诗艺 [M]. 北京：人民文学出版社，1984年，第151页.

[2] 同上书，第145页。

[3] 同上书，第155页。

作家。在哈奇森的哲学著作中，他经常引用诗歌为自己的论述增色，在所有的引用中，显然贺拉斯是出现频率最高的诗人。统计显示，《论美与德性观念的根源》16 次引用到了贺拉斯的诗歌，而《论激情和感情的本性与表现，以及对道德感官的阐明》有 11 次直接引用了贺拉斯的诗句。所有这些引用显示，哈奇森同贺拉斯所倡导的"寓教于乐"的思想有深深的共鸣。哈奇森认为，文学和哲学两者"的目的都是举荐德性"①。我们发现，哈奇森在赞同贺拉斯的这种思想的同时，他甚至把这种思想更推进了一步。他结合自己的内在感官（美的感官）以及道德感官更深入而明晰地阐明了，什么才是诗歌给人带来的真正乐趣，或者说，诗歌所产生的快乐的基础是什么。在哈奇森看来，"诗歌中的意象建基于道德感官之上"②，道德感官是"诗歌之主要快乐的基础"③。虽然诗歌之美的产生离不开基于模仿而产生的相对美这个基础，但是，诗歌如果要产生教导的作用，它就必定离不开道德感官的作用。在进行了一系列的观察之后，哈奇森认为，相对训导或形而上学的论述而言，由我们的道德感官而来的道德判断具有极大的优先性，因为在这些训导或论述产生之前，我们的道德感官就能进行独立的道德判断。换句话说，由于道德感官而来的道德判断与任何道德上的训导或形而上学的论述是没有关联的。这样，

---

① 弗兰西斯·哈奇森. 论美与德性观念的根源 [M]. 高乐田等译，杭州：浙江大学出版社，2009 年，第 187 页.

② 同上书，第 188 页。

③ 同上书，第 186 页。

在诗歌的审美快乐中，"由于对无论是恶还是善的道德对象的沉思，能比自然美或（我们通常所称的）丑更强烈地感染我们，并以一种截然不同且更有力的方式推动我们的激情，因此，最动人的美都与我们的道德感官有关，并会比以最生动的手法所描绘的自然对象更强烈地感染我们"①。因此，在诗歌中，"借着拟人手法，每一种感情都被赋予了人形，每一种自然事件、原因和对象都通过道德的称谓而获得了生命活力。因为我们给自然对象融入了对道德因素和品质的沉思，以便增加它们的美丽或丑陋，而通过把它们刻画为人物形象，靠着所描绘的感情，我们就会用一种更加生动的方式来影响听众"②。这一切都向我们表明，对于诗歌而言，不仅其意象产生于道德感官的基础之上，而且诗歌给人提供的愉悦也基于这种道德感官而产生。如果要使诗歌、绘画、雄辩术等艺术完成"寓教于乐"的功能，我们就不得不重视被称为道德感官的这种心灵中的知觉能力，只有这样，我们的心灵才会受到感染、得到教育并产生有益于我们幸福的激情。

（三）斯多葛派

在新古典主义的影响下，古代斯多葛派的著作在18世纪的苏格兰广泛流行，塞涅卡（Seneca）、爱比克泰德（Epictetus）、马可·奥勒留（Marcus Aurelius）的著作在整个18世纪

———————

① 弗兰西斯·哈奇森. 论美与德性观念的根源 [M]. 高乐田等译，杭州：浙江大学出版社，2009年，第186页.
② 同上书，第188页。

一版再版①。在这种时代潮流中，哈奇森也接受了斯多葛派思想的影响。在哈奇森早年，他就阅读过代表该派思想的著作。在斯多葛派的众多哲学家中，哈奇森最钟爱马可·奥勒留，因此，斯多葛派对哈奇森的影响主要通过马可·奥勒留体现出来。到了晚年，从1741年夏天开始，哈奇森同詹姆士·摩尔（James Moor）合作，开始翻译马可·奥勒留皇帝的《沉思录》，除第九章和第十章之外，该书其余部分都是哈奇森所译。除个人著述之外，这是哈奇森唯一的翻译作品。结合《沉思录》，当我们阅读哈奇森的代表作时，可以发现，斯多葛派对哈奇森的影响主要体现在对哲学的看法、对人的社会性以及社会的公共性的强调、对宇宙神圣天意的崇敬以及对恶的看法这三个方面。

首先，和沙夫茨伯利一样，哈奇森也继承了斯多葛派关于哲学的看法，他们把哲学视为"生活的艺术"。这种艺术观强烈地支配着沙夫茨伯利和哈奇森②。实际上，正是以艺术为原点进行类推之后，哈奇森指出，作为一门艺术，哲学是无法"被教授"的，我们所能做的一切就是列举出适当的实例。正如审美源于对经典作品的研习一样，哈奇森一直致力于由世界的英雄们所组成的壮丽画廊来"教授道德"，英雄崇拜情结取代了对伦理学的形而上学研究。

---

① 斯图亚特·布朗. 英国哲学和启蒙时代 [C]. 高新民、曾晓平等译，北京：中国人民大学出版社，2009年，第317页.

② William Robert Scott. *Francis Hutcheson：His Life, Teaching, and Position in the History of Philosophy* [M]. Bristol：Thoemmes Press, p. 146.

其次，通过继承斯多葛派，尤其是《沉思录》中的思想，哈奇森在近乎神圣的高度强调人的社会性以及与此相适应的社会公共性。对于人的社会性，奥勒留认为："宇宙的理智是社会性的"①。在理性动物中，即使人们努力地避免联合起来，但还是以某种方式统一着，"因为他们的社会本性是太强了，你只要观察一下，就知道我说的是事实"②。奥勒留把人的社会性被提到了近乎神圣的高度，他说："由于你自己是一个社会体系的构成部分，你也要让你的每一行动都成为社会生活的一个构成部分。那么，你的所有跟社会目的没有直接或间接关联的不论什么行为，就都会分裂你的生命，打破它的统一，就都有一种叛逆的性质，正像在公共集会上，一个人脱离普遍的协议而我行我素。"③为这种神圣的社会化的普遍利益做事的个体就是神圣的、善的。"我为普遍利益做过什么事情吗？那么好，我从自身得到了奖赏。让我的心灵总是想到这一点，决不停止这种善。"④与此相应的是，奥勒留大力强调社会的公共利益，"当你不把你的思想指向公共福利的某个目标时，不要把你剩下的生命浪费在思考别人身上"⑤。在劝诫人们该如何行动的时候，奥勒留最先说到的是，"不要不情愿地劳作，

---

① 马可·奥勒留. 沉思录 [M]. 何怀宏译，北京：中央编译出版社，2008 年，第70 页.
② 同上书，第 144 页。
③ 同上书，第 148 页。
④ 同上书，第 179 页。
⑤ 同上书，第 26 页。

不要不尊重公共利益"①。纵观哈奇森的道德哲学体系，我们发现，奥勒留的这些思想都为哈奇森所吸收。正是奥勒留对这种近乎神圣的人的社会性以及社会公共利益的强调，使得哈奇森不断地认为，只有指向他人的"无私的仁爱"才是真正的道德情感，受到这种情感的推动，我们就可以做出给"最大多数人带来最大幸福"的行为，从而使我们的道德感官产生永久而高贵的快乐。

最后，从斯多葛派那里，哈奇森还继承了蕴涵于宇宙中的秩序和美之中的天意设计（Providential design）的反怀疑主义的世界观。奥勒留深深地相信，存在着神圣的天意，"宇宙要么是一种混乱，一种诸多事物的相互缠结和分散；要么是统一、秩序和神意。如果前者是真，为什么我愿意滞留在一种各事物的偶然结合和这样一种无秩序中呢？为什么我除了关心我最终将怎样化为泥土之外还关心别的事情呢？为什么我要因为不管我做什么我的元素最终都要分解的而烦扰自己呢？而如果后者是真，我便崇拜、坚定地信任那主宰者。"②正是对这种神圣天意的继承，哈奇森不仅有效地反驳了由洛克的学说所引起的道德多样性或相对性问题，而且，更重要的是，他成功地为自己的美学思想和伦理学思想找到了有别于《圣经》启示性上帝的新的形而上学基础和统一性。同时，也正是因为这样，哈奇森成功地实现了从美学领域到伦理学领域的过渡。奥勒留认

---

① 马可·奥勒留. 沉思录 [M]. 何怀宏译，北京：中央编译出版社，2008 年，第 27 页.

② 同上书，第 75—76 页。

为:"所有事物都是相互联结的,这一纽带是神圣的,几乎没有一个事物与任一别的事物没有联系。因为事物都是合作的,它们结合起来形成同一宇宙(秩序)。因为,有一个由所有事物组成的宇宙,有一个遍及所有事物的神,有一个实体,一种法,一个对所有有理智的动物都是共同的理性,一个真理,如果也确实有一种所有来自同一根源,分享同一理性运动的尽善尽美的话。"① "正像在那些物体中各个成分是统为一体一样,各个分散的理性存在也是统而为一,因为他们是为了一种合作而构成的。"② "所有物体都被带着通过宇宙的实体,就像通过一道急流,它们按其本性与整体统一而合作,就像我们身体的各部分的统一与合作一样。"③ "永远把宇宙看做一个活的东西,具有一个实体和一个灵魂;注意一切事物如何与知觉相关联;一切事物如何以一种运动的方式活动着;一切事物如何是一切存在的事物的合作的原因;也要注意那继续不断的纺线和网的各部分的相互关联。"④正是基于这种统一性,哈奇森认为,美的基础在于多样性的统一性,而道德的基础也在于此,道德领域内的统一性不仅体现为由神圣天意所代表的统一性,而且也体现为由具有普遍性和统一性的指向他人的"无私的仁爱"所代表的人性结构中的统一性。

---

① 马可·奥勒留. 沉思录 [M]. 何怀宏译,北京:中央编译出版社,2008 年,第 98 页.
② 同上书,第 99 页。
③ 同上书,第 101 页。
④ 同上书,第 50 页。

除此之外，哈奇森还继承了斯多葛派对恶的看法。奥勒留认为，"宇宙的实体是忠顺和服从的，那支配着它的理性自身没有任何原因行恶，因为它毫无恶意，它也不对任何事物行恶，不损害任何事物。而所有的事物都是根据这一理性而完善的。"[①]在道德情感思想体系中，哈奇森一反传统基督教所宣扬的人的原罪观，而是公开宣扬，人没有"无私的恶意"，即人的本性不会有这种欲求他人不幸的本能。在哈奇森看来，这种本能实际上"仅仅只是基于错误看法或混乱观念的恰当天然感情的过度生长而已"[②]。正是这样，哈奇森认为，"我们或许会发现，任何对象中都不存在这种品质，这种品质会激发我们纯粹无私的恶意或为了不幸自身而平静地欲求不幸"[③]。正是对恶的这种看法使哈奇森抛弃了基督教传统对人性的看法，从而为一种新的思想体系的建立，也为一个新时代的来临开辟了全新的道路。

二　时代的影响

在同时代的思想家中，对哈奇森影响最深的是约翰·洛克和沙夫茨伯利。从洛克那里，他吸收并继承了经验主义认识论。从沙夫茨伯利那里，他接受了人性自身有能力产生仁爱的情感，这种情感根植于人性内部的道德感官之中。另外，像沙

---

① 马可·奥勒留. 沉思录 [M]. 何怀宏译，北京：中央编译出版社，2008 年，第 74 页.
② 弗兰西斯·哈奇森. 论激情和感情的本性与表现，以及对道德感官的阐明 [M]. 戴茂堂等译，杭州：浙江大学出版社，2009 年，第 73 页.
③ 同上书，第 54 页。

夫茨伯利一样，他也把审美趣味判断和道德判断联合起来，宣称人类可以在二者之间达成一致。但是，对于哈奇森自身的道德情感思想体系来说，他从来没有紧紧地、完全彻底地追随任何人的思想，相反，他的思想体系体现了英国人所特有的浓厚"折中主义"①特征。正是这种特征使哈奇森在博采众长的同时创立了自己的立足道德感官之上道德情感思想体系。对于哈奇森而言，他的"折中主义"虽然源于沙夫茨伯利的传承，但更源于重要的时代精神——清教的影响。因此，在分析洛克和沙夫茨伯利对他的影响时，我们不得不重视的是，清教如何影响了哈奇森的创作和思考。

（一）约翰·洛克

在哈奇森看来，我们的知觉有些可以令我们感到愉悦，而有些却使我们感到憎恶，对我们而言，真正的感情就是欲望和憎恶②。哈奇森把知觉称之为"感觉"，他首先研究了审美知觉感到愉悦的原因是什么，然后接着研究了道德知觉产生愉悦的原因是什么。相对知觉而言，情感是第二位的，因此，哈奇森首先要考察道德情感思想体系赖以产生的认识论前提。我们发现，在美学领域内，虽然哈奇森同沙夫茨伯利有直接的理论渊源，但是"他的理论基石仍然是洛克基于人类经验的认识

① William Robert Scott. *Francis Hutcheson: His Life, Teaching, and Position in the History of Philosophy* [M]. Bristol: Thoemmes Press, p. 260.
② 弗兰西斯·哈奇森. 论激情和感情的本性与表现，以及对道德感官的阐明 [M]. 戴茂堂等译, 杭州: 浙江大学出版社, 2009 年, 第 22 页.

论"①，正是在这样的美学基础之上，哈奇森确立了独特的道德情感思想。但是，我们需要注意的是，对哈奇森而言，虽然他继承了洛克开创的经验主义认识论传统，但是他的继承并非僵化的追随，而是在此基础上对洛克的认识论进行改造，从而为自己开辟了美学和伦理学的新天地。

1 继承

作为认识论中经验主义的"奠基者"②、"始祖"③和"真正的逻辑起点"④，约翰·洛克（1632－1704）明确反对天赋观念说，认为"我们的一切知识都是建立在经验上的，而且最后是导源于经验的"⑤。对于由经验引起的知识的来源，洛克认为，它由内外两个方面的因素所构成。在洛克看来，构成我们的知识来源的外在因素就是感觉的对象，内在的因素就是心理活动，也就是说，"我们因为能观察所知觉到的外面的可感物，能观察所知觉、所反省到的内面的心理活动，所以我们的理解才能得到思想的一切材料，这便是知识的两个来源；我们所已有的，或自然要有的各种观念，都是发源于此的。"⑥对于外在的可感物经由我们的感官而进入到我们心中的这个来源，洛克称之为"感觉"⑦。对于我们的心理活动所引起的观念，

---

① 范玉吉. 审美趣味的变迁 [M]. 北京：北京大学出版社，2006 年，第 50 页.
② 罗素. 西方哲学史（下）[M]. 马元德译，北京：商务印书馆，2004，第 134 页.
③ 同上书，第 139 页。
④ 赵敦华. 西方哲学史 [M]. 北京：北京大学出版社，2001 年，第 220 页.
⑤ 洛克. 人类理解论 [M]. 关文运译，北京：商务印书馆，1983 年，第 68 页.
⑥ 引文同上。
⑦ 同上书，第 69 页。

洛克认为，"这种观念的来源是人人完全在其自身所有的；它虽然不同感官一样，与外物发生了关系，可是它和感官极相似，所以应叫后一种为内在的感官"①，与"感觉"相对应的是，洛克把经由这种"内在感官"而来的观念来源称为"反省"。哈奇森道德哲学就是通过继承洛克的思想发展而来的，这种继承集中体现在两个方面：第一，哈奇森继承了洛克对天赋观念的批判；第二，哈奇森继承了洛克的感官学说。

通过继承洛克的思想路径，哈奇森也反对天赋观念。他认为，我们可以一劳永逸地观察到的是，"正如外在感官一样，内在感官不用以知识的天赋观念或原理为前提"②。当我们的味蕾接受到甜食时，我们的心灵就会受到规定去产生甜的观念。内在感官的情形也是如此，我们的心灵在这个过程中是被动的。当我们的眼睛看见了包含了多样性的一致性的事物时，我们的心灵中的美的感官就会对我们产生美的观念。在道德领域中，哈奇森一再强调，道德感官"并不意指天赋观念或命题"，它"仅仅只指我们心灵的一种规定"③，当行为呈现给我们时，我们的道德感官会在我们对该行为是否有益于我们自己形成自己的看法之前而发现行为中的美，并接受行为中的悦人观念。事实上，我们知道，早在1717年，哈奇森就曾给萨缪尔·克拉克（Samuel Clarke）写信，反对先验理性主义。

---

① 洛克. 人类理解论 [M]. 关文运译，北京：商务印书馆，1983年，第69页.
② 弗兰西斯·哈奇森. 论美与德性观念的根源 [M]. 高乐田等译，杭州：浙江大学出版社，2009年，第62页.
③ 同上书，第98页.

同批判天赋观念论相适应的是，哈奇森认为，人们头脑中的复杂观念或知识要么来自由外在感官提供的感官知觉经验，要么来自心灵对简单的原初观念所进行的综合、扩展以及抽象①。当外在对象呈现在我们面前，并同时作用于我们的身体，从而在我们的心灵中产生反应时，感觉就发生了。因此，在哈奇森看来，所谓感觉，就是"因外在对象呈现并作用于我们的身体而在心灵中唤起的那些观念"②。在这个过程中，我们的心灵是被动的，既无法阻止因外物的刺激而产生某种感觉，也无法在接受这种感觉的时候改变它。由于我们拥有各种不同的、由感觉而来的观念，如视觉观念、听觉观念等，于是，我们可以称"接受不同知觉的能力为不同的感官"③。因此，视觉所表示的就是心灵接受颜色的能力，而听觉就表示心灵接受声音的能力。当我们的心灵借助各种知觉器官而唤起了各种不同的观念后，无须任何外来的力量，我们的心灵自身就可以对这些观念进行加工，比如，心灵可以把各种不同的观念进行综合，可以从观念出发来比较对象并发现对象之间的比例关系，可以把观念本身进行扩大或缩小，还可以单独考察每一种简单观念等等，在心灵自身的这些作用下，我们的知识或复杂观念得以诞生。

---

① 亚历山大·布罗迪（编）.苏格兰启蒙运动 [C].北京：生活·读书·新知三联书店，2006年，第136页.
② 弗兰西斯·哈奇森.论美与德性观念的根源 [M].高乐田等译，杭州：浙江大学出版社，2009年，第3页.
③ 引文同上.

　　除了对天赋观念的批判之外，哈奇森还继承了洛克的感官学说。综观哈奇森的思想体系，我们甚至可以说，哈奇森的思想几乎直接建基于对洛克感官学说的继承和改造之上。通过继承洛克的感官学说，哈奇森把外在感官的特征进行了总结，认为感官的主要特征在于能接受独立我们意志的观念并产生快乐或痛苦知觉。以此作为基点，哈奇森进行了类推，从而发现了我们心灵中很多其他类型的感官，如美的感官、道德感官、荣誉感官、公共感官等。虽然历史的发展表明，哈奇森的政治学思想、人权思想和法学思想对 18 世纪的西方政治，尤其是美国政治体制的确立起到了不可忽视的作用。但是，哈奇森的代表作所体现的理论脉络却揭示，他思想的最根本的基础是他的美学思想和以道德情感为主线的伦理学思想，而那些产生巨大社会效应的政治学思想、人权思想和法学思想都是由此派生出来的副产品。哈奇森的美学思想集中在对美的根源的探讨之上，而在哈奇森看来，探讨美的根源就是探讨我们的美的感官产生快乐或痛苦的根源是什么。哈奇森的伦理学思想集中在对德性的根源的探讨之上，在他看来，探讨这个问题就是探讨我们的道德感官产生快乐或痛苦的根源是什么。正是通过继承洛克对感官的看法，哈奇森确立了自己思想体系的理论基点。但对哈奇森而言，这种继承并非一成不变地接受洛克的思想，而是更多地体现了哈奇森对洛克感官学说所进行的改造和发展，这种改造不仅体现在感官类型的增多，而且更体现在对感官自身的改造。在哈奇森和洛克看来，感官自身是被动的，可以接受独立于自身的观念，并给主体带来快乐和痛苦。在对感官给

主体带来快乐和痛苦这个问题的理解上，哈奇森的论述和洛克
发生了比较大的分歧，正是这种分歧体现了哈奇森对洛克感官
学说的改造，也正是这种改造催生了哈奇森美学思想和伦理学
思想的诞生。

2 改造

对于洛克所描述的伴随着感官知觉而产生的快乐或痛苦的
感觉，哈奇森深表赞同。但是，他并没有盲目追随洛克，而是
对洛克的思想进行了改造。哈奇森的改造主要集中于对快乐或
痛苦的来源、快乐或痛苦的原因以及它们所产生的功能这三个
方面。在这种改造的基础上，哈奇森创立了自己的思想体
系。因此，在某种程度上，我们甚至可以说，哈奇森的全部学
说都是由对洛克认识论思想的改造而产生的。

首先，哈奇森对洛克谈到的快乐和痛苦的来源进行了改
造。根据洛克的观点，我们知道，所有的观念要么来自感
觉 (sensation)，要么来自反省 (reflection)。物理世界对我们
的感官形成了某种刺激，这种刺激相应的在我们的心灵中被动
地成为各种观念。通过心灵自身的各种运作，如知觉 (percei-
ving)、思考 (thinking)、推理 (reasoning) 等活动，就会产
生各种"反省的观念"(ideas of reflection)。洛克认为它们是简
单观念，因为它们无法再被分解成什么东西，因此，它们都是
天然的 (natural) 观念。同时，洛克注意到另一种类型的观
念，它们就是同感觉和反省联合出现的快乐和痛苦，洛克观察
到，"感官由外面所受的刺激，人心在内面所发的任何思想，

几乎没有一种不能给我们产生出快乐或痛苦来"①。然而，在哈奇森看来，快乐不仅同简单观念相伴随，而且也同复杂观念相伴随，"在获得了美、整齐、和谐名称的那些复杂观念中，却存在着更大的快乐"②。为了证明自己的观点，哈奇森通过观察而向我们揭示，"每个人都会承认，他对姣好面容、逼真画像的喜欢会胜过哪怕是对最强烈、最显眼的任何一种颜色的喜欢，对日出云间朝霞似锦的景象、满天繁星的夜空、美丽的风景、整齐的房屋的喜欢要胜过对明朗蔚蓝长空、风平浪静的海面或辽阔空旷、没有树木、丘陵、河流、房屋点缀的平原的喜欢"③，虽然后者也没有人们想像的那么"简单"。在音乐领域，"一首优美的乐曲所产生的快乐远远胜过任何一个音符所产生的快乐，不管这个音符多么悦耳、完满和洪亮"④。

其次，哈奇森对快乐和痛苦产生的原因进行了探索，从而对洛克在这个问题上所持的观点进行了比较彻底的改造。首先，哈奇森对快乐和痛苦的地位进行了改造。哈奇森不承认洛克的"上帝在各种思想和各种感觉上附有一种快乐底知觉"这种说法。在他看来，快乐和痛苦并非"附着"在各种感觉和思想之上的东西，而是，它们自身就是某种类型的知觉，"我们

---

① 洛克. 人类理解论 [M]. 关文运译，北京：商务印书馆，1983 年，第 94 页.
② 弗兰西斯·哈奇森. 论美与德性观念的根源 [M]. 高乐田等译，杭州：浙江大学出版社，2009 年，第 7 页.
③ 引文同上.
④ 引文同上.

很多敏锐的知觉都直接地令人愉悦，也有很多直接地令人痛苦"①，或者说，某种类型的知觉本身就是快乐或痛苦的来源。相对各种感觉和各种思想而言，正是因为洛克认为快乐和痛苦仅仅只具有附属地位，所以，在洛克的学说中，他并没有花费很大的精力来探寻它们的表现和根源问题，而是简单地把它们归于神来解决问题。但是，在哈奇森的思想体系中，快乐和痛苦的这种附属地位发生了质变，它们从附属地位上升到了主体地位，而且正是因为这样，哈奇森集中了所有的注意力来探寻它们的根源。其次，虽然哈奇森从来没有公开地对洛克所分析的快乐或痛苦的原因表示不满，但是，他的道德哲学体系已经很清晰地表明，他不同意洛克把快乐和痛苦的原因归于神的做法。对于为什么快乐或痛苦会伴随着我们的知觉这个问题，洛克的《人类理解论》认为这一切都由全知的造物者所引起。在洛克看来，这个全知的造物者给了我们三种能力。第一种能力是我们自己支配自己身体运动的能力，全知的造物者使"我们来支配自己身体的各部分，使我们任意运动或平静各种肢体，使我们借着各部分的运动，来运动自身或其他附近的物体"②。第二种能力是支配心理的能力，造物者"使人心在它的观念中任意选择一些以为它的思想的对象，并且以慎思和注意来探究这个题目或那个题目——这就是说，他要刺激我们

---

① 弗兰西斯·哈奇森.论美与德性观念的根源 [M].高乐田等译，杭州：浙江大学出版社，2009年，第5页.
② 洛克.人类理解论 [M].关文运译，北京：商务印书馆，1983年，第94页.

使我们进行可能的各种思想和各种运动"①。第三种能力是对
快乐和痛苦的知觉，"上帝在各种思想和各种感觉上附有一种
快乐的知觉，如果我们一切外面的感觉同内面的思想，完全和
快乐无涉，则我们便没有理由，来爱此种思想或行动而不爱彼
种，或宁爱忽略而不爱注意，或宁爱运动而不爱静止"②。既
然快乐或痛苦的原因不在于神，那么它们的原因在哪里呢？这
就是哈奇森思想体系所要解决的主要问题。在美学中，哈奇森
的任务就是要"清楚地揭示人类的美的观念的一般基础或诱
因"③。而在伦理学中，哈奇森的任务就是要弄清楚人类"高
尚行为的直接动机"④以及"作为道德善或恶的行为的这种差
异本质上的普遍基础是什么"这些问题，而所有问题可以归结
为一个问题，即道德感官产生道德快乐的诱因是什么。最后，
哈奇森对洛克对道德的看法进行了改造。洛克认为，通过各种
算术关系的运作，心灵可以使用观念的材料而获取知识，也就
是说知识存在于观念与观念的关系之中。在他看来，作为知识
中的一个类别，道德知识是一种证明知识。在道德领域，我们
通常以一个观念为"原型"，一个观念如果和"原型"观念相
符，就可以成为善。换句话说，德性存在于同真理相符之
中。因此，"道德是行动同法规的关系，是自主的行动同某些

---

① 洛克.人类理解论 [M].关文运译，北京：商务印书馆，1983 年，第 94 页.
② 引文同上。
③ 弗兰西斯·哈奇森.论美与德性观念的根源 [M].高乐田等译，杭州：浙江大
学出版社，2009 年，第 14 页.
④ 同上书，第 99 页。

条律的符合或不符合"①。然而，与此不同的是，立足自己对人性的分析，尤其是对人的情感的分析，哈奇森认为，道德不存在于知识中，而只存在于感情或本能之中。

最后，哈奇森对快乐和痛苦的功能进行了改造。在洛克看来，全知的造物者给我们附加各种快乐和痛苦的目的不外乎三种：第一，为了用快乐来推动我们的身体和思想进行运动，从而避免使人成为"很懒散，很不活动的一个东西，而且他的生活亦将消磨在迟懒昏沉的梦境中"②。第二，上帝要用痛苦来保存我们的生命，"所以他要使许多有害的物体在接触我们的身体以后，发生了痛苦，使我们知道它们会伤害人，并且教我们躲避开它们"。不仅如此，上帝还要用它们来保存我们各种器官的完整，这样，我们就会因痛苦的提醒而远离过度的炙热，以免烫伤，因为极度的冷或热都不适合我们身体的状态。第三，在洛克看来，上帝之所以给我们这种快乐和痛苦，还有一种理由和目的，"因为我们如果在万物所供给我们的一切享受中，感到不完全、不满意，并且感到缺乏完全的幸福，则我们会慕悦上帝方面来寻找幸福，因为他那里是充满着愉快的，而且在他的右手是有永久快乐的"③。哈奇森完全认可洛克所说的有关快乐和痛苦的这些功能，他认为，我们的理智不可能知道如何最好地保存或保护我们的身体，相反，我们的各种感官却可以帮助我们知道，"我们的理性或有关我们身外之物之

---

① 弗兰克·梯利. 西方哲学史 [M]. 葛力译，北京：商务印书馆，2005 年，第 359 页.
② 洛克. 人类理解论 [M]. 关文运译，北京：商务印书馆，1983 年，第 94—95 页.
③ 同上书，第 96 页。

关系的知识是如此无足轻重，以至于常常都是令人愉快的感觉
在教导我们什么能趋于身体的保存，以及令人痛苦的感觉在显
示什么是有害的"①。在此基础上，通过对洛克思想的推进，
哈奇森认为，在快乐和痛苦的知觉产生后，它们会"直接促使
心灵产生行动或运动的意志力"②，也就是说会促使心灵产生
对快乐的欲求以及对痛苦的憎恶，而在哈奇森看来，"真正的
感情就是欲望和憎恶"③。这样，哈奇森所谈论的快乐和痛苦
就产生了有别于洛克所谈过的最大功能，即，它们不再是为了
证明全知的造物者的伟大和仁慈，而是为了推动我们人类自身
的行动。那么，既然我们的行动建立在我们的欲望或憎恶这些
感情之上，那么，我们为什么会产生这种欲望和憎恶呢？这就
是哈奇森在伦理学中所要解决的核心问题。正是对这个核心问
题的解决，哈奇森创立了自己的道德情感思想体系。

　　通过对洛克认识论的改造，哈奇森确立了自己思想体系中
最有价值的基点。我们之所以用"改造"这个词，而不用"批
判"，这是因为，哈奇森没有彻底偏离洛克开创的经验主义认
识论传统来思考自己的问题。虽然随着对情感和本能探索的深
入以及对"天生性"的尊重，哈奇森在某些地方已经在无意识
地偏离经验主义路径，但在他的思想产生之初，他还是严格地
遵循了经验主义的思维方式。正是这样，我们可以说，是经验

---

① 弗兰西斯·哈奇森. 论激情和感情的本性与表现，以及对道德感官的阐明 [M].
戴茂堂等译，杭州：浙江大学出版社，2009 年，第 38 页.
② 同上书，第 22 页。
③ 引文同上。

主义的温床孕育了哈奇森思想的诞生。我们甚至可以说，哈奇森的道德情感思想可以看作经验主义在伦理学领域内的深化。这种深化所产生的直接后果是，通过对人的感官体验到的各种快乐和痛苦的分析，受到洛克等人拥护的上帝最终被哈奇森驱逐出了伦理学的圣殿，亚伯拉罕之启示神走下了神坛，自然神取而代之。虽然哈奇森在《论激情和感情的本性与表现，以及对道德感官的阐明》（1728）的前言部分强调说自己没有损害基督教，但历史事实却最终证明，哈奇森所拥护的"神"绝非《圣经》中的耶和华。在《论美与德性观念的根源》出版之后的第13年，由于大力主张道德善的构成在于推进他人的幸福，对善恶的知觉可以先于对上帝的认知而发生，在1737年，哈奇森面临着格拉斯哥大学长老派的指控，该指控认为他违反了他曾两次签名的韦斯敏斯特公认信条① （Westminster Confession of Faith，1647）。

（二）沙夫茨伯利

自从沙夫茨伯利的伦理思想诞生之后，它就对英国以及整个西欧的伦理思想产生了重大影响，在《伦理学史纲》中，西季威克曾这样说道，"《人的特征》一书的问世，标志着英国伦理思想史的转折"，沙夫茨伯利"不失为明确地将心理体验作为伦理学基础的第一个伦理学家。哈奇森将他的思想发展成为目前我们所拥有的道德哲学中最详尽的体系之一。沙夫茨伯利

---

① *Continuum Encyclopedia of British Philosophy* , International Publishing Group Ltd, p. 1582.

的思想，通过哈奇森间接地影响了休谟的伦理思想，并与后来的功利主义相联系"①。在沙夫茨伯利的时代，他首先面临的是两个亟须解决的时代问题，一是艺术与美的被驱逐，一是自私的伦理学。正是对这两个问题的解决，推动了他的美学和伦理学思想的诞生。

1 问题的提出

1）艺术与美的被驱逐。

在沙夫茨伯利的时代，在人们的生活中，艺术与美几乎没有什么地位。但是，当时的民族心理却在呼唤着它们的复兴。这主要体现在以下几个方面：

首先，清教的影响。在沙夫茨伯利生活的时代，虽然清教的极端思想正在逐渐消退，但是，在经历了一系列社会大变革之后，清教已经以各种形式渗入英国社会的方方面面，彻底改变了英国的宗教生活和社会生活。它所宣扬的禁欲主义思想把生活中的美已经驱逐殆尽，并且还把人的全部感性生活摆上了宗教的祭台。对这一切取而代之的是，它带着深厚的宗教情怀以及神秘情结期待着来世，它把现实的生活仅仅视为"令人倦怠的天路历程"②，在这个历程中，朝圣者永远只是一个在两个世界中挣扎不已的战士。对于这种宗教精神而言，此生的生活不再仅仅只是混杂着肉欲与魔鬼的生活，相反，它本身的构成就只有肉欲和魔鬼，对于走在朝圣大道上的朝圣者的灵魂而

---

① 西季威克.伦理学史纲 [J]. 薛燕译，哲学译丛，1986（5）.
② William Robert Scott. *Francis Hutcheson：His Life, Teaching, and Position in the History of Philosophy* [M]. Bristol：Thoemmes Press, p. 149.

言，这种生活是陌生而令人生厌的。因此，对于清教徒来说，此生的世界被视为"敌人的世界"，是一个应该予以销毁的世界，而不是一个值得享受的世界，因为"享受"只是敌人的"陷阱"而已。正是在这种思想的支配下，无论内心存在着多么大的遗憾，很多清教徒还是把绘画作品、雕塑作品、品种繁多的教会装饰、蕾丝花边、精美的手工艺作品以及具有历史价值的建筑物付之一炬。因为在他们看来，这些东西都是非常危险的诱惑物，最好的办法就是使之永久消失。由此，清教对美和享乐报以了极大的敌视态度，从而变成了彻底的禁欲主义。沙夫茨伯利的哲学首先要回应的就是一种强烈的国民性的需要，即对清教中的种种"不可爱"之处表示抗议，进而恢复生活的五彩斑斓以及和谐的图景。就像王朝复辟已经来临一样，生活中的种种优雅也应该得到复辟。

其次，王朝复辟的影响。对于大不列颠来说，"艺术只是一个偶然的拜访者，它是外来的而非本土的产品"①。历史表明，自从亨利八世以来，所有著名的艺术家都是外国人，他们要么为了避难而来到英国，要么看中了英国人对艺术家给予的高额资助费用而来到英国。这样，在亨利八世统治时期，就出现了 Holbein 以及 Lucas Cornellius；在玛丽统治时期，就出现了 Joas Van Cleeve；在伊丽莎白统治时期，就有 Zucchero，Lucas de Heere，Cornelius Ketler 等艺术家的出现；在詹姆士

---

① William Robert Scott. *Francis Hutcheson：His Life, Teaching, and Position in the History of Philosophy* [M]. Bristol：Thoemmes Press, p. 150.

一世统治时期，就出现了 Paul Vansomer of Antwerp 等艺术家。查尔斯一世是一位慷慨的资助人，因此，有众多外国艺术家受到了他的资助。在克伦威尔时期，虽然绘画艺术受到了贬抑，但克伦威尔本人还是愿意花费一定的资金购买外国艺术家的绘画作品。随着王朝复辟的来临，对美的欣赏也在逐渐复兴。由此而来的是，在沙夫茨伯利的时代，国家美术学院被组建起来。

最后，对文艺复兴以来的"过去"的珍重。极端禁欲的清教严厉地谴责并驱逐了所有的非宗教性的文学作品。对于清教徒来说，《旧约》才是他们唯一喜爱的消遣，《圣经》之外的所有文学作品都是"渎神"的东西，不可能给人们带来什么益处。正是在这种极端思想的支配下，英国人的"过去"，尤其是文艺复兴以来留下来的丰厚文学遗产，面临着消失的危险。对于当时的人们，尤其是对于内战之后的人们来说，文艺复兴时代所倡导的古希腊生活理想不仅是不可理解的，而且成为受到清教徒强烈谴责的对象。现在，随着内战的结束，由于对"过去"的珍重，昔日遗留下来的古希腊精神正在民族心理中悄然复活。

2）自私的伦理学。

沙夫茨伯利面临的另一个问题是：人性被视为纯粹的自私，"自爱"被视为唯一的伦理原则。在沙夫茨伯利的时代，由于霍布斯、曼德维尔等人思想的大行其道，人们认为，人性从本质上说自私的和反社会的。早在 17 世纪以前，霍布斯就否认了道德的客观现实基础，而认为它仅仅只是一种主观发明罢了。在这种发明出现之前，每个人都在用自己的双手争求自己的利益，每个人都只关心自己的利益，每个人都在自己的能力范围内力求获得自己所能获得的一切。在这种观点看来，生活就是一场战斗，战士们为之奋斗的不是为了达到任何精神目的，而是要不择手段地获取个人的私利，为了获得"战斗"的胜利，每个人必须完全放大"自爱"这种情感，而把对人的怜悯以及由此而来的社会道德准则置于次要的地位，或把它们视为外在于人性的某种东西，人们遵守它们，其目的只不过是为了更有效地达到自己的目的而已。因此，"自爱"不仅是"起主导作用的激情"，而且是组成各种欲望的最基本的综合体，它可以生发所有其他欲望，尽管这些欲望看起来彼此独立，互不相干，但是它们都来自这相同的综合体。在这种思想看来，由于人的生理机体和本能，人们都要趋利避害，趋乐避苦，"自爱"是人的本性，人的一切行为都是为了保存和发展自己。因此，自私的伦理学原则或利己主义是唯一适合人的本性的伦理学理论或处世原则。

这种"自爱"的伦理学必然会导致两个后果，即人与人之间相互联系的纽带被割裂以及机械法则的盛行。第一，对于现实生活中的人而言，无论是享受快乐还是遭受痛苦，每个人只是一个现实的"原子"，这个"原子"唯一关心与关注的就是自己的个人利益，即使偶尔关注他人，其基本动机不是由于人性自身的需要而是基于现实个人利益的算计。因此，每个"原子"将因追求自己的快乐而与他人分离，社会正义、社会生活的形成仅仅只是人类理性的"发明"罢了，它们存在的原因不是基于人性，而是基于个人利益的需要。第二，机械法则的盛行。在这种伦理观看来，生活只会纯粹受到机械法则的支配。如果要对这种生活做出什么结论的话，正如霍布斯所说的那样，我们只能看到最纯粹的决定论。在这种思想的理论框架之内，人的自由完全受到了排斥，唯一受到尊崇的唯有机械法则。

对此，沙夫茨伯利非常反感，他觉得无法接受这种观点。在他看来，在人类生活中，从家庭领域内的亲情到社会领域中广泛存在的怜悯之情，这一切情感都是上帝赐予人类的财富，这些来自上帝的财富使人可以在一定程度上放弃自己的私利，转而追求群居与社会性。因此，人类天然具有爱他人的倾向，天然具有社会性的倾向。就自私的伦理学观点而言，他认为这是"对上帝、世界以及人类的亵渎"[1]。这种观念之所以亵渎了上帝，是因为它"把他描绘为对他的被造物心怀敌意，因为他因罪人的过错而惩罚无辜者，并因使德行高尚之人遭受痛苦而感到安慰"[2]。它之所以亵渎了世界，是因为它"用最阴暗的笔调来描述世界"[3]。但是，在他看来，"最重要的是，它亵渎了人类"，"当它竭尽全力维护上帝的权威时，它已经宣告，从根本上而言，我们所有的品质都是邪恶的，它把我们所有的德行都交给了上帝，我们唯一所能做的就是不断拒绝我们的私利和欲望"[4]。因此，沙夫茨伯利认为，这样一种伦理学说

①　Article on Shaftesbury's characteristics, in *Fraser's Magazine*, January, 875, vol, Ⅶ, new series, p. 88.
②　引文同上。
③　引文同上。
④　引文同上。

仅仅只适合于奴隶，而不适合自由人，更不适合有美德的人，因为对于这种人的存在而言，这种学说所带来的伤害是"致命"的伤害。它通过剥夺人的自由而把人置于奴隶的地位，通过过分放大对个体私利的追求，即"自爱"这种情感，而走向了社会与美德的反面，从而把人类生活的家园变得冷漠不堪，通过剥夺人性自身追求美德的权利而把人类道德的基础完全交给了外在于人的上帝的奖惩法则，最终必然导致的结果是，对于"自爱"的人而言，如果要成为一个有美德的人，就要不断拒绝"自爱"。很显然，除非决意成为一个不道德的人，"自爱"在狂热追求个人利益的同时把个人引向了不道德的结果。

2 问题的解决

面对这两个时代问题，沙夫茨伯利认为，最好的解决方法是"回到过去"①。作为古希腊艺术的追随者以及高雅艺术的爱好者，沙夫茨伯利在当代人的作品中几乎找不到什么灵感，因此，他更趋向于向古希腊的艺术作品寻找答案。对于沙夫茨伯利而言，"回到过去"既可以为时代的生活注入审美的优雅，也可以为他深为反感的"自私的伦理学"找到出路。在沙夫茨伯利看来，古希腊的理想生活给现实生活中产生的问题提供了良好的答案。因此，他所尽力做的就是，通过复兴人与自然之间的亲密联系来复兴古希腊的"世俗性"生活。对于真正的希腊人来说，自然与人之间没有任何沟壑，美既是人自身不

---

① William Robert Scott. *Francis Hutcheson: His Life, Teaching, and Position in the History of Philosophy* [M]. Bristol: Thoemmes Press, p. 155.

可分割的一个组成部分，同时又是人所生活的环境不可或缺的元素。自然美和艺术美同行，彼此表达着对方，彼此补充着对方。自然是半人化的自然，人是触手可及的艺术家，他不仅可以用物质的形式重塑生活的理想，而且可以在社会生活中实现这个目标。因此，这就是最高形式的艺术，构成这种艺术的材料就是人自身。这不仅是美好生活环境的理想，而且，这种环境自身构成了一种美丽而自足的生活背景。这样，在有关希腊生活的各种描述中，浮现了一种基调，这就是蕴涵于多样性中的和谐，一切的多样性都共同指向了这种和谐。由于所有行为的要旨都指向了美，因此，一切都在审美原则下运行，一切都从属于这种审美原则，从而丝毫没有感到任何约束与束缚。内在的理想使自身得到了外在的显现，反过来，外在的一切因精神性的诠释而变得具有理想化的特征。这样，在现代社会彼此分裂的这两个世界就自然而然地实现了相互渗透和相互交融。二元性不复存在，现在，唯一显现的就是四处盛行的统一性。Mr Pater 称这种统一性为"希腊理想的最高特征"①，它是由各种差异所构成的复合整体。

在沙夫茨伯利看来，这种统一性可以产生一种幸福的生活，一种深刻而宁静的幸福。正如那些几近完美的艺术品一样，生活自身在这种审美观照中变得富足而优雅，因为最完美的古希腊艺术品所展现的这种"永恒的宁静"正是建基于具有

———————————

① William Robert Scott. *Francis Hutcheson: His Life, Teaching, and Position in the History of Philosophy* [M]. Bristol: Thoemmes Press, p. 157.

整体性特征的多维面的希腊生活之上的。每个个体可以不由自主地找到自身的位置，因此，由这些性格迥异的个体组成的整体就是一个优雅而富足的整体。

基于这种希腊视野，沙夫茨伯利引导出了这样的宇宙观：其中，组成整体的每个部分都在适当的位置上履行着自己的职能，它们有机并自然而然地服务于整体的善。若单独看每个部分所做的一切，它所体现的就是整体和部分的完美统一。在任何既定的宇宙结构中，这种完美的分工所展现的是由平衡、秩序与和谐而生的宁静的富足。

基于对古希腊生活理想的崇拜，沙夫茨伯利为时代问题的解决找到了出路。对于哈奇森而言，他较好地继承了沙夫茨伯利的这种思路，并以此为基础创作了自己的美学和伦理学体系。事实上，对哈奇森的文本研究显示，无论是在其美学著作，还是在其倡导情感主义的伦理学思想中，一直存在这种具有一贯性的支配性的思维方式，这就是对"多样性中的一致性"的崇拜。在美学思想中，这条原则是一切美之所以为美的原因所在，换句话说，是世间一切美丽的事物之所以美丽的基础。在伦理学思想中，"多样性"体现为情感的多样性，而"一致性"则体现为因受到道德感官的赞许而产生的道德快乐。在哈奇森看来，在人的一切快乐中，只有这种快乐才是最高和最持久的快乐。正如在美学思想中，哈奇森把"多样性中的一致性"置于本源而基础的地位一样，在伦理学思想中，哈奇森再次把"多样性中的一致性"置于一种崇高的位置上进行崇拜，并把由它而产生的这种道德快乐视为人类生活的真谛所在。在这个意义上，我们甚至可以说，如果没有沙夫茨伯利式的思维方式，或许就不会产生我们今天所看见的哈奇森思想体系。

（三）清教

哈奇森的祖父和父亲都是令人尊敬的长老派牧师，哈奇森从小在教会学校上学，并因其天赋而深受祖父宠爱。爱尔兰的长老派分为两大派别，即传统主义者和以"新光"为标志的自由主义者。虽然哈奇森的祖父和父亲都是传统主义的新教牧师，但是，对于哈奇森而言，他却倾向于同更具有理性倾向的"新光"牧师交往。这样，对于他的思想而言，它更"倾向于与爱有关的信仰自由神学，这种神学与新光有关联"①。从格拉斯哥大学毕业之后，哈奇森回到爱尔兰，并在 1719 年被任命为不顺从国教的玛格拉里（magherally）教会的牧师。但这并不意味着，哈奇森自此就成为一个全心侍奉亚伯拉罕之神的"婢女"。相反，哈奇森在这个时候"与都柏林每一个喜欢哲学的人几乎都有交往"②，他认识了乔治·贝克莱（George Berkeley）并"受人介绍而加入到摩尔斯沃斯的圈子"③。正是在这个圈子里，通过摩尔斯沃斯的引荐，他开始同沙夫茨伯利相识。除此之外，哈奇森的著作中明显体现出的、令当时的保守派人士感到不安的、反对基督教的那些思想也充分证明，哈奇森一直

---

① Francis Hutcheson. *An Essay on the Nature and Conduct of the Passions and Affections, with Illustrations on the Moral Sense* [M]. Indianapolis: Liberty Fund. p. XI.

② William Robert Scott. *Francis Hutcheson: His Life, Teaching, and Position in the History of Philosophy* [M]. Bristol: Thoemmes Press, p. 29.

③ Ibid., p.30.

把自己视为宗教狂热者的对立面。正如海因（Hein）所说，哈奇森是"人性解放之战中的勇士"①。哈奇森虽然是一位清教牧师，但是，他的思想却没有寓于清教之内。相反，他超越了清教的边界，并令很多人感到不适。对此，在1728年出版的《论激情和感情的本性与表现，以及对道德感官的阐明》的前言中，他不得不就此话题特意为自己辩护一番。但是，我们绝不能据此而断言，哈奇森的思想几乎与清教没有任何关联。实际上，我们发现，作为从小在清教氛围的家庭中长大并接受宗教教育的哈奇森来说，他无法也不可能真正完全摆脱清教的影响，正如斯哥特（William Robert Scott）所说，"清教中有这样一种持续的影响力，它涵化着曾受过它的感染的所有那些人（正如哈奇森的祖辈们一样）的子孙后代，这种遗产一直会贯穿并决定其全部人生观"②。对哈奇森的道德情感思想体系而言，清教最大、最深刻的影响体现在，清教决定了他以一种有别于沙夫茨伯利的方式来对待古代，尤其是古希腊文化。与此相应的是，我们发现，哈奇森在道德情感思想体系中所看重的人的社会性、社交性以及人类全体的公共善、普遍善等，都与清教的历史传承有一定的关系。我们可以从以下三个方面来进行分析：

第一，对待古希腊文化，沙夫茨伯利追求的是希腊生活理想（Hellenic ideal）的复兴，而作为曾经推动了教会复兴并小有

① William Robert Scott. *Francis Hutcheson: His Life, Teaching, and Position in the History of Philosophy* [M]. Bristol: Thoemmes Press, p. 259.
② Ibid.

成就的清教牧师，哈奇森无法仅仅把眼光定位于追求某种生活的理想，他有着更深远的理论旨趣。因此，在新古典主义的时代潮流中面对古希腊文化时，他追求的是希腊哲学精神的复兴。哈奇森早年接受了古典主义的教育，在后来的哲学思考中，他在继承这些思想的同时还在试图复兴其中的一些观点。正是因为这样，我们发现，包括上文所显示的很多古典作家都是哈奇森在自己的著作中反复引用的重要思想来源。哈奇森作品中的古代作家们可谓组成了一幅"马赛克"式的图景。由清教而来的折中主义精神不仅决定了哈奇森不盲从于任何一派古代思想家的思想，而且决定了哈奇森始终站在时代的潮流中吸收古代的思想。正因如此，他和沙夫茨伯利有别于剑桥柏拉图主义者们，总是用英国现实问题以及当代哲学家的思想来呼应古代哲学家的思想。这样产生的最终结果是，他再次用折中主义的方式来对待当代的思想家。斯哥特（William Robert Scott）评价说，"这样一种思想或许会缺乏连贯性，但是它非常流行且非常有教育意义，因此，它达到了其作为哲学启蒙的目的"①。

　　第二，哈奇森有别于沙夫茨伯利的地方体现在，在对时代问题作出思考的同时，他始终没有忘记清教所强调的被称为"基督徒诸德之源"②的"爱"这种情感。在哈奇森的道德

---

① William Robert Scott. *Francis Hutcheson: His Life, Teaching, and Position in the History of Philosophy* [M]. Bristol: Thoemmes Press, p. 260.
② 马特生（A. D. Mattson）. 基督教伦理学 [M]. 谢受灵译，台北：道生出版社，1995 年，第 62 页。

情感思想体系中，随着哈奇森的理论旨趣从天上的神国转移到了地下的人间，这种宗教性的、以神为指向的"爱"也直接转移到了人间，并成为世俗性的、以人类普遍的公共善为指向的无私的仁爱。因此，在哈奇森的伦理学和美学中，虽然美学是伦理学的基础，但是，"仁爱超越美而具有优先性"①。在哈奇森的整个思想体系中，尽管他也探索美的根源问题并因此而被称为"现代美学的创始人"②，但他的中心和重点却不在美学，而在于立足美学走向伦理学，尤其是走向对人的道德情感问题的探讨。他的全部伦理思想都针对指向他人的无私仁爱这种道德情感而展开。或许正是因为这样，尽管沙夫茨伯利先于哈奇森也讨论过美的问题，但由于哈奇森成功地实现了从美到伦理的过渡，并因其哲学思考而为"1740 年以后进行思考的思想家，如休谟和众多后来者开辟了道路"③，所以，后人认为是哈奇森，而不是沙夫茨伯利，才是现代美学的开创者。除此之外，我们还发现，在强调人与人之间所具有的指向他人的无私仁爱的同时，哈奇森在其全部道德情感思想中还非常关心由人指向神的"爱"。相对正统的基督教思想而言，哈奇森对于人指向神的爱的解释可谓是实实在在的"离经叛道"之语。立足经验主义的哲学背景，哈奇森经常说，"只要对象的观念没有出现"，我们的心灵就不会产生感情，对于感官无法感知的

---

① William Robert Scott, *Francis Hutcheson: His Life, Teaching, and Position in the History of Philosophy* [M]. Bristol: Thoemmes Press, p. 260.
② Ibid.
③ Ibid., p.258.

东西，我们无法产生爱，因此，我们明白，"在最优秀的性情中，不可能存在指向未知对象的爱"①。在这种思路中，哈奇森认为，我们之所以爱我们的创造者，是因为我们的道德感官所揭示的我们所具有的指向他人的无私的仁爱已经给我们证明了神的善性，正是因为这样，我们会爱神。这样，当哈奇森在这个意义上讲述"仁爱"这种道德情感的时候，他已经不再是在正统的宗教意义上来讲述人的情感了。因此，我们不难理解，在出版《论激情和感情的本性与表现，以及对道德感官的阐明》(1728) 之后不到两年的时间，哈奇森便于 1730 年下半年来到了昔日的母校——格拉斯哥大学，并"站在更具现代性、更加激进的一方"②而成为格拉斯哥大学的道德哲学教授。

第三，清教给哈奇森提供了关注人的社会性以及社会公共利益的思想动力。对于清教徒的虔敬的特征，侯士庭认为可以概括为四点，即非常注重察验个人的良知、注重培育属天的心志、顾家以及敬拜③。在此，我们可以发现体现虔诚的清教信仰的一个重要指针是，清教徒不会脱离家庭、社会而谈论信仰，他们要在社会生活中、在各种人际关系中"活出基督的样

---

① 弗兰西斯·哈奇森. 论激情和感情的本性与表现，以及对道德感官的阐明[M]. 戴茂堂等译，杭州：浙江大学出版社，2009 年，第 223 页.

② William Robert Scott. *Francis Hutcheson: His Life, Teaching, and Position in the History of Philosophy* [M]. Bristol: Thoemmes Press, p. 58.

③ 侯士庭. 灵修神学发展史 [M]. 台北：中福出版有限公司，1995 年，第 47—50 页.

式"①。因此，基督徒对家庭关系拥有自己的"本分"，在社会关系中，对国家拥有自己的"义务"，对社会的产业和财富拥有自己的"看法"。作为基督徒，不仅要知道"你在哪里"②，而且要知道"你的兄弟在哪里"③，这样做的最终目的是："世上的国，成了我主和主基督的国，他要做王，直到永永远远"④。在这种精神的指引下，当我们阅读哈奇森的道德情感思想体系时，我们就可以明白，为什么出自我们本性结构并指向公共善的仁爱情感会被哈奇森视为崇高的道德情感，以及为什么哈奇森这位牧师会带着宗教般的热忱在格拉斯哥大学不断向学生们传输以仁爱为特征的新光哲学思想，因为这一切行为的背后，都有一个隐秘的动机和主旨，这就是哈奇森的长老派信仰。无论哈奇森的全部道德哲学体系怎样被当时的读者批评为不虔敬，但就哈奇森本人而言，他并不承认这点。因此，我们可以看见，在1728年的《论激情和感情的本性与表现，以及对道德感官的阐明》的序言中，针对约翰·克拉克对他的指责，他特意声明说，他"不能容忍这种认为他有损于基督教的公开反驳"⑤。

---

① 侯士庭. 灵修神学发展史[M]. 台北：中福出版有限公司，1995年，第47—50页.

② 《创世纪》：3：9。

③ 《创世纪》：4：9。

④ 《启示录》：11：15。

⑤ 弗兰西斯·哈奇森. 论激情和感情的本性与表现，以及对道德感官的阐明[M]. 戴茂堂等译，杭州：浙江大学出版社，2009年，序言第5页.

第二章　情感：道德的根源

哈奇森伦理学的旨趣在于：用观察的方法，寻找道德的根源。哈奇森把道德建立在情感或本能之上，我们的一切行为都受到了某种情感的推动，道德行为当然也包含在内。因此，唯有情感才能推动道德行为的发生，唯有情感才是道德的真正根源。在伦理学领域，对"道德"和"情感"的不同理解以及对二者关系的不同看法往往会产生不同的伦理学思想。我们甚至可以发现，在中西伦理思想史上，正是对这二者的不同看法推动了一个又一个不同伦理学体系的出场。因此，我们认为，在深入了解哈奇森关于道德情感的来源（第三章）以及培养（第四章）的论述之前，我们首先要从宏观上详细地阐述哈奇森在道德问题上所持的基本立场，即把情感视为道德的根源。对我们而言，为了清晰地阐明哈奇森的这种态度，我们首先需要明辨其道德情感思想体系中"情感"和"道德"概念的内涵。

第一节　"情感"与"道德"

哈奇森的"情感"与"道德"是内涵非常丰富的概念。在同"感觉"（sensation）的区分中，"感情"的含义得以显现。对于"道德"或"道德善"，哈奇森虽然只给过"非常不完善"的定义，但综合哈奇森的整个思想体系来看，哈奇森的"道德"还是具有非常明晰的内涵的。

一 "情感"的含义

在本书中，我们所说的"情感"一词，统摄、囊括了哈奇森的原文本中所说的"感情"即 affection 和"激情"即 passion。在此，需要把我们对哈奇森所说的"感情"和"激情"在汉语中统称为"情感"的原因略作说明：首先，对哈奇森而言，"感情"，即"affection"，它是心灵中被称为感官的这种规定接受了独立于我们意志的观念，并产生了快乐或痛苦知觉[①]之后，我们心灵中出现的"对悦人知觉的欲求，以及对不悦知觉的憎恶"[②]。在这种意义上，"affection"体现了汉语"感情"中的所传达的由"感"、"感觉"或刺激而导致的某种"心理上的变化"[③]这种含义，因此，我们把"affection"翻译为"感情"。其次，尽管在我们的日常语言中，"情感"和"感情"可以作为近义词相互代替，这种情形甚至在《新华字典》中也有。但是，当我们认真阅读《新华字典》对"情感"作的定义后，我们发现，正如"感情"更偏重于"感"以及"感"所产

---

① 弗兰西斯·哈奇森. 论激情和感情的本性与表现，以及对道德感官的阐明 [M]. 戴茂堂等译，杭州：浙江大学出版社，2009 年，第 5 页.
② 同上书，第 22 页.
③ 新华字典. 北京：商务印书馆，1998 年，第 147 页.

生的后果一样，"情感"更偏重于"情"，在词条的解释中，它包括了"感情"的词条中所没有的"爱、憎、愉快、不愉快、惧怕等心理状态"①。在这种意义上，我们认为，"情感"一词所包含的"情"的内容更丰富，从该词的内涵来看，它有能力囊括除"感情"（affection）之外的其他情感内容。正是这样，在本书中，"情感"用来指哈奇森在原文本中所提到的"affection"以及被视为"affection"之变体的其他东西，如激情（passion）。因此，在哈奇森的道德情感思想体系中，为了明确"情感"的含义，我们需要从两个方面来着眼，即感情以及感情的变体。

第一，感情。在同"感觉"（sensation）的比较和区别中，哈奇森的"感情"概念得以显现。在哈奇森看来，"感觉"就是知觉，它指的是"因当下对象或事件而产生的直接而即时的快乐或痛苦的知觉"②。在《对美、秩序等的研究》的开篇处，哈奇森认为"因外在对象的呈现并作用于我们的身体而在心灵中唤起的那些观念就被称之为感觉"③。"感觉"这个词指的是"由作用于身体的印象所引起的某种对象或事件的出现或运行所产生的对快乐或痛苦的直接知觉"④。感觉有两个明显

---

① 新华字典. 北京：商务印书馆，1998 年，第 409 页.

② 弗兰西斯·哈奇森. 论激情和感情的本性与表现，以及对道德感官的阐明 [M]. 戴茂堂等译，杭州：浙江大学出版社，2009 年，第 22 页.

③ 弗兰西斯·哈奇森. 论美与德性观念的根源 [M]. 高乐田等译，杭州：浙江大学出版社，2009 年，第 3 页.

④ 弗兰西斯·哈奇森. 论激情和感情的本性与表现，以及对道德感官的阐明 [M]. 戴茂堂等译，杭州：浙江大学出版社，2009 年，第 44 页.

的特征：一是感觉的产生源于外物的刺激，在感觉产生的过程中，心灵是被动的，它的任务在于接受这种刺激；二是感觉所产生的快乐或痛苦是直接的、即时的，与知识、理性或利益没有任何关系。哈奇森认为，有别于"感觉"的概念是"感情"。感情不同于所有感觉的地方在于，感情可以"直接促使心灵产生行动或运动的意志力"①。换句话说，感情可以促使心灵产生行动，而感觉却只能使处于被动状态的心灵产生直接而即时的快乐或痛苦。在此基础上，哈奇森认为，人的最基本的感情就是爱和恨，或是对悦人知觉的欲望和对不悦知觉的憎恶。对我们而言，"真正的感情是欲望和憎恶"②。在哈奇森的道德情感思想中，作为道德基础和根源的东西就是被称为"真正的感情"的"爱"与"恨"，"道德中最重要的感情是爱与恨，所有其他感情似乎仅仅只是这两种原初感情的不同变体"③。在哈奇森看来，"爱"可以分为"自爱"和"对他人无私的仁爱"这两种基本类型。当行为者的行为中包含了后面这种感情时，通过我们的道德感官，正如通过视觉我们可以看见五彩斑斓的世界一样，我们可以知觉到这种行为中的美，并因此而爱该行为者。

第二，感情的变体。相对这种"真正的感情"而言，我们

① 弗兰西斯·哈奇森.论激情和感情的本性与表现，以及对道德感官的阐明 [M].戴茂堂等译，杭州：浙江大学出版社，2009年，第22页.
② 引文同上。
③ 弗兰西斯·哈奇森.论美与德性观念的根源 [M].高乐田等译，杭州：浙江大学出版社，2009年，第100页.

还有很多心灵的变体。在道德情感思想体系中，哈奇森谈到了最基本的两种类型的变体。第一种类型的变体是喜悦、悲伤、绝望等感情。针对这些变体，哈奇森把"感情"定义为"快乐或痛苦的知觉，它们并不直接由事件或对象的出现或运行引起，而是由对它们当下或确定性的未来存在的反思或理解而产生，因此确信该对象或事件将会使我们产生直接的感觉"①。这种意义上的"感情"也指一种感觉，但这种感觉有其特别之处：它所产生的快乐不是直接的、即时的，而是通过反思或理解而来的间接性的快乐。换句话说，这种"感情"中也包含了快乐或痛苦。但是，这种快乐或痛苦不同于感觉中那种快乐或痛苦，因为它们"来源于对我们所拥有的益处的反思或看法，或者说，无论对自己还是对他人而言，来源于对未来愉悦感觉的确定预期，或者说对恶或痛苦感觉的类似反思或预期"②。第二种类型的变体是激情，哈奇森认为，激情包括两个方面的内容。首先，"它包括欲望或憎恶"以及"因拥有善而生的平静喜悦，因善的丧失或邪恶的临近而生的悲伤"；其次，它包括"快乐或痛苦的混合感觉，这种混合感觉由某种剧烈的身体运动所引起并与之相伴随，它使心灵排斥一切其他的事情而专注于当下的事件，并使感情得到延续和强化，有时达到了这种程度，以至于会阻止我们对行为作出一切深思熟虑的

---

① 弗兰西斯·哈奇森. 论激情和感情的本性与表现，以及对道德感官的阐明 [M]. 戴茂堂等译，杭州：浙江大学出版社，2009 年，第 22 页.
② 同上书，第 44 页。

推理"①。在这种意义上，哈奇森认为，"当更强烈的混合感觉随感情出现并为身体的运动所伴随或延长时，我们用激情之名来称呼该整体，尤其是当它为某种天然行为倾向所伴随时"②。总体看来，激情伴随着身体的运动，是一种比"真正的感情"更强烈的混合感觉，同感情相比，它的不同之处在于：首先，在程度上，它比感情更强烈；其次，它伴随着身体的运动，而真正的感情来自反思，没有身体的运动与之相伴随；最后，它伴随着某种不同于欲望和感觉的"天然行为意向"，这种行为意向虽然也可以伴随真正的感情而发生作用，但是，在有些时候，它却可以离开感情（欲望或憎恶）而独自盛行，在这种时候，这种行为倾向就"会比单一的感情对大多数人产生更大的影响"，这样，它就演变成了一种本能的、天然的行为倾向。哈奇森举例说，愤怒就是这样一种行为倾向，在这种情形下，"这些行为倾向，随同上文提到的感觉，当它们的出现不带丝毫理性欲望时，我们可以称之为激情"③。

在哈奇森看来，没有不适感或身体运动的混合感觉相伴随的感情是"纯粹的感情"，但我们大多数时候都受到激情的支配，因为我们的本性的结构规定了我们必定会如此行动。事实上，除了不苟言笑的性情之外，"我们确实发现，我们更强烈的欲望，无论是私人的还是公共的，都为不适之感所伴随，但

---

① 弗兰西斯·哈奇森. 论激情和感情的本性与表现，以及对道德感官的阐明 [M]. 戴茂堂等译，杭州：浙江大学出版社，2009 年，第 23 页.
② 同上书，第 44 页.
③ 同上书，第 47 页.

这些感觉似乎不是欲望自身的必然结果，因为它们依赖于我们本性的当下构造"①，并且，"些许的反思就会显示，这些感觉中的任何一种都不依赖于我们的选择，而是出自我们本性的结构本身，然而我们可以控制或缓和它们"②。我的本性结构本身之所以会这样构造，那是"因为我们的知性是有缺陷的，所以我们需要嗜欲的感觉"③。在各种嗜欲之间，只要我们能保持平衡，在哈奇森看来，这样的人仍然是非常值得爱戴的人，"只要我们积极地锻炼我们所拥有的这种保持情感平衡以及遏制任何与公共善不一致的强烈激情的权能，有了私人激情与公共激情之间的平衡，有了我们指向荣誉和德性的激情，我们发现人的本性在其低位上真的可以同更高级的、被赋予了更高理性、仅仅只受纯粹欲望影响的本性一样可爱"④。

在哈奇森看来，我们本性的结构会推动我们产生自爱的激情，同时，也会推动我们产生有益于公共利益的激情。如果说本性的结构不会推动我们产生指向公共利益的激情，那么，结果就必定是，"把我们所有的感情描述为自私性的东西，似乎每个人在其整体构架上仅仅只是一个异于其伙伴的独立体系，因此在他的构造中，没有什么东西会引领他趋向公共利益，除非他认为它从属于他自己的私人利益，除了能满足我们的外在

---

① 弗兰西斯·哈奇森. 论激情和感情的本性与表现，以及对道德感官的阐明 [M]. 戴茂堂等译，杭州：浙江大学出版社，2009 年，第 34 页.
② 同上书，第 35 页。
③ 同上书，第 38 页。
④ 同上书，第 40 页。

感官和想像力或获取它的手段之外，这种利益不会带来任何他物"①。在哈奇森看来，这种说法是对我们本性的创造者的智慧的诋毁，"似乎他曾给予了我们这种指向他的律法中所禁止的一切的最强烈的行为意向，似乎他已通过我们本性的结构而支配我们进行最卑鄙和最卑劣的追求，似乎所有善良的人作为体现我们本性之优异而呈现的一切只是一种由艺术和强权所造成的力量或限制"②。哈奇森认为，我们的本性结构会推动我们产生指向公共利益的激情或感情，这就是有别于自爱的指向他人的"无私的仁爱"。在所有的感情或激情中，这是被称为"道德情感"的情感。

二 "道德"的含义

哈奇森的道德哲学是为了给道德找到根源和基础，或说是为了探讨善的本性。在《对道德善与恶的研究》的开篇处，哈奇森给出了有关道德善和道德恶的"不完美的描述"，"道德善一词表示行为中为人所领悟的某种品质观念，这种行为会为从中无法获得益处的那些行为者获取赞许和爱"，道德恶所表示的是"我们对相反品质的观念，这种品质会引起哪怕是毫不关心其自然趋向的人对行为者的憎恨和厌恶"③。综观哈奇森的

① 弗兰西斯·哈奇森. 论激情和感情的本性与表现，以及对道德感官的阐明 [M]. 戴茂堂等译，杭州：浙江大学出版社，2009 年，第 50 页.

② 引文同上。

③ 弗兰西斯·哈奇森.论美与德性观念的根源 [M]. 高乐田等译，杭州：浙江大学出版社，2009 年，第 81 页.

道德情感思想体系，我们发现，哈奇森在上文给出的有关道德的定义的确是"不完美"的叙述，或许是因为有太多的内容需要阐明，一言两语无法简单概括，所以，对于初次遭遇这些概念的读者，哈奇森只能就最核心的内容给出最简要的陈述。实际上，在后来的论述中，我们发现，哈奇森一直致力于阐明自己所理解的"道德是什么"这个问题。综观哈奇森的思想体系，我们可以发现他试图从以下三个方面来定义"道德"：

（一）道德只存在于"人"身上，而不存在于外在于人的"物"身上

哈奇森认为，道德只限于"人"或"理性主体"，与外在于人的"物"或"自然界"没有关系。为了清晰地阐明这个观点，哈奇森从正反两个方面进行了论述。首先，从正面来看，道德善不同于自然善。哈奇森把我们对包括美在内的自然事物的爱称之为对自然善所产生的感情。道德善只限于对"理性主体"所产生的感情。这样，哈奇森认为，"道德善与恶的知觉全然不同于自然善或益处的那些知觉"①。我们的道德善产生的知觉不同于我们的外在感官所产生的知觉，也不同于我们的内在感官（美的感官）所产生的知觉。就我们的情感而言，我们对肥沃的田野和宽大的豪宅的爱不同于我们对慷慨朋友的爱，若非如此的话，"同对理性主体一样，我们就会对无生命

---

① 弗兰西斯·哈奇森.论美与德性观念的根源 [M].高乐田等译，杭州：浙江大学出版社，2009 年，第 85 页.

的存在物产生相同的情感和感情。然而，每个人都知道并非如此"①。我们之所以会作出这种区分，其中一个重要原因在于，当我们知觉到了自然善时，我们会因为对我们自身的"益处"的期待或追求而去占有这些自然物，而当我们知觉到了道德善时，我们"在没有反思该行为会如何有助于我们"时，"我们注定会在他人行为中知觉某种美，并会爱该行为者"，并且，当我们"意识到我们自己已经做了这种行为时，我们就会知觉到更多的快乐"②。因此，"我们对道德行为的知觉必定不同于我们对利益的那些知觉"③。其次，从反面来看，哈奇森认为，道德恶不同于自然恶。面对自然事物带给我们的恶，如梁柱的倒塌、瓦片的破裂以及风暴的来临等，我们感知自然善与恶的感官会平静地接受，同样，这种感官也会平静地接受来自邻人的攻击、殴打和侮辱。在这两种情形中，尽管我们所面对的是相同程度的自然恶，但是，我们对二者却会产生不同的感情。哈奇森认为，邪恶、背叛、残忍，不会如同狂风、霉病或漫溢的水流那样，仅仅只受到微乎其微的愤恨。若非如此，最强烈的气愤和愤怒就会随之而产生。我们之所以对两种程度相同的恶产生不同的感情，这完全是因为这两种恶属于不同的领域，邪恶、背叛、残忍是道德领域内的道德恶，而狂风、霉

① Francis Hutcheson. *An Inquiry into the Original of Our Ideas of Beauty and Virtue in Two Treaties* [M]. Indianapolis：Liberty Fund, p. 89.
② 弗兰西斯·哈奇森. 论美与德性观念的根源 [M]. 高乐田等译，杭州：浙江大学出版社，2009 年，第 84 页.
③ 同上书，第 86 页.

病或漫溢的水流却只是自然领域内的自然恶。面对自然恶，我们不会抱以相同的道德情感。在这个意义上，道德，或道德情感只限于与自然事物不同的"理性主体"或"人"的身上。

（二）对于人而言，道德不存在于理性、知识、最高者的条律以及利益之中，而只存在于情感之中

哈奇森认为，除了在人的情感中寻找道德的根源之外，我们不可能在其他任何地方找到道德的根源，除非求助于人的感情，我们无法在其他任何地方找到道德善或恶的根基，也就是说，"我们理解为道德善或恶的每一种行为，始终被认为源于指向理性主体的某种感情。我们称为德性或恶行的一切，要么是某种感情，要么是由它而来的某种行为。"①立足这种基点，哈奇森从四个方面批判了时代流行的道德观念，认为道德的根源不在于理性、知识、最高者的条律以及指向我们自己的益处中。

1　道德的根源不在理性中

在哈奇森看来，理性指的是"发现真实命题的能力"，与此相应，"合理性必定意味着与真实命题或真理相符的事物"②。按照这样的推理，那么，道德或德性就应该存在于"同真理相符之中"。在哈奇森看来，"与真理相符"就是真命题与它的对象之间的相符，但是"这种类型的相符从来使我们对一种

① Francis Hutcheson. *An Inquiry into the Original of Beauty and Virtue in Two Treatises* [M]. Indianapolis：Liberty Fund，p. 101.
② 弗兰西斯·哈奇森. 论激情和感情的本性与表现，以及对道德感官的阐明 [M]. 戴茂堂等译，杭州：浙江大学出版社，2009 年，第 154 页.

行为的选择或赞许多于对相反行为的选择或赞许，因为它能在所有类似的行为中得以发现。无论什么属性被归于慷慨友善的行为，相反的属性也可以正当地归于自私而残忍的行为：这两种命题都同等真实，这两种相反的行为、两种真理的对象都同等地与各自的真理相符，这是真理与其对象之间的相符"①。哈奇森随后举例论证，当我们谈到与所有权的保护有关的真理时，我们可以说，所有权的保护可以使人类社会趋于幸福，可以鼓励勤俭，会得到上帝的奖赏。但是，与此相反，我们也可以给予与掠夺有关的、同样数目的真理，如它会使社会动荡，它会阻碍勤俭，会受到上帝的惩罚。前面的真理与"所有权之保护"这个对象是相符的，而后面的真理与"掠夺"这个对象也是相符的。因此，善行可以同对象相符，而恶行也同样可以和自己的对象相符。如果依靠这种思路，我们将找不到区别德行与恶行的依据。因此，道德的根源不存在于用于发现真实命题的理性能力之中。

2 道德的根源不存在于知识中

在哈奇森的时代，立足经验主义认识论基础上的知识观认为，一切知识都与观念有关，观念与观念之间的关系就构成了知识的全部内容。为了确切地说明道德与这些"关系"之间的关系，哈奇森把所有的"关系"划分为三种类型。第一种类型的"关系"是无生命的对象彼此之间构成的各种关

---

① 弗兰西斯·哈奇森. 论激情和感情的本性与表现，以及对道德感官的阐明 [M].
戴茂堂等译，杭州：浙江大学出版社，2009 年，第 154 页.

系。如同数学或化学中的各种数量关系的变化一样，这种类型的关系的被发现和被改变全都处于理性主体的权能之中，但无论它们如何被改变，它们都和理性主体的幸福或苦难没有关系。哈奇森认为，如果不是这样的话，那么，"我们就要陷入完全是应用数学和化学操作等类型的德性之中"①。由于这种类型的关系变更有其自身的规律，理性主体的幸福或苦难不会受其变化的影响，因此，对理性主体而言，德性的根源不会存在于这种类型的关系中。第二种类型的"关系"是无生命的对象同理性主体之间所构成的各种错综复杂的关系。哈奇森认为，这种类型的关系也存在于理性主体的权能中，但是，如果不以源于情感的道德为前提，那么，掌握这种"关系"的人就可以如同永久地造福人类那样永久地毁灭人类，换句话说，如果没有以道德为前提，我们就不会赞成这种关系被应用于此种情形，而反对它被应用于另一种情形。在一个持有友善感情的人看来，与五谷有关的知识可以使他相信，五谷可以给人的身体带来安康，并且，它还可以充当一种推动人类行为的理由来教会人类学会耕作而造福人类。以同样的方式，在一个缺乏友善感情而充满恶意的人眼中，与砒霜有关的知识会以同样的方式推动他采取行动来祸害人类。同样，对于英雄的身体和盗贼的身体而言，剑、刀枪、锁链都具有相同的功能。如果没有情感的因素，这些行为中可以说等量地为善，但是，一旦加入了情感的因素，

① 弗兰西斯·哈奇森. 论激情和感情的本性与表现，以及对道德感官的阐明 [M].戴茂堂等译，杭州：浙江大学出版社，2009 年，第179页.

这些行为就不再等量为善了，相反，善恶因此而变得明晰起来。因此，这种类型的"关系"的道德价值一定离不开某种类型的情感。第三种类型的"关系"是理性主体之间所构成的各种各样的关系。这种类型的关系总是建基于理性主体的行为或感情之上，当这些行为被称为"适宜"的行为时，无论它被表达得多么模糊，它总指向一个意思，即"主体的感情或行为，在处于与其他主体的关系中时，会受到每个观察者的认可，或在他身上产生一种令人愉快的知觉，或推动该观察者去爱该主体"①，哈奇森认为，具有这种"适宜"性特征的行为同道德感官的要求没有差别，二者是一致的。因此，在这种类型的关系中，只有以某种情感为前提，理性主体的行为才会得到道德感官的认可，因此，其行为才会具有道德意义。综上所述，在哈奇森看来，如果没有源于人性结构中的某种情感，知识本身不会具有道德价值，如果不是受到某种情感的推动，理性主体之间就没有道德的关联，因此，道德只存在于人的情感中，不存在于由各种关系组合而成的知识中。

3 道德不存在于最高者的条律中

在洛克等人看来，"德性，正像它的义务一样，是被自然理性所发现的上帝的意志，因而具有法律的力量"②，因此，"全部道德品质都必然与更高者的法则有某种联系，这种法则有足够

---

① 弗兰西斯·哈奇森. 论激情和感情的本性与表现，以及对道德感官的阐明 [M]. 戴茂堂等译，杭州：浙江大学出版社，2009 年，第 182—183 页.
② 弗兰克·梯利. 伦理学导论 [M]. 何意译，桂林：广西师范大学出版社，2002 年，第 106 页.

的能力使我们幸福或不幸"①。他们认为，上帝作了巧妙的安排，使人们根据苦乐感觉来辨别善恶，"事物所以有善、恶之分，只是由于我们有苦乐之感。所谓（善）就是能引起（或增加）快乐或减少痛苦的东西；要不然它亦得使我们得到其他的善，或消灭其他的恶。在反面说来，所谓恶就是能产生（或增加）痛苦或减少快乐的东西；要不然，就是它剥夺了我们的快乐，或给我们带来痛苦"②。上帝这样做的目的最终是为了使我们能认识他的条律，因此，"真正核准德性的是上帝的意志，上帝的意志和条律是道德的唯一试金石"③。在洛克等人看来，通过经验、论证和天启的途径而来的上帝是没有差别的，这种上帝观念实际上"不过是人们对于自然事物运动的第一原因的一种推测，它是推理的结论，而不是天赋的前提"④，因此，这样的上帝没有任何先验性特征。在伦理学领域，作为判断人们行为善恶与否的道德法则，唯一能约束人们行为的方式就是依靠奖惩原则，这样，道德于人而言就是外在于人的东西，因为它是由赏罚来决定的，即"赏罚决定德性"⑤。对此，哈奇森感到不能接受，因为他确立道德情感思想的目的之一就是要为德性找

_____

① 弗兰西斯·哈奇森.论美与德性观念的根源 [M].高乐田等译，杭州：浙江大学出版社，2009 年，第 83 页.

② 洛克.人类理解论（上卷）[M].关文运译，北京：商务印书馆，1983 年，第199 页.

③ 弗兰克·梯利.西方哲学史 [M].葛力译，北京：商务印书馆，2005 年，第360 页.

④ 邓晓芒、赵林.西方哲学史 [M].北京：高等教育出版社，2005 年，第 135 页.

⑤ 张海仁.西方伦理学家辞典 [D].北京：中国广播电影电视出版社，1992 年，第168 页.

到人性的根基。追随沙夫茨伯利，哈奇森认为，行为中存在着某种东西，它直接可以被称为高尚，当我们还没有来得及反思这种行为会如何有益于我们，或者说会给我们带来何种利益时，行为中的美就会使我们产生一种隐秘的快乐，这样，"我们做出这些行为会使我们兴奋，正如我们出于私利去寻求或购买画作、雕像、山水美景时会获得伴随着该行为本身以及在这样做时我们必然会喜欢的这种快乐一样"①。通过发现行为中自身就存在的某种高尚的东西，哈奇森不仅成功地为道德找到了人性的根基，而且更为重要的是，他为道德确立了源于情感的坚实根基。

4 道德不存在于指向我们自身的利益中

哈奇森认为，"道德的观念不会出自利益"②。然而，认为道德源于利益却是哈奇森时代非常流行的观念，例如，哈奇森同时代的曼德维尔就公开宣扬利己主义学说，认为美德完全来源于利益，他的代表作《蜜蜂的寓言》公开宣称，"道德的发端明显的是由于巧妙的政治所创制，借使人互相为用，又易于驾驭。道德的发端乃为了使野心家极容易而又极安全地从大家那里获取更多的利益"③。通过观察，哈奇森否认了这种观点。他说，在毫不考虑自我利益的情况下，我们不会钦佩或热爱有成就的暴君或叛国者，我们不会爱《埃涅伊德》中的西蒙和皮拉

---

① 弗兰西斯·哈奇森. 论美与德性观念的根源 [M]. 高乐田等译，杭州：浙江大学出版社，2009 年，第 84 页.

② 同上书，第 88 页。

③ 周辅成. 西方伦理学名著选辑 [C]. 北京：商务印书馆，1964 年，第 752 页.

斯，我们不会总是在不考虑德性的情形下而喜欢幸运的获胜方。为了更清晰地阐明自己的观点，哈奇森举例说，在某些情形中，我们甚至会赞成对我们不利的行为。他说，我们可以假定，有极少数非常有创造力的工匠，在自己的国家由于种种原因而受到了迫害，他们逃到我们的国家寻求保护，我们的国家收留了他们，因此，他们在制造业方面给我们带来了大量的技术，并因此而给我们的国家增加了大量的财富，使我们的国家变得比邻国更加富强。同时，我们假定在离我们不远的另一个国家里，出于对祖国的热爱，出于对身心受到暴君压迫的国民的深切同情，一些果敢的市长带着强烈的公共精神和巨大的勇气带领国民同暴君进行了长期而危险的反叛，最终建立了一个奋进的共和国，使这个国家在财富上几乎可以和我们匹敌。在这两个例子中，哈奇森认为，我们对市长会抱以比对有用的难民多得多的好感，这样，我们就会"找到有别于益处的某种其他评价基础，并会明白一个恰当的理由来解释，为什么我们对工匠的记忆会如此模糊而对我们竞争对手的记忆却历久弥新"①。在哈奇森看来，这种"有别于益处的某种其他评价基础"就是源于人性深处的某种情感，它不仅推动市长做出了伟大的行为，从而造就了他的伟大性格，而且，它也是推动我们自己做出一切道德行为的真正根源。

---

① 弗兰西斯·哈奇森. 论美与德性观念的根源 [M]. 高乐田等译，杭州：浙江大学出版社，2009 年，第 90 页.

（三）对人的情感而言，道德不存在于自私的感情或"自爱"中，而只存在于"无私的仁爱"中

在哈奇森的时代，霍布斯和曼德维尔等人的道德观念非常流行，即不承认除自我利益之外的其他道德原则，他们宣称"使某一部分获利而不损害整体的无论什么事物，都会使整体获利，那么，某种微小的分享就会改善每个个体；趋于整体善的那些行为，如果被普遍推行，就会最有效地保障每个个体自己的幸福；因此，我们从它们最终会趋于我们自己的益处出发的看法而赞成这种行为"①。霍布斯认为，"每一个人都努力保存自己，凡推进他个人利益的事情他都想望，他关心别人也只是因为他们可以成为促进他个人利益的手段。"②曼德维尔则认为，"所有行为（包括所谓德性）都是出自虚荣和利己的动机"③。对于这些观点，哈奇森表示坚决反对。他举例说，如果我们中间的某个旅行者发现了一些古希腊宝藏，出于自利的考虑，这个旅行者一定会把它藏匿起来，对我们而言，这种守财奴做法肯定比古希腊一生致力于针对斯巴达人的战斗以解放雅典人的科德鲁斯或为阿伽门农复仇的俄瑞斯忒斯的行为更能获得我们的尊敬，因为对于前者，我们有可能分享更多的益处，而对于后者，我们所分享的益处却非常微小，更重要的是，由后者而来的影

---

① 弗兰西斯·哈奇森. 论美与德性观念的根源 [M]. 高乐田等译，杭州：浙江大学出版社，2009 年，第 90 页.
② 弗兰克·梯利. 伦理学导论 [M]. 何意译，桂林：广西师范大学出版社，2002年，第 171 页.
③ 引文同上。

响力又非常分散，并且，随着时间的流逝，这种分散的影响力也已经消失在不同的时代和民族中。所以，毫无疑问，守财奴必定会对我们显现为"德性上的豪迈英雄"。我们之所以有这种可笑的结论，这是因为，"自利会使我们仅仅只根据人们对我们所行的善来尊敬他们，不会给予我们公共善的高级观念，而仅仅只会与我们对它的分享相称"①。这样，通过对种种经验事实的观察和分析，哈奇森认为，在以"自爱"为特征的各种情感中，找不到道德的根源，道德的根源只存在于指向他人的"无私仁爱"这种情感之中。

第二节　情感之为道德的根源

在哈奇森的道德情感思想体系中，情感是道德的根源。一方面，道德评价必须以情感为对象，因为我们的一切行动都受到了某种情感的支配或推动；另一方面，道德评价的目的是为了使理性主体产生高尚的道德情感，这种情感不仅可以为实施道德行为的行为者获得赞许和爱，而且可以使理性主体找到人生中"最稳定的快乐的最恒常的源泉"②，进而过一种真正道德的幸福生活。

一　情感为道德评价的对象

情感之所以成为道德评价的对象，在哈奇森看来，有两个

① 弗兰西斯·哈奇森. 论美与德性观念的根源 [M]. 高乐田等译，杭州：浙江大学出版社，2009 年，第 91 页。
② 弗兰西斯·哈奇森. 论激情和感情的本性与表现，以及对道德感官的阐明 [M]. 戴茂堂等译，杭州：浙江大学出版社，2009 年，第 136 页。

方面的原因：首先，从人的角度来看，人的一切行为都只会受到情感的推动，不会受到除情感之外的任何其他东西的推动。其次，从道德知觉的角度来看，只有对情感以及受情感推动的行为的观察才能成为道德知觉得以产生的诱因。基于这两个理由，当我们进行道德评价的时候，除了以情感或受情感推动的行为作为我们的评价对象之外，我们不可能把任何其他东西作为道德评价的对象来进行道德上的善恶评价。

在哈奇森看来，人的一切行为都受到情感的推动，道德评价的对象是情感或受情感推动的行为。对于推动人的行为的理由，哈奇森称之为"推动性理由"。在我们所做的平静而理性的每一种行为中，我们会预先假定某种目的，而我们所有的目的都必须以我们的感情或欲望为前提，人的所有目的都包含在感情或情感之内，"没有哪种目的能先于感情全体，因此不存在先于感情的推动性理由"[1]。按照通常的逻辑推理，我们知道，对于人的行为而言，在所有推动性理由的终结之处，必定存在着某种终极性的目的。是什么样的推动性理由推动了终极性目的的产生？对于这样的问题，哈奇森引用亚里士多德的话，认为"存在着不带任何他物之意图的终极性目的"[2]。因为如果我们为终极性目的假定推动性理由的话，这就意味着，不存在终极性目的，否则，我们就会在一个又一个的无限序列中欲求一个又一个事物，在这种无穷无尽的序列中，我们找不

---

① 弗兰西斯·哈奇森. 论激情和感情的本性与表现，以及对道德感官的阐明 [M]. 戴茂堂等译，杭州：浙江大学出版社，2009 年，第 156 页.
② 同上书，第 157 页。

到终极性目的。既然终极性目的不受推动性理由的推动，相反，一切推动性理由都指向这种终极性目的，那么，这种终极性目的是什么呢？在哈奇森看来，它就是人性中存在的本能、欲望或情感。正是这种本能或情感自身推动了人的一切行为。这种情感或本能，作为终极性目的，不需要任何推动性理由就可以存在。在这个意义上，人的一切行为都因推动性理由而产生，道德评价赖以进行的对象就是受推动性理由推动的那些情感以及受到这些情感推动的那些行为。

从道德知觉的角度来看，根据对行为者的情感的观察，我们就可以产生道德知觉，也就是说，情感以及因情感的推动而产生的行为是道德感官得以产生道德知觉的原因，用哈奇森的话说，"通过对我们自身的反思或对他人的观察而发现的感情、性情、情感或行为是令人愉快或不愉快知觉的恒常诱因"①。这样，人的情感就是道德感官进行道德评价的对象。在哈奇森看来，行为者所具有的高尚的道德情感可以刺激我们的道德感官，我们可以据此从行为者身上领悟到某种东西，进而，我们的心灵就会开始对该行为者表示我们的赞许和爱。这种"高尚的道德情感"就是对他人无私的仁爱，它的产生不是为了使行为者自身获得某种私利，而是为了追求他人的利益或幸福。虽然这种情感不会给行为者带来自然善方面的好处，但是，它却可以为行为者赢得道德上的爱和尊敬。相反，

---

① 弗兰西斯·哈奇森. 论激情和感情的本性与表现，以及对道德感官的阐明 [M]. 戴茂堂等译，杭州：浙江大学出版社，2009 年，第 4 页.

我们所认为的道德恶，如背叛、残忍和忘恩负义等，归根到底也体现为情感的形式，虽然这些行为会给行为者自身带来某种私利，但是，它们却不会为行为者带来道德上的爱和尊敬，相反，它们会给行为者带来他人的憎恶之情。对于旁观者而言，当他看见某个行为蕴涵了高尚的情感时，他就会对该行为者表示爱和尊敬，尽管该行为不会给旁观者自身带来什么益处。道德感官所规定的道德上的要求使这个旁观者对行为作出了这种判断。相反，即使一个行为会有益于旁观者自身的利益，但由于它蕴涵了卑劣的情感，它也会引起旁观者的憎恶，因为道德感官规定了旁观者超脱自身的利益对他人的感情进行评判。因此，道德上的爱与憎恶都是对情感作出判断的结果，只有情感才是道德评价的对象。

二　道德评价的目的在于产生某种情感

借着道德感官这个媒介，对行为者的情感进行观察并产生了道德知觉之后，也就是说，当行为者的情感或行为直接或间接地使理性主体的敏锐本性产生了愉快或不愉快的知觉后，我们的心灵就会对令人愉快的知觉产生欲求之心，而对令人不愉快的知觉产生憎恶之心。由于欲望和憎恶这两种真正的情感可以使人的心灵产生行动或运动的意志力，因此，当我们对行为进行善恶评价之后，我们的心灵就会开始产生行动，即产生高尚的道德情感——对他人的无私仁爱，在此之后，受到这种道德情感的推动，我们就可以做出道德的行为。综合看来，对行为的道德评价行为所以会导致高尚道德情感的产生，是由三个原因所引起的：

　　第一，根据道德感官对我们行为的所有终极性目的进行的评价，我们会放弃私人善而追求更加为人所赞许的公共善，而当我们欲求公共善的时候，我们就会对他人产生无私的仁爱这种高尚情感。在哈奇森看来，在我们认识我们的本性之先，我们就被植入了各种情感（或感情）、本能或欲望，在不需要推动性理由的前提下，它们自身就是我们各种行为的终极目的所在。"人的本性中存在着一种使他欲求幸福的本能或欲望"[①]，推动我们的行为的就是这些本能或欲望。因此，当我们问一个人为什么追求财富的时候，这个人或许会说因为财富可以使他获得快乐和舒适，但如果我们再接着追问他为什么要追求快乐和舒适，哈奇森认为，对于这样的问题，除了求助于本能和欲望之外，没有人会想像出什么其他的理由。在各种本能或欲望中，哈奇森认为它们并非同等重要，而它们获得满足之后所得到的快乐也并非同等有价值。在所有这些本能或欲望中，相对于私人善而言，道德感官会更加赞许对公共善的追求[②]。在哈奇森的道德情感思想体系中，达到私人善的目的所对应的情感就是自爱，而达到公共善这个终极目的所对应的情感就是"无私的仁爱"这种情感。在这个意义上，当道德评价产生之后，也就是我们找到了令道德感官产生快乐或痛苦知觉的原因之

[①] 弗兰西斯·哈奇森. 论激情和感情的本性与表现，以及对道德感官的阐明 [M]. 戴茂堂等译，杭州：浙江大学出版社，2009 年，第 157 页.
[②] 同上书，第 163 页。

后，我们就可以说，对象、行为或事件获得了善或恶的名声①。我们心灵的本性结构决定了我们会在对对象、行为或事件有了善恶理解之后就产生某种欲望，"当对象为善时，欲望的产生是为了自己或他人获取愉悦的感觉，当对象或事件为恶时，欲望的产生是为了阻止令人不快的感觉"②。当我们的道德感官把公共善或公共利益评判为善的时候，我们就会对它产生欲望，这种欲望就表现为对他人充满无私的仁爱这种高尚情感。

第二，道德相对外在自然而言的"超自然性"使理性主体可以超越自身的利益对他人产生"无私的仁爱"。在哈奇森的道德情感思想体系中，自然善被理解为能给我们带来益处的某种知觉，然而，道德知觉却不同于这种类型的知觉。原因很简单，因为大量的经验观察已经使我们明白，我们对肥沃田野的爱不同于对具有高尚性情的朋友的爱，我们之所以爱肥沃的田野，这是因为"它们的本性使之适合我们使用"③。也就是说，它们对我们有利，所以，我们会从自己的利益出发去爱它们，而且，这种"有利"并非出自它们的主观意愿，而是出自"它们的本性"，这就更加使我们只会从我们自己利益出发去爱它们。然而，我们之所以爱高尚的性情，这是因为，拥有

---

① 弗兰西斯·哈奇森. 论激情和感情的本性与表现，以及对道德感官的阐明 [M]. 戴茂堂等译，杭州：浙江大学出版社，2009 年，第 3 页.

② 同上书，第 7 页。

③ 弗兰西斯·哈奇森. 论美与德性观念的根源 [M]. 高乐田等译，杭州：浙江大学出版社，2009 年，第 85 页.

这种高尚性情的人"研究我们的利益，因我们的幸福而喜悦，并对我们充满仁爱"①。也就是说，具有这种高尚性情的人抱着"仁爱"的情感给我们带来了幸福，所以，我们从道德的角度出发去尊敬并爱戴他们。在这种基础上，当我们的心灵对因自然善而来的愉悦知觉产生欲望的时候，这种欲望必定会不同于对因道德善而来的愉悦知觉的欲求，因为前者出自利益，而后者出自道德。由于"真正的感情就是欲望和憎恶"②，那么，我们可以说，这两种不同的欲望就是两种不同的感情或情感。就前一种情感而言，它必定只会欲求它所理解的对自己有利的一切。就后一种情感而言，它所欲求的是有利于他人的一切。在哈奇森看来，当道德的领域同自然善的领域划清了界限的时候，在我们的情感中，"无私的仁爱"就同"自爱"划清了界限。当道德评价完成之后，也就是当我们真正明白了什么是"善的"或"道德的"之后，基于对对象的善恶理解，我们本性的结构就会促使心灵产生以欲望为特征的情感。因此，当我们知道，道德善是有别于自然善的指向他人的公共善时，基于这种理解，我们的心灵就会产生指向这种"善的对象"的情感，即指向他人的"无私的仁爱"之情。

第三，由于"道德感官是最强烈的快乐之源"③，因此，

① 弗兰西斯·哈奇森. 论美与德性观念的根源 [M]. 高乐田等译，杭州：浙江大学出版社，2009 年，第 85 页.
② 弗兰西斯·哈奇森. 论激情和感情的本性与表现，以及对道德感官的阐明 [M]. 戴茂堂等译，杭州：浙江大学出版社，2009 年，第 22 页.
③ 同上书，第 112 页.

我们要学会欲求由道德感官的推动而产生的"无私的仁爱"这种高尚的道德情感，从而为自己获得最大、最恒久的快乐和幸福。哈奇森认为，在伦理学领域中，当我们对引起我们的感官产生快乐或痛苦的诱因做了探究之后，我们的心灵就会直接产生行动或运动的意志力，也就是对快乐的知觉产生欲求之心，而对痛苦的知觉产生憎恶之心。那么，在这种时候，我们的欲望就会成为我们快乐或痛苦的诱因，因此，它们必然会对我们的生活产生影响。为了使我们获得最有价值和最持久的快乐，哈奇森对各种快乐和痛苦进行了比较。首先，哈奇森比较了各种快乐之间的价值，从而发现了最有价值的快乐，同时他也比较了各种痛苦之间的程度，从而发现了最令人痛苦的痛苦。他认为，在所有这些快乐中，有一种快乐是最有价值的快乐，而有一种痛苦是最无法忍受的痛苦。哈奇森认为，在所有各种快乐以及快乐的联合中，"道德快乐优于其他快乐"①，道德快乐是最高和最有价值的快乐，这不仅为德行高尚的人所证明，而且，"也为邪恶之人所证明"，在我们的生活中，"经验也证明了相同的一切"②。在比较了各种快乐的价值之后，哈奇森接下来比较了各种痛苦，进而发现，"同其他恶相比，道德恶显得更严重"③，因此，在所有给我们造成痛苦的痛苦中，因道德恶所引起的痛苦是最大的痛苦。其次，为了使我们获得最持

---

① 弗兰西斯·哈奇森. 论激情和感情的本性与表现，以及对道德感官的阐明 [M]. 戴茂堂等译，杭州：浙江大学出版社，2009 年，第 91 页.
② 同上书，第 94 页。
③ 同上书，第 101 页。

久的快乐，哈奇森对各种快乐和痛苦的延续性进行了比较。通过比较，哈奇森发现，道德感官所带来的快乐才是最强烈的快乐之源，因为这种快乐自身非常稳定，不会反复无常地变化，而且会延续得很久，它永远不会得到过度的满足，因此永远不会使我们感到烦腻或厌恶。除此之外，我们的外在感官快乐和内在感官快乐也不会受到这种快乐的削弱，相反，道德快乐会使我们在享受其他快乐时变得有节制，从而提升其他快乐的价值。道德快乐是最持久的快乐，"它的确比其他东西都更容易影响我们，使我们自得其乐，并使我们喜欢我们的本性本身，通过这些，我们会觉察到一种内在的尊严和价值，似乎会拥有一种通常是属于神的快乐，由此而享有我们自身以及其他存在物的完善"。在比较了各种快乐的延续性之后，哈奇森对各种痛苦的延续性进行了比较。他得出结论说："道德感官的痛苦和荣誉感官的痛苦几乎是永久性的。时间，作为其他痛苦的避难所，并不会使我们缓解这些痛苦。所有其他快乐会因这些痛苦而变得索然无味，生命自身也会成为一种令人不悦的负担。我们自己本身、我们的本性会令我们不悦"①。在对各种快乐和痛苦自身的价值以及延续性进行了详细比较之后，哈奇森认为，我们应该为我们自己欲求那种最有价值和延续得最久的那种快乐，同时，我们要为自己避免那种最没有价值以及延续得最久的那种痛苦。因此，我们必须把受到道德感官认可和赞许

---

① 弗兰西斯·哈奇森. 论激情和感情的本性与表现，以及对道德感官的阐明 [M].戴茂堂等译，杭州：浙江大学出版社，2009 年，第 114 页.

的"无私的仁爱"这种高尚的情感作为我们欲求的对象，从而使我们的欲望真正成为我们幸福的源泉。

三　哈奇森"无私的仁爱"之评价

在哈奇森的道德情感思想中，他认为，只有人的情感才是道德的根源，而在所有各类情感中，只有以他人为对象的"无私的仁爱"才是真正道德的情感，只有这种情感才能获得道德感官的认可和赞许，从而使我们获得最大和最持久的快乐，并避免最大和最持久的痛苦，这是哈奇森道德情感思想体系始终坚持的基点所在。在哈奇森的时代，哈奇森这种探索的最大收益是为道德找到了人性的根基。对于当时甚至今天的伦理学来看，这都是一个了不起的发现。或许正是因为这个原因，哈奇森当之无愧地成为苏格兰启蒙运动的领军人物，也正是因为这样，他用自己的"新光"哲学在西方伦理学史上留下了浓墨重彩的一笔。

首先，指向他人的"无私的仁爱"这种道德情感的被发现使哈奇森为道德找到了人性的根基。相对洛克等人的伦理思想而言，这是伦理学领域内的新发现，它因此而具有两个维度的重大历史意义。第一，指向他人的"无私的仁爱"的被发现使哈奇森的伦理学思想极大地不同于霍布斯、洛克等人所持有的观点，从而实现了经验论由认识论领域向伦理学领域的扩展。在霍布斯那里，虽然道德的根源在于感性的人的自我保全和追求幸福以及去苦求乐等欲望之中，但道德的标准却来自外在于人的自然法，"从霍布斯关于自然法内容的推演中，人们可以清楚看到寻求和平、保存自身的自然法，在霍布斯那里，同时也就是人们的道德律令，是人们的道德规范，是一切行为的善恶标准，自然法、道德律令是同一的"①。在道德和人性问题上，通过继承霍布斯的观点，洛克认为，追求感性的苦乐才是道德的真正根源。他认为，"事物之所以有善恶之分，只是由于我们有苦、乐之感。所谓善就是能引起（或增加）快乐或减少痛苦的东西；要不然它亦得使我们得到其他的善，或消灭其他的恶。在反面说来，所谓恶就是能产生（或增加）痛苦或能减少快乐的东西；要不然，就是它剥夺了我们的快乐，或给我们带来痛苦"②。但不同于霍布斯的是，洛克认为，对于追求幸福的人而言，善恶只是表明了一种好坏利害关系，并不能对人进行道德评价，趋乐避苦是推动人的活动的发动机，本身并没有善恶之分，"只有用某种是非的准则去衡量人的自愿行为，看它是符合还是违反，才有道德上的善恶区分。洛克把这种衡量人的自愿行为的准则叫做法。他认为法在本性上具有强制性，它通过立法者的命令给法的遵循着以奖励的快乐，违背者以惩罚的痛苦，以保证法得以贯彻执行，否则区分道德善恶的目的就要落空"③。这样，洛克认为，"所谓道德上的善恶，就是指我们的自愿行动是否契合于某种能致苦乐的法律而

① 胡景钊，余丽嫦. 十七世纪英国哲学 [M]. 北京：商务印书馆，2006 年，第 217 页.

② 洛克. 人类理解论（上）[M]. 关文运译，北京：商务印书馆，1983 年，第 199 页.

③ 胡景钊，余丽嫦. 十七世纪英国哲学 [M]. 北京：商务印书馆，2006 年，第 374 页.

言。它们如果契合于这些法律，则这个法律可以借立法者的意志和权力使我们得到好事，反之则便得到恶报。"①无论是霍布斯的自然法还是洛克哲学中的法的三种类型，它们都是外在于人的道德判断标准。人如果要使自身的行为为善，就不得不遵从或顺从这些法，否则，就不可能有"善"的生活。哈奇森的道德情感思想竭力要做的事情之一，就是要在人性的内部为道德找到根基，使道德判断不再外在于人，而是根植于人性的内部。当哈奇森用道德感官来对人的各种情感进行衡量，并最终找到了"无私的仁爱"这种道德情感时，他就很好地达到了自己的目的。如果说对于洛克而言，他的感官论的重点领域是认识论领域，在伦理学领域，他保留了上帝的位置，没有引入感官学说。那么，哈奇森通过把这种感官学说向伦理学领域的扩展，便使经验主义的认识论原则实现了从认识论领域向伦理学领域的拓展。这种变化可以被视为经验论向人性深处扩展的标志，也是经验主义逐步壮大、发展的体现。正是因为哈奇森道德哲学体系中有着这种思想特质，我们发现，当休谟完全剥离了哈奇森的宗教情结从而比哈奇森更具有理论彻底性的时候，休谟怀疑论的出场就是理所当然的事情了。第二，指向他人的"无私的仁爱"的被发现标志着人类自我意识的重新觉醒。相对文艺复兴所倡导的人性的觉醒而言，这种觉醒是意义更重大、更有深度的觉醒。如果说文艺复兴使英国思想家不再

---

① 洛克. 人类理解论（上）[M]. 关文运译，北京：商务印书馆，1983 年，第 328 页.

从启示的上帝那里寻找道德的根基，而是把道德的根基放置在为理性和经验所发现的自然之上的话，那么，哈奇森所发现的"无私的仁爱"这种道德情感便标志着人类把道德的根基从外在于人的自然转向了人性自身，把道德的权威从外在于人的枷锁牢牢地转移到了人自己与生俱来的本性之中。从此之后，在道德的殿堂中，人类不再是被动的奴仆，无须再卑微地等待来自上面的奖赏或惩罚。相反，人类变成了主人，可以主动而骄傲地仅凭自己的力量找到道德的根基并以此来衡量自身的行为，人性自身散发的光芒终于取代了来自上面或外面的光芒而照亮了整个道德的圣殿。对 18 世纪初的哈奇森而言，虽然这只是伦理学领域中的一个小小的新发现，但对于他身后的人类而言，它却标志着一个历史的转向。正是由于有了这种转向，带着属于那个时代的自信和豪迈，哈奇森身后的苏格兰思想家们开始打着"文明"和"幸福"的旗号向着现代社会迈进。在这个意义上，哈奇森的确是当之无愧的"苏格兰启蒙运动领军人物"。

其次，指向他人的"无私的仁爱"使哈奇森在给霍布斯、曼德维尔等人所倡导的自私的伦理学以有力的反击的同时使他们所倡导的"自私的伦理学"思想得到了新的发展。建立在经验主义认识论基础上的近代英国伦理思想家认为，在所有感觉经验中，快乐是最值得欲求的东西，而经验都是个体性的、利己性的，因此，人在道德上是利己的，或者说是自私的。霍布斯认为，人的本性是自私的，趋乐避苦是人的天性，他把人生比作一场追逐私利的赛跑，每个人都想在这场追逐私利的比赛中获胜。追求自我保存不仅是自然的正常秩序，而且也是道德上的正常秩序。曼德维尔认为，人的自然状态和社会行为都建立在自私心之上，伦理学上的利他主义只是利己主义的伪装，是道德上的欺骗。德性只能是自私心的变形。无论对个人还是对整个社会而言，自私心都是最强大的动力，是一切行为赖以存在的最坚实基础，因此，曼德维尔认为，"私恶即公利"。没有私利，就没有公利。只有私利才有可能促进公利的发展和壮大。然而哈奇森认为，"欲望并不总是趋于私人善，更多的时候为他人状况所运用"①。通过对人的本性、本能和情感的分析，哈奇森发现，在我们的本能中，除了有一种趋于追求私人幸福的自私的情感（自爱）之外，我们还有一种趋于公共善或公共利益的情感，"人类总体或总体中任何有价值部分的幸福，是一系列欲望的终极目的"②，受到这种终极目的推动的情感就是指向他人的"无私的仁爱"，反过来说，这种情感所指向的目标决非个体的私利，而是整体的公共利益。这样，我们的道德感官会超越利益、奖惩等私人化的益处而赞许这种情感，并最终给拥有这种情感的人带来道德快乐，这是一种最有价值、最持久的快乐。事实上，历史显示，哈奇森所提出的"无私的仁爱"这种情感并没有彻底否定霍布斯等人所提出的自爱观，相反，我们可以把哈奇森这种思想视为对霍布斯等人自爱观的补充。正是这样，我们发现，哈奇森之后的思想家

---

① 弗兰西斯·哈奇森. 论激情和感情的本性与表现，以及对道德感官的阐明 [M]. 戴茂堂等译，杭州：浙江大学出版社，2009 年，第 20 页.
② 同上书，第 158 页.

们不再强调纯粹的自爱，而是给自爱加入了公利的成分，从而使得"自私的伦理学"变得不再那么"自私"。直到今天，当年为哈奇森第一次在英语世界所提出的"最大多数人的最大幸福"仍然被很多功利主义伦理学家视为德性的指针。

通过以上的分析，我们知道，在哈奇森的道德情感思想中，情感在道德领域中处于基础性的本源地位。我们还知道，情感建立在心灵对对象的善恶判断之上。但是，如果稍作思考，我们就不得不面临的一个问题：我们为什么会把"无私的仁爱"判断为在道德上为善的情感？或者说，被哈奇森称为高尚的道德情感的这种"无私的仁爱"的理论有效性源于何处呢？实际上，哈奇森在当年也面临了这个问题，在某种程度上说，对这个问题的有效解决就是他的伦理思想的贡献所在。为了解决这个问题，哈奇森在他的道德哲学体系中从沙夫茨伯利那里继承了一个非常重要的概念——道德感官，并以它为中心而发展了一个集美学与伦理学于一体的道德哲学体系。在哈奇森的思想体系中，道德感官像一个裁判，正是通过它的裁决，我们得以知道，我们的心灵中存在着被称为"高尚"的道德情感。不仅如此，在他的体系中，道德感官还是一个引路人，通过它的引领，我们得以走入道德的圣殿之中。然而，对于哈奇森而言，道德感官的提出却不是随意的、偶然的，而是有着深厚理论渊源的，它直接与哈奇森的美学思想密切相关。因此，为了进一步更深入、更详尽地了解哈奇森的道德情感思想，为了明确地知晓被称为"道德的"或"高尚的"道德情感源于何处，我们不得不去了解并认识道德感官这位非常关键的判官。

第三章　道德感官与情感的"裁判"

　　道德的根源在于情感，除非借助于某种情感，我们无法在任何其他事物中找到道德的根源。哈奇森认为，在人的本性中，存在着很多各种各样的情感，但只有指向他人的"无私的仁爱"这种情感才是可以成为道德之基础的那种情感。为了阐明这种观点，通过对洛克感官学说的继承和改造，哈奇森创立了自己的感官学说。在这个感官学说中，最重要的感官就是道德感官。以美的感官为原型，哈奇森通过类推的方法引出并阐明道德感官。我们所认为的善或恶与我们的感官知觉直接相关，"对象、行为或事件获得善或恶的名声，其根据在于它们是敏锐的本性产生愉快或不愉快知觉的直接或间接的缘由或诱因"①。当某种行为能够使我们的感官产生愉快的知觉，我们就会称它为善，而当它使我们产生不愉快的知觉时，我们就会称它为恶。由于我们的心灵会对令人愉悦的知觉产生欲望，并

---

① 弗兰西斯·哈奇森. 论激情和感情的本性与表现，以及对道德感官的阐明 [M]. 戴茂堂等译，杭州：浙江大学出版社，2009 年，第 3 页.

对令人不愉悦的知觉产生憎恶,因此,当我们在道德感官的指引下知道了什么是善以及什么是恶之后,我们的心灵就会相应的产生情感。这样,道德感官就充当了情感的"裁判",心灵中的种种情感都要受到道德感官的审视,通过道德感官的"裁判",指向他人的"无私的仁爱"才最终成为道德情感而在哈奇森的道德情感体系中备受推崇。对哈奇森而言,在找到并论证"无私的仁爱"是真正的道德情感的过程中,他始终面临的问题是:为什么无私的仁爱可以称为道德情感?或者说,为什么无私的仁爱可以使我们的道德感官产生令人愉悦的知觉?在解决问题的过程中,哈奇森的理论始终坚持的基点就是:在接受独立于意志的观念的过程中,我们的感官是被动的,"我们发现,这种情景中的心灵是被动的,并且只要我们持续让我们的身体处于适宜于受外在对象影响的状态,心灵没有能力直接阻止这种知觉或观念,或者在接受它的时刻改变它"①。感官产生快乐的原因由两个方面的因素构成:感官自身的构造以及外在的观念。对于前者,哈奇森着力论证了它本身所具有的普遍一致性,对于后者,哈奇森着力探讨的是,什么样的观念构成了令感官产生快乐的诱因。在哈奇森的道德哲学中,他对寻找道德感官产生快乐的根源所遵循的是这样的路径:首先,哈奇森探讨了美的感官产生愉悦知觉的根源,然后,他由此类推继续探讨什么样的外在对象令道德感官产生了道德快乐。这

---

① 弗兰西斯·哈奇森. 论激情和感情的本性与表现,以及对道德感官的阐明 [M]. 戴茂堂等译,杭州:浙江大学出版社,2009 年,第 3 页.

样，以美的感官为原型和基础，哈奇森的道德感官得以出场，正如一旦找到了令美的感官产生愉悦知觉的原因之后，美的感官就可以反过来对"什么是美"进行独立的判断一样，哈奇森认为，一旦找到了令道德感官产生愉悦知觉的原因之后，道德感官就可以充当情感的裁判，从而为我们找到他的道德情感思想体系中所着力推崇的道德情感，正是受到这种情感的推动，高尚的道德行为才会得以发生。

第一节 "感官"的含义与分类

一 含义

尽管哈奇森经常提醒读者要向"内心"求教并要注意观察发生"在内心"中的一切，但是，综合哈奇森的全部道德情感思想体系，我们首先要注意的是，哈奇森的感官概念具有双重特征，即"直觉主义的名称以及非直觉主义的运用"①。在经验主义的背景中，如果说"科学的真正成就在于使人类理智得以探究新的客观内容"②，那么，我们可以说，通过在美学和伦理学中运用观察法和归纳法，哈奇森发现了内在于我们自身的美的感官和道德感官这些"新的客观内容"。如果说"对自然的认识不仅引导我们进入对象世界，而且起着帮助理智发展

---

① William Robert Scott. *Francis Hutcheson*: *His Life*, *Teaching and Position in the History of Philosophy* [M]. Thoemmes Press, 1992, p. 271.
② [英] 阿伦·布洛克. 西方人文主义传统 [M]. 董乐山译，北京：生活·读书·新知三联书店，1997 年，第 12 页.

自我认识的媒介作用"①，那么，我们发现，在科学理性的主旋律中，借助各种感官，在理性的规范下，以情感为对象，哈奇森为我们确立了全新的自我认识理论。

在《论美与德性观念的根源》中，哈奇森把"感官"定义为"从独立于我们的意志而呈现给我们的对象的显现中接受某种观念的心灵规定"②。三年之后，哈奇森出版了《论激情和感情的本性与表现，以及对道德感官的阐明》这部著作。在该书的开篇处，哈奇森再次对感官进行了定义，他认为，感官就是"可以接受独立于我们意志的观念，并产生快乐或痛苦知觉的心灵中的每一种规定"③。根据这两个定义，我们发现，在哈奇森那里，感官就是我们心灵的一种规定，它使我们可以接受独立于我们的意志而显现给我们的对象或观念，在这个过程中，我们可以产生快乐或痛苦的知觉。为了更清楚地了解哈奇森的"感官"定义，我们必须了解哈奇森的感官定义中非常重要的两个关键元素：观念和感官自身的特征。

首先，哈奇森所谈到的心灵的知觉中的观念不同于外物通过五官感觉给我们提供的观念，用哈奇森的话来说，它们被称为"纯粹可感觉到的观念"。"必须记住，可感觉得到的观念，有一些被认为仅仅只是我们心灵中的知觉，而非类似于外在属

---

① ［英］阿伦·布洛克. 西方人文主义传统 ［M］. 董乐山译，北京：生活·读书·新知三联书店，1997 年，第 12 页.
② 弗兰西斯·哈奇森. 论美与德性观念的根源 ［M］. 高乐田等译，杭州：浙江大学出版社，2009 年，第 86 页.
③ 弗兰西斯·哈奇森. 论激情和感情的本性与表现，以及对道德感官的阐明 ［M］. 戴茂堂等译，杭州：浙江大学出版社，2009 年，第 5 页.

性如颜色、声音、口味、气味、快乐和痛苦的意象。其他观念是外在某物如延续、数目、广度、运动和静止的意象。为了便于区别，我们可以把后者称为感觉的伴生观念，把前者称为纯粹可感觉得到的观念。"①。在这种意义上，我们知道，通过把感官所接受的观念定义为"纯粹可感觉到的观念"，哈奇森所理解的"可感觉到"和我们通常所理解的由五官感官而来的"可感觉到"的不同之处在于，他所指的是心灵的知觉。我们所理解的五官感觉到的东西在他看来只是感觉的伴生观念。这样，冷、热、甜、苦等感觉就只是一些"感觉的伴生观念"，而不是我们所理解的"可感觉到"的东西。这样看来，在谈到感官以及心灵知觉的时候，"观念"这个词的运用被哈奇森限定于比较严格的"心灵"的边界之内，这不仅使"观念"不同于我们通常意义上所理解的"观念"，而且使哈奇森的"感官"不同于我们通常意义上所理解的"感官"。同时，哈奇森的这种独特的看待观念的思想使得他的感官学说和洛克《人类理解论》中对感官的看法发生了比较大的变异，从而造就了哈奇森在经验主义传统的独特理论特色。

其次，根据哈奇森对感官的定义，综合哈奇森的道德哲学体系，我们可以发现，从宏观上来看，哈奇森的"感官"具有如下四种主要特征：第一，感官对某种观念的接受是必然而不可避免的。哈奇森认为，感官对观念的接受不会受意志力（the

---

① 弗兰西斯·哈奇森. 论激情和感情的本性与表现，以及对道德感官的阐明 [M].
戴茂堂等译，杭州：浙江大学出版社，2009 年，第 204 页.

will）的控制和影响。正如当绿色呈现于我们的眼前时我们无法拒绝对绿色的体验一样，在我们的权能范围内，我们无法拒绝对行为或对象的体验和感受。我们对这些行为和对象的体验或感受是自然而然发生的，与训练或教导没有任何关联。这与洛克在对外在感官的研究中所达到的结论相似。显然，哈奇森追随洛克，把感官的运作方式也视为可以被动地给理性主体提供各种观念，因此，对于感官反应的结果来说，不包含任何人为的或外来的东西。第二，感官反应具有即时性、直接性的特征，由于有了这种特征，因此，由感官反应而来的东西应该先于利益的算计或理性的干预。在我们对感官快乐或痛苦产生的原因进行了解之前，在我们知道对象是因为什么原因而引起了我们的感官快乐或痛苦之前，在我们明白引起我们感官快乐或痛苦的对象对我们有什么益处或危害之前，我们的感官就已经令我们产生了可以直接令我们感到快乐或痛苦的知觉。在这个意义上，哈奇森有力地反驳了洛克、霍布斯和曼德维尔的道德观，因为后者以各自不同的方式认为，道德或趣味仅仅只和风俗或利益的算计有关联。第三，人类感官以一种统一而普遍的方式进行工作，因为人类的本性都是一样的。对于同一种感官，我们人类都会产生相同的知觉反应，因为人类拥有相同的本性。在现实生活中，之所以会出现各种各样、千姿百态的道德知觉或反应，这不是由于我们的道德感官彼此不同，而是因为我们的道德感官所接受的观念不同所致。因此，对于个体而言，为了使道德感官获得具有普遍性的快乐，就要不断地对观念进行反思和训练，以去除杂质，保持道德感官的敏锐性和健康性。第四，由感官而生的知觉等同于判断。在道德领域中，如同在其他领域中一样，我们的心灵会对悦人知觉产生赞许，并对令人不快的知觉产生憎恶，也就是说，只要对象成为"敏锐本性产生愉快或不愉快知觉的直接或间接的缘由或诱因"①，它们就获得了善或恶的名称。对哈奇森而言，道德判断赖以依靠的基础就是感官知觉，正是在这个意义上，一方面，他用道德感官理论审视并评判了我们本性中的各种情感，最终找到了使道德感官产生快乐的诱因的那种道德的情感，即对他人的"无私的仁爱"；另一方面，他站在这个立场上有力地反驳了道德理性主义。

二 分类

在哈奇森看来，凡是能接受一种观念的"心灵的规定"都可以被称为感官，在这个意义上，他说，"与通常解释过的那些感官相比，我们将发现许多其他感官"②。在哈奇森看来，每一种类型的知觉都产生于某种类型的感官，因此，探讨感官的类型，也就是探讨知觉的类型。尽管他承认，以这种思路来对心灵的感官进行分类并非易事。但哈奇森还是通过观察和反思而发现，人类的心灵中天然地存在五种类型的感官：

第一类是外在感官。在哈奇森看来，我们通常意义上所理解的听觉感官、视觉感官、嗅觉感官、触觉感官和味觉感官都

---

① 弗兰西斯·哈奇森. 论激情和感情的本性与表现，以及对道德感官的阐明 [M]. 戴茂堂等译，杭州：浙江大学出版社，2009 年，第 3 页.
② 同上书，第 5 页。

属于外在感官的范畴。外在感官快乐和痛苦可以为所有人知觉。外在感官的特点是，它对独立于我们意志的外物的接受是被动的、即时的，并且，在这个过程中，可以使我们产生快乐或痛苦的知觉。哈奇森抓住了外在感官的这种特点，并以此为基点而类推出了心灵中其他类型的感官。

第二类是内在感官。当有规律的、和谐的和匀称的对象作用于我们的内在感官时，我们的内在感官就会产生令人愉悦的知觉，哈奇森把产生这种知觉能力的感官称为美的感官或内在感官。在哈奇森看来，如果效法艾迪逊先生，把这种快乐称为想像力的快乐，也是可以的。在《论美与德性观念的根源》中的第一篇论文即《对美、秩序等的研究》中，哈奇森仔细地分析了美的感官产生令人愉悦的知觉的原因所在。

第三类是公共感官。这种感官会"因他人的幸福而快乐，因他人的苦难而不快"①。哈奇森认为，这种感官可以在所有人身上发现。我们的社会是一个由众人组成的社会，其间充满了人与人之间的相互协作，哈奇森认为，若非如此，人类就无法生活，因此，"他们必定会观察其伙伴的幸福和不幸，快乐和痛苦"②，由此，"欲望和憎恶必定会在观察者身上显现……我们必定会从他人的状态出发，甚至在较强的程度上，感觉到喜悦和悲伤，并具有更高程度的公共欲望"③。

---

① 弗兰西斯·哈奇森.论激情和感情的本性与表现，以及对道德感官的阐明 [M].戴茂堂等译，杭州：浙江大学出版社，2009 年，第 5 页.
② 同上书，第 75 页。
③ 引文同上。

第四类是道德感官。道德感官可以使我们"知觉到他人身上的善或恶"。换句话说,通过道德善或恶的知觉,道德感官可以促使我们进行道德判断。对于以情感作为道德源泉的哈奇森道德情感思想体系来说,正是借助道德感官的这种判断和裁定,在各种各样的情感中,我们才能找到道德的情感,也就是善的情感。同时,也正是借助道德感官的这种判断,我们才知道如何培养我们的道德情感,并抑制不道德的情感。

第五类是荣誉感官。荣誉感官会"使他人赞许或感激我们所做的某种善行,这是快乐的必要诱因;它使他人厌恶、谴责或憎恨我们所造成的伤害,这是被称为羞愧的、令人不快的感觉的诱因,即使我们并不害怕来自他人的更大恶行"①。也就是说,荣誉感官是道德行为的约束者或守护神,当我们做了道德的行为时,荣誉感官会给我们加以以荣誉为表征的快乐,而当我们做了恶行时,荣誉感官就会给我们加以以恶名为表征的痛苦。这样,荣誉感官会使我们欲求他人对我们的良好看法,而避免他人对我们的谴责和非难。为了获得来自荣誉感官的快乐,我们必定会约束自己多做道德的行为,少做不道德的行为,也就是说,使我们的"无私的仁爱"与"自爱"保持平衡或使前者更占上风一些。

第二节　道德感官的原型

综观哈奇森身后的研究者们对他的道德哲学的解读,我们

---

① 弗兰西斯·哈奇森. 论激情和感情的本性与表现,以及对道德感官的阐明 [M]. 戴茂堂等译, 杭州: 浙江大学出版社, 2009 年, 第 6 页.

发现了一个有趣的现象，几乎所有的解读都把注意力单单放在其道德感官或仁爱的情感之上，而对于这种感官以及情感在哈奇森学说中的理论来源，即美学研究，没有人予以特别的关注。这样，我们可以发现有专门针对哈奇森美学研究的专著，如彼特·基维（Peter Kivy）的《第七感官：哈奇森与18世纪英国美学》（*The Seven Sense：A Study of Francis Hutcheson's Aesthetics and Its Influence in Eighteenth-Century Britain*），也有专门针对道德感官的专著和论文，如马克·斯特拉塞的《弗兰西斯·哈奇森道德哲学的形式和效用》（*Francis Hutcheson's Moral philosophy：Its Form and Utility*）等，但是，我们无法找到在联系二者的基础上对哈奇森道德哲学进行研究的专著或论文。然而，我们认为，对于哈奇森而言，如果要研究其道德哲学，我们无法也不可能完全跨越或忽视其美学思想，因为仅从理论表象来看，我们就可以发现，哈奇森道德哲学的最大特色是，他并没有直接切入对道德问题的探索，而是以对美学问题的探索为契机和原型来展开对道德问题的思考。对美学问题的思考给哈奇森进行道德问题的思考提供了很好的理论准备。

在哈奇森的伦理思想中，善的东西就是美的，美善相通是美学和伦理学联合的基础和桥梁。当心灵遇到了美的对象时，美的感官可以使心灵产生美的知觉或感觉，这种感觉的产生是直接的，不需要理性的帮助，不需要知识的积累，更不需要利益的诱惑。除此之外，这种感觉的产生还是即时的、当下的，不需要对快乐或痛苦的原因进行思考，也不需要知道是什么导致了这种快乐或痛苦的产生。以此为原型，哈奇森探讨了道德领域内的情形。当心灵遇到道德善的对象时，道德感官可以使心灵产生类似于美的感官所产生的那种快乐知觉，但它最不同于内在感官的地方在于，它可以直接促使心灵产生行动。哈奇森把这种行动称为"情感"或"感情"(affection)。在这个意义上，我们可以说，美的感官（内在感官）所面对的是"物"，心灵由此而产生的后果就是"快乐或痛苦的知觉"，而道德感官所面对的是某种情感，心灵由此而产生的后果也是某种情感。因此，我们可以说，相对道德领域而言，哈奇森在美学领域研究了静态的"道德感官"，相对美学领域而言，哈奇森在道德领域研究了动态的"美的感官"或"内在感官"。换句话说，对哈奇森而言，伦理学就是动态的美学，而美学就是静态的伦理学。综合《论美与德性观念的根源》这本书的全貌，哈奇森从"美的感官"到"道德感官"的过渡，或者说从美学向伦理学的过渡，可以被视为把感官从静态推向动态的过程。

一　美的感官（内在感官）

在《论美与德性观念的根源》中，美的感官也被称为内在感官，"我们可以恰当地使用另一个名称来称呼这些更高、更令人愉悦的美与和谐的知觉，并把接受这种印象的能力称为内在感官"①。对哈奇森而言，"美"就是外物"在我们心中唤起

---

① 弗兰西斯·哈奇森：论美与德性观念的根源 [M].高乐田等译，杭州：浙江大学出版社，2009 年，第 9 页.

的观念"①，而美的感官就是指"我们接受这种观念的能力"②。由于美的感官天然具有被动性、普遍性、神圣性和超功利性，因此，在哈奇森看来，要探究美的感官为什么会产生令人愉悦的知觉这个问题，就是要试图发现，"什么是这些悦人观念的直接诱因，或者说，对象中什么真实属性常常唤起了它们"③。对于所有在我们心中唤起的、令美的感官产生愉悦知觉的观念，哈奇森认为，它们可以被划分为三种类型，也就是说，世界上存在着三种类型的美。这三种类型的美之所以能令美的感官产生愉悦知觉，是因为它们都有一个共同的原因——在多样性中包含了一致性。在这个意义上，联系对美的感官的探索如何成为道德感官的原型来看，我们可以从审美快乐产生的根源以及美的感官的特征这两个方面来对美的感官进行分析。

（一）美的感官（内在感官）产生快乐的根源

对于审美快乐产生的根源，哈奇森认为，主要的分析重点应该集中于对象的属性之上，因为我们的感官在这个过程中是被动的，感官是因为接受了独立于我们意志的这些观念，我们心灵中才会产生这种敏锐的知觉。在哈奇森看来，弄明白

---

① 弗兰西斯·哈奇森：论美与德性观念的根源 [M]. 高乐田等译，杭州：浙江大学出版社，2009 年，第 7 页.
② Francis Hutcheson. *An Inquiry into the Original of Our Ideas of Beauty and Virtue* [M]. Indiananpolis：Liberty Fund, p. 23.
③ 引文同上。

了"对象中的什么属性唤起了这些观念"①之后，我们就找到了对人类而言的美的属性，而找到了人类的美的观念的一般基础或诱因，也就找到了存在于人类心灵中的美的感官的基础所在。但是，对对象中的美的属性的研究不意味着，美可以"被理解为存在于对象中某种属性"，而"对象也不可被理解为自身就是美的而与知觉它的心灵毫无关系"，因为在哈奇森看来，"美，类似于其他可以感觉到的观念的名称，恰当地表示了某种心灵的知觉"②。也就是说，我们只有以心灵为基地来探讨对象中引起知觉的属性，我们才能找到美的原因或根源所在。哈奇森对美的类型的探讨就是在这种理论框架中展开的。在培根开创的观察法和归纳法的指引下，通过对大千世界进行细致的观察和归纳，哈奇森发现，世界上千姿百态的美可以被划分为三种类型，这三种类型的美都包含了一个共同的因素，正是这种共同的因素导致了美的感官产生令人愉悦的审美知觉。因此，我们可以从美的类型、美的根源来分析美的感官产生审美快乐的根源。有鉴于哈奇森对美的根源的探索直接影响了他对道德根源的探索，因此，我们还要对哈奇森对美的根源的探寻进行评价。

1　美的类型

哈奇森把美划分为三种类型：本原美、相对美以及公理之美。本原美又可以被称为绝对美，而相对美又可以被称为比较

---

① 弗兰西斯·哈奇森. 论美与德性观念的根源 [M]. 高乐田等译，杭州：浙江大学出版社，2009年，第14页.
② 同上书，第12页。

美。公理之美在某种程度上可以视为较好地综合了本原美和相对美的一种特殊类型的美。

本原美或绝对美，在哈奇森看来，"仅仅只是那种美，我们在对象中知觉它，而不把它同外在的任何事物进行比较，对象被视为它的摹本或影像，比如从大自然的作品，人造形式、形体、科学定理中所知觉到的那种美"①。本原美可以出现于宇宙中、大自然中、动植物、和声等地方。宇宙中天体的结构、秩序和运动以及大自然中季节的变化交替、昼夜轮转等给我们展示的就是本原美，地球表面无比多样的令人愉悦的颜色、植物身上的叶子、果实和花朵的形状与颜色、动物的肢体活动、禽类华丽的羽毛以及优美的和声都向我们展示了本原之美。对于本原美，无论我们是否对它们的产生美的基础作过反思，它们都会对我们呈现为美。"我们无须知道什么是它的诱因就可以拥有这种感觉，正如一个人的味觉可以暗示出甜、酸、苦的观念，尽管他对刺激他身上这些知觉的微小物体的形状，或其运动一无所知。"②

相对美或比较美，在哈奇森看来，就是"我们在对象中知觉到的那种美，它常常被视为某种其他事物的摹本或类似之物"③。相对美是本原美的摹本，这种美的产生来自于"本原

---

① 弗兰西斯·哈奇森. 论美与德性观念的根源 [M]. 高乐田等译，杭州：浙江大学出版社，2009 年，第 12 页.
② 同上书，第 23 页。
③ 同上书，第 13 页。

和摹本之间的相符或某种类型的统一"①。比较美有两个来源。首先，这是一种由模仿的精确性而产生的美。诗歌作品中的人物性格由于模仿了自然状态中的性格，因此，就产生了美。另外，诗歌中大量使用的隐喻、明喻和讽喻等修辞手法，也是因为被比拟的事物和本原美具有某种相似性，因此，它们被称为"美"。我们之所以会关注本原美和被比拟事物之间的这种相似性，或者说相对美之所以会产生，那是因为"我们观察到我们心灵中的一种奇特倾向"，这种奇特倾向"总是会对呈现于我们视野的所有事物，甚至彼此似乎不相关联的那些事物进行不断的比较"②，正是因为这样，我们可以在文学作品中发现很多象征和比拟，"海上的风暴常常是愤怒的象征；雨中低垂的草木是悲伤之人的象征；茎蔓低垂的罂粟，或被犁割断而逐渐凋零的花朵，象征着少壮英雄的死亡；山峦中年迈的橡树代表着古老的帝国，吞噬森林的火焰代表着战争"③。除此之外，比较美还有另外一个来源，即由于"与某一既定观念有必然关系"④而产生的美。这样，"我们可以看到，某些艺术作品之所以获得了独特的美，是由于它们符合设计者或其雇主的某种普遍假定的意图"⑤。例如，为了获得对处于蛮荒状态中的自然的模仿，我们会在布置街道景观的时候，有意忽视严

---

① 弗兰西斯·哈奇森. 论美与德性观念的根源 [M]. 高乐田等译，杭州：浙江大学出版社，2009 年，第 32 页.
② 同上书，第 34 页。
③ 引文同上。
④ 引文同上。
⑤ 同上书，第 34—35 页。

格的规则性。为了满足稳定性这个假定的意图，我们会在做雕像基座的时候选择金字塔或方尖形碑，以此来避免摇摇欲坠或头重脚轻。

公理之美或已被证明的普遍定理之美，在哈奇森看来，"值得予以特别关注"①。体现了公理之美的对象可以划分为三种。首先，哈奇森认为，数学公理体现了公理之美。哈奇森举例说，欧几里得的《原本》、代数和微分的计算以及可以揭示各种公理的某种运算方式都体现了数学中的公理之美。其次，哈奇森认为，牛顿的万有引力定律、有关权力起源的知识等自然科学知识都包含了公理之美。最后，哈奇森认为，在艺术作品如建筑、园艺甚至最简陋的器具中，只要它们在部分与部分之间或部分与整体之间包含了某种一致性或统一性，我们就可以说，它们包含了公理之美。需要说明的是，在哈奇森所谈论到的公理之美中，其"一致性"是数学意义上的精确一致性，而非通常意义上的模糊的一致性。对此，哈奇森说道，"缺乏任何精确差异或比例的或大或小的一般关系中，我们就发现不了什么快乐"②。哈奇森所说的公理之美是有边界的，公理之美既不存在于模糊地体现了"一致性"的公理中，也不存在于过于简单而明晰的公理中。为了充分阐明自己的观点，哈奇森举例说，形而上学的自明之理，如"每个整体都会大于其部分"这种含糊的概念，尽管它包含了无数特定的定理，但是，

① 弗兰西斯·哈奇森. 论美与德性观念的根源 [M]. 高乐田等译，杭州：浙江大学出版社，2009 年，第 24 页.
② 同上书，第 25 页。

由于它缺乏数学式的精确性，因此，在哈奇森看来，它缺乏公理之美。同样，在具有数学式的精确性的公理中，如果这个公理过于简单，它就不具有公理之美，如"等边三角形等角"这样的命题就是如此。

2 美的根源

在本原美、相对美和公理之美中，美的基础是一样的。在本原美中，哈奇森通过观察而发现，"我们在对象中称为美的一切，用数学方式来说，似乎处于一致性与多样性的复比例中"[①]。尽管相对美有这两个来源，但是，这种美的基础却和本原美是一样的，或者说相对美的存在"并不能驳倒上文解释过的一切，即我们美的感官的基础是包含多样性的一致性"[②]。公理之美更是充分体现了这种美的基础所在，因为"没有哪一种美会使我们看见如此令人惊异的寓一致于多样"，公理之美"包含着最精确的一致性，以及无数特殊定理，还有那些常常是无限多的无限实例"[③]。这样，通过对这三种类型的美的观察和分析，哈奇森发现，它们之所以为美，其中最重要的根源就是，它们具有"寓多样于一致"或"寓一致于多样"这个特征。

在此基础上，哈奇森认为，当对象的一致性保持不变时，美就会随多样性而变化，也就是说愈加多样的多样性就会使美

① 弗兰西斯·哈奇森. 论美与德性观念的根源 [M]. 高乐田等译，杭州：浙江大学出版社，2009 年，第 15 页.
② 同上书，第 35 页。
③ 同上书，第 24 页。

的程度得到增加；而当对象的多样性保持不变时，美就会随一
致性而变化，也就是说，美的程度就会随一致性的增强而增
强。形体中较大的多样性可以弥补一致性的不足，而较大的一
致性又可以弥补多样性的不足，因此，在哈奇森看来，在这两
种情形中，二者的美的程度几乎是相等的。

首先，哈奇森认为，"在一致性相等时，多样性增加
美"①。哈奇森举例说，在边与边之间具有平行性的平面图形
中，等边三角形的美要小于正方形，而正方形的美要小于五边
形，五边形的美小于六边形，但哈奇森同时说，这并不意味
着，美会随着边数的增加而增加。在规则的立方体中，也存在
着类似的情形，因为二十面体的美要大于十二面体，而十二面
体的美却又要大于八面体，八面体的美要大于立方体，立方体
的美要大于角柱体。在大自然的作品所呈现的本原美中，在一
致性的统摄下，各种天体不同的结构、秩序和运动都会对我们
呈现为美，地球上的光阴轮转，四季交替，昼夜交错以及宇宙
中各个行星之间的位相、方位和位置都是令人着迷的美。地球
表面上的陆地、动物、植物和液体都体现了这种由一致性所统
摄的、因多样性的增加而产生的美。在由模仿而产生的相对美
或比较美中，当一致性保持不变时，对象中的美也会随着多样
性的增加而增加。

其次，在哈奇森看来，"多样性相等时，更大的一致性增

_____

① 弗兰西斯·哈奇森. 论美与德性观念的根源 [M]. 高乐田等译，杭州：浙江大
学出版社，2009 年，第 15 页.

加美"①。在平面图形中，等边三角形的美要大于不等边三角形，正方形的美要大于菱形。在立体图形中，规则的立方体中所蕴涵的美要大于不规则的立方体。同样，在大自然中，从巨大的宇宙天体到一滴小小的水珠，具有无限多样性的大千世界之所以能令我们的美的感官产生愉悦的审美知觉，其根源就在于它们包含了非常巨大的一致性。在地球表面上，从万紫千红的大地到种类繁多的植物，从多姿多彩的兽类运动到美轮美奂的禽类羽毛，我们之所以能对它们作出美的程度方面的比较，其根源在于，在具有同等程度的多样性的这些事物中，它们的一致性越大，美的程度就越大。

3 对"美的根源"的评价

哈奇森全部美学思想的重点都在致力于探讨美的根源问题，对这个问题的解答奠定了哈奇森在现代英国美学史上的开创性地位。正是因为这样，几乎一生都在致力于研究哈奇森美学思想的资深专家基维（Kivy）认为，"哈奇森 1725 年的《对美、秩序等的研究》是一部开创性著作，毫无疑问，它是我们今天所称为的哲学意义上的美学研究中的第一部专著"②。综观哈奇森的美学思想，我们发现，哈奇森所找到的"美的根源"具有两大特征：形式化和主观化。对美的根源的数学式的探讨方式决定了哈奇森所找到的美的根源具有形式化的特征，

---

① 弗兰西斯·哈奇森. 论美与德性观念的根源 [M]. 高乐田等译，杭州：浙江大学出版社，2009 年，第 15 页.

② Peter Kivy. *The Seventh Sense: Francis Hutcheson and Eighteenth － Century British Aesthetics* [M]. New York: Oxford University Press Inc. 2003, p. Ⅳ.

而哈奇森本人对"美"的独特理解决定了他所找到的美的根源具有主观化的特征。

正如哈奇森自己所说，他所找到的美的基础是"用数学的方式"来发现和表达的。数学，这种具有悠久历史的特有的求真的方式，构成了哈奇森求美的方式。对于哈奇森而言，美之所以为美，主要是因为它与真的关系，美之为美，是因为它分有了真的属性。对哈奇森的美学思想而言，真才是美学的轴心，一切美的对象都在围绕这个轴心而旋转。在这种意义上，哈奇森所找到的美的根源体现了美与真之间的一致性和同一性。由于"形"的直观常可以给出"数"的性质以最生动说明或诠释，反之，数的简练又常使图形中某些难以表达的性质得以展现，所以罗素说，"数在某种严格的意义上来说，便是形式的"[1]。我们发现，历来为数学家们所推崇的"数"与"形"的结合也受到了哈奇森的推崇。哈奇森说，"我们对形式的情感，以及我们的知觉，始终都不会改变"[2]。哈奇森认为，审美快乐是形式自身所产生的必然结果，令我们感到愉悦的就是对象的形体或形式[3]，因此，"能唤起我们美的观念的形体，似乎是那些寓多样性于一致的形体"[4]。对于哈奇森而言，对象中的这种形式无法为通常的感官所知觉，而只能由一种特殊的

---

[1] 罗素. 西方哲学史（上册）[M]. 何兆武等译，北京：商务印书馆，1986 年，第 205 页.

[2] 弗兰西斯·哈奇森. 论美与德性观念的根源 [M]. 高乐田等译，杭州：浙江大学出版社，2009 年，第 10 页.

[3] 同上书，第 37 页。

[4] 同上书，第 14—15 页。

感官所知觉，当我们的美的感官或内在感官知觉到了这种形式之后，于是，形式就成为"人类的美的观念的一般基础或诱因"①。哈奇森曾说，《对美、秩序等的研究》的主旨在于表明"对人来说，存在着某种天然的美的感官，我们会发现，如同人们在他们的外在感官中都认可的天然一致性一样，在他们对于形式的喜好中，也有着如此巨大的一致性，快乐与痛苦、愉悦与憎恶都自然地与他们的知觉相伴随"②。当哈奇森在美学的基础上把自己的体系延伸到伦理学领域时，这种对形式的尊崇或者说这种形式化的特征便直接过渡到伦理学中，哈奇森认为，我们本性的创造者"赋予德性一个可爱的形式，吸引我们去追求。并且给我们施加强烈的感情，并使之成为我们每一种高尚行为的源泉"③。

虽然哈奇森在探讨美的根源的时候强调美和真之间的一致性和同一性并因此而使他的美学和伦理学思想具有形式化的特征，但是，这并不能说明，哈奇森所讨论的"美"是完全客观意义上的"美"，也并不能说明，美学的对象就是知识或数学的对象、审美就是理性的认识以及审美享受就是求知欲的满足或认识的愉悦。相反，哈奇森对美的根源的探讨具有非常鲜明的主观性特征。这种主观性特征体现在两个方面：首先，如果说审美享受就是求知欲的满足或认识的愉悦，那么，

---

① 弗兰西斯·哈奇森. 论美与德性观念的根源 [M]. 高乐田等译，杭州：浙江大学出版社，2009 年，第 14 页.
② 同上书，前言第 4—5 页。
③ 同上书，前言第 3 页。

我们必定会因初次发现的公理的新颖性而愉悦，更会因公理包含着大量可以从中演绎出来的推论而感到满足。哈奇森坚决反驳了这种观点。他认为，审美愉悦的发生不在于理性的认识，而在于对"寓多样于统一"的观察和体验。哈奇森认为，"由推理所发现的具体定理的新颖性，不会带来大量的快乐，也不会产生惊异"，因此，审美愉悦产生的根源不在于理性认识，而在于"对这种寓很大的多样性于统一的初次观察"①。其次，哈奇森对美的独特理解决定了他对根源的探讨体现主观化特征。哈奇森始终将"美"定义为"在我们心中唤起的观念"②，由于我们的美的感官可以接受这种美的观念，因此，美的观念"必然会令我们愉悦，而且是直接引起我们的愉悦"③，因此，当我们探讨"什么是这些悦人观念的直接诱因，或者说，对象中的什么真实属性常常唤起了它们"④时，我们的真实目的是要探讨由美所表示的"某种心灵知觉"⑤。这样，在哈奇森看来，我们对美的知觉"不会……成为对象的某种影像"⑥，因为我们心灵中具有的美的感官在审美的过程中起了至关重要的决定性作用。对此，哈奇森说，"如果我们没有这种美与和谐的感官，房屋、花园、服装、用具，可能会

---

① 弗兰西斯·哈奇森. 论美与德性观念的根源 [M]. 高乐田等译，杭州：浙江大学出版社，2009 年，第 29 页.
② 同上书，第 7 页。
③ 同上书，第 10 页。
④ 同上书，第 7 页。
⑤ 同上书，第 12 页。
⑥ 引文同上。

作为便利、多产、温暖和舒服，但永远不会作为美而举荐给我们"①，因为"如果没有具有美的感官的心灵去沉思对象，我就不会明白，它们如何会被称为美"②。由于强调美的感官在审美活动中所起的重要主观性的作用，因此，哈奇森虽然在美学思想中强调"美＝真"的希腊式的美智同一传统，但是，他已经极大地不同于古希腊式的客观主义美学思想了。正是因为这样，基维（Kivy）在哈奇森美学研究专著的开篇之处就说道，"弗兰西斯·哈奇森的名字通过'内在感官'学说而在伦理学和美学领域被人知晓"③。

（二）内在感官（美的感官）的特征

为了充分地理解哈奇森的美学思想以及建基于这个基础之上的道德情感思想体系，我们需要理解内在感官或美的感官的基本特征。综合哈奇森的美学思想，我们发现，美的感官具有五种基本特征，即被动性、天然性、普遍性、重要性和神圣性。

1 被动性

内在感官的被动性体现在三个方面。首先，这种被动性体现为它自身所具有的被动身份。"内在感官是一种被动的能力，它会从具有寓多样性于一致性的所有对象中接受美的观

---

① 弗兰西斯·哈奇森. 论美与德性观念的根源 [M]. 高乐田等译，杭州：浙江大学出版社，2009 年，第 11 页.

② 同上书，第 12 页。

③ Peter Kivy. *The Seventh Sense: Francis Hutcheson and Eighteenth－Century British Aesthetics* [M]. New York: Oxford University Press Inc. 2003, p. 3.

念"①。其次，这种被动性体现在它必须以前定观念为前提才能产生快乐。在哈奇森看来，对于我们所知觉到的所有快乐，可以划分为两类：一类是无须任何前定观念就会为我们所知觉的那种快乐，"为人所知觉到的愉快或痛苦有时是简单的，不涉及任何前定的观念或意象，也不涉及除广延或延续之外的其他各种伴生观念"②。除了这种快乐之外，哈奇森认为，我们对其他快乐的知觉都离不开前定观念，"其他快乐仅仅基于某种前定的观念或观念的集合与比较而产生"③。对于知觉这种快乐的感官，哈奇森称之为内在感官。由内在感官所知觉的快乐的意蕴在于其前定观念的存在，"这些快乐，它们为人所察觉的基础在于对各种可感觉到的知觉的前定接受与比较，它们带有其伴生观念或智性观念，只要我们能在其中发现统一性或相似性"④。简单地说，在哈奇森看来，不涉及前定观念的知觉是"简单"的知觉，而只有以前定观念为前提的知觉才是"内在感官知觉"。在这种意义上，由内在感官而产生的知觉截然不同于五官感觉，"某些观念伴随着一些截然不同的感觉，这些感觉无法通过某种可感觉到的特性，如伴随着视觉或颜色观念的广延、外形、运动和静止，单独为人所知觉，然而却可以不依赖它们而为人所知觉，正如在触觉的观念中那样，

---

① 弗兰西斯·哈奇森. 论美与德性观念的根源 [M]. 高乐田等译，杭州：浙江大学出版社，2009 年，第 62 页.

② 弗兰西斯·哈奇森. 论激情和感情的本性与表现，以及对道德感官的阐明 [M]. 戴茂堂等译，杭州：浙江大学出版社，2009 年，第 3 页.

③ 同上书，第 4 页。

④ 同上书，第 4 页注释。

至少，如果我们沿着我们所触摸到的物体的那些部分移动我们的器官，我们能知觉到它"①。最后，内在感官的被动性特征还体现在，它没有自主性，必须遵循普遍法则，"遵循普遍法则的我们身体内部的某种运动构成了心灵中各种知觉产生的诱因"②。

2 天然性

这是一种"天然的知觉能力"，或者说它是一种"必然会从对象的显现中接受某些观念的心灵规定"③。内在感官或美的感官，同味觉等外在感官一样，都具有被动性，无须以任何天赋观念为前提就会发生作用，而且，它的天然性不会受到习俗、教育和典范的影响④。由内在感官所产生的快乐是即时的、直接的，"我们很多敏锐的知觉都直接地令人愉悦，也有很多直接地令人痛苦，而不需要对这种快乐或痛苦产生的原因有任何了解，也不需要了解对象是如何引起苦乐的，或者说了解与它有关的诱因；也不需要明白，这些对象的使用可能导致什么样的进一步的利益或危害"⑤。不仅如此，这种快乐的产生与知识、理性和利益也没有关系，因为"对这些事物的最精确的知识也不能改变知觉的快乐或痛苦，虽然它可能会

---

① 弗兰西斯·哈奇森. 论激情和感情的本性与表现，以及对道德感官的阐明 [M].
戴茂堂等译，杭州：浙江大学出版社，第4页.
② 引文同上.
③ 弗兰西斯·哈奇森. 论美与德性观念的根源 [M]. 高乐田等译，杭州：浙江大学出版社，2009 年，第62页.
④ 同上书，第65页.
⑤ 同上书，第5页.

带来有别于感性快乐的理性快乐，或者说可能会从事物可望获得的利益中唤起一种特殊的喜悦，或从对恶的忧虑中产生憎恶"①。这样看来，"快乐不是源于有关原理、比例、原因或对象有用性的知识……最精确的知识也不会增加这种审美的快乐，虽然它可能从利益的期望或知识的增加中添加一种特殊的理性快乐"②，因此，"最精确的知识也不能改变知觉的快乐和痛苦，虽然它可能会带来有别于感性快乐的理性快乐，或者说可能会从事物可望获得的利益中唤起一种特殊的喜悦，或从对恶的忧虑中产生憎恶"③。

3　普遍性

哈奇森认为，美的感官或内在感官具有普遍性特征，"在没有最大美的地方，也可以有真正的美，而且有无限不同的形式，它们都具有某种统一性，然而却彼此不同"④。在《对美、秩序等的研究》中，哈奇森从三个方面论证了内在感官的普遍性。首先，从否定的层面来看，人们不会不喜欢具有一致性的形体，因为包含了多样性的一致性可以给人带来愉悦的审美享受。哈奇森认为，"即使在看不出有什么利益相伴的情况下，如果所有人都更喜欢较简单实例，而非相反实例中的一致性，同样，如果当所有人的能力愈益扩大，以至能接受并比较

---

① 弗兰西斯·哈奇森. 论美与德性观念的根源 [M]. 高乐田等译，杭州：浙江大学出版社，2009 年，第 5 页.

② 同上书，第 10 页。

③ 同上书，第 5 页。

④ 同上书，第 60 页。

更加复杂的观念时，他们就会在一致性中获得更大的喜悦，并会因其更复杂的本原美和相对美而感到愉悦"①。哈奇森举例说，在我们建造房屋时，由于没有人会喜欢外形各异或高低不等的一排窗户，因此，"如果不是不得已，或为了方便的目的"②，没有人会选择不规则的四边形或不规则的曲线来做房屋的平面图，也没有人会把两扇相对的墙造得高低不等或不平行，尽管这样做可以节约大量的劳力、时间和工钱。同理，在服装上，即使奇装异服也体现了左右相似的一致性或与人体形状的大致适应。我们从来不会喜欢不具有一致性的形体，我们不会喜欢具有不对称的双腿、双眼或双臂的爱人，除非某种"更优秀的善的品质"③使我们超越了美的感官而忽视了这种缺点。其次，从肯定的层面来说，哈奇森认为，美的感官的普遍性体现为，"只有真正的美会令人愉悦"④。正因为这样，我们会发现，规则性和一致性广泛散布于宇宙之中，它们是我们创作艺术作品的基础所在，凡是缺乏这种特征的艺术品，都不会被视为美。除此之外，哈奇森还发现，"历史以类似方式令人愉悦"⑤，"在所有民族中，不分老幼，对它的趣味或喜好都是普遍的"⑥。最后，通过分析美的多样性的根源，哈奇森在更

---

① 弗兰西斯·哈奇森. 论美与德性观念的根源 [M]. 高乐田等译，杭州：浙江大学出版社，2009 年，第 57 页.

② 同上书，第 58 页。

③ 同上书，第 59 页。

④ 引文同上。

⑤ 同上书，第 60 页。

⑥ 引文同上。

深的层面上论述了美的感官的普遍性。哈奇森承认,毫无疑问,"涉及其对象的喜好的多样性至少同美的对象一样多种多样"①,这就是美的多样性问题。对此,哈奇森解释说,产生这种现象的根源不是因为我们天生具有的美的感官或内在感官不具有普遍性,而是因为"观念的联合"(the association of ideas)②。一旦有了观念的联合,我们就会发现,有些面孔本身虽然在外形上具有美的基础,但是由于我们常常会把它和某种与"美"无关的其他观念如道德、痛苦等联系起来从而产生观念的联合,就不会令我们产生愉悦的审美享受。相反,有些本来缺乏美的基本的形体,只要我们通过观念的联合而附加了令人愉悦的观念,我们也会从中体验到愉悦的感受。对此,哈奇森认为,借助观念的联合使人产生这种令人愉悦或令人不快感受的对象"并非天然总是会产生这种快乐"③,也就是说,这种快乐不是天然的,而是人为的,是人通过观念的联合而产生的快乐。正是因为这样,哈奇森认为,"观念的联合,是美的感官以及外在感官中显而易见的多样爱好的重要缘由;它常常会使人憎恶美的对象,而喜爱其他缺乏美的对象,但这是受到了美丑以外的不同概念的影响所致"④,因此,它们"有助于我们在许多情形中来解释爱好的多种多样,而不否定我们内在

---

① 弗兰西斯·哈奇森. 论美与德性观念的根源 [M]. 高乐田等译,杭州:浙江大学出版社,2009 年,第 61 页.
② 同上书,第 56 页.
③ 同上书,第 57 页。
④ 同上书,第 62 页。

的美的感官的一致性"①。

4 重要性

在我们的生命活动中，我们的内在感官具有非常关键的重要性。这种重要性集中体现为，它是外在感官快乐所指向的终极目的。在哈奇森看来，我们之所以追求财富和权力，这是因为，它们可以"给我们知觉快乐的感官或官能提供快乐"②。这些官能不仅仅是外在的官能，而且还有内在的官能，不仅如此，外在感官快乐的终极目的是指向了内在感官的快乐，因为"比起我们所有外在感官，它们会更多地占据着我们，并在生活中，无论是对我们的快乐，还是对不适宜性而言，会更加有效"③。我们"每个人都知道，少量的财富或权力可以给我们的外在感官提供多于我们所能享受的更多快乐"。不仅如此，我们还知道，在获得外在感官的满足过程中的某种匮乏的感觉甚至要优于富足的感觉，因为"富足会使人厌腻享乐中为所有快乐所必需的那种欲求"④。那么，我们大量追求财富和权力的目的是什么呢？哈奇森通过观察而发现，这是为了我们内在感官的满足。这可以从正反两个方面来得到证明。首先，从正面来说，"每个人都知道，少量的财富或权力可以给我们的外在感官提供多于我们所能享受的更多快乐"⑤。除此之

---

① 弗兰西斯·哈奇森. 论美与德性观念的根源 [M]. 高乐田等译，杭州：浙江大学出版社，2009 年，第 64 页.

② 同上书，第 71 页。

③ 同上书，第 73 页。

④ 同上书，第 71 页。

⑤ 引文同上。

外，尽管美的享受可以超越所有权，但所有权的介入会使人更好地享受美，这样财富和权力可以更好地保障我们拥有建筑、音乐、园艺、服装、家具等所显现的美，从而使我们更充分地享受它们。在哈奇森看来，只有把我们对所有权的追求目的定位于内在感官的满足，我们才能阻止我们追求财富过程中出现的"混乱的想像力"，并培养我们"高尚而慷慨的意图"①。从反面来看，对于那些曾经拒绝把内在感官的满足当作其贪婪和野心的终极目的的人来说，一旦他们达到了目的，在他们身上，曾经被他们驱逐的本性就会得到回归，因为他们会"追求他们房屋、花园、服装、桌子、用具的美和秩序"，这样，他们就会"把规则性、得体和美视为对他们自己或其后代而言的终极愿望"，因为"没有这种东西，他们就无法为他们自己的追求进行辩护"②。

5 神圣性

对于哈奇森的美学思想而言，内在感官（美的感官）具有神圣性的特征。需要注意的是，对哈奇森而言，内在感官的神圣性所体现的是人自身的神圣性，而不是正统基督教所说的那种来自神的、同人隔着距离的、因耶稣之爱所体现出来的、高远的神圣性。在这个意义上，我们发现，在高扬内在感官的神圣性的同时，《圣经》中亚伯拉罕之神的神圣性早已被"祛魅"，相反，亚伯拉罕之神的神圣性有赖我们内在感官所具有

---

① 弗兰西斯·哈奇森. 论美与德性观念的根源 [M]. 高乐田等译，杭州：浙江大学出版社，2009 年，第 72 页.
② 引文同上。

的神圣性来予以证明。首先，包含了多样性的一致性的形式美
这种效果本身就证明了神的善性。"无论我们是否对一致性拥
有美的感官，一致性自身证明了他的存在"①，对我们而言，
在"对一致性的沉思中拥有了快乐的人们看来，效果的美就是
智慧的证明，因为对他们而言，这就是善"②。只要大自然的
创作者被假定为仁爱的造物主，那么，大自然的美就是对造物
主的仁爱的证明，"大自然中对我们而言显而易见的美，其自
身不会证明处于缘由中的智慧，除非这种缘由，或大自然的创
作者，被假定为仁爱。那么，对至高的缘由而言，人类的幸福
的确就值得欲求或为善，而使我们愉悦的那种形式就证明了他
的智慧。这种论证的力量会随大自然中表现出来并呈现给任何
理性主体的美的程度成比例地增加。这是因为，基于对仁爱的
神的假设，大自然中一切显而易见的美都会证明仁爱的设计并
会给他带来审美之乐"③。其次，我们的内在感官之所以呈现
为如目前所是的样子，其原因在于，它证明了神的善性。哈奇
森认为，对于我们的创造者而言，之所以把我们的感官造成现
在这个样子，除了有便利性的考虑之外，更重要的是，这是由
神圣善性自身所决定的，因此，我们可以说，"从他（神）的
善性出发，巨大的道德必然性是，人类的内在感官会被构造得

① 弗兰西斯·哈奇森. 论美与德性观念的根源 [M]. 高乐田等译，杭州：浙江大
学出版社，2009 年，第 98 页.
② 同上书，第 51 页。
③ Francis Hutcheson. *An Inquiry into the Original of Our Ideas of Beauty and Virtue* [M]. Indiananpolis：Liberty Fund，p. 57.

如其目前所是那样，以便会使多样性中的一致性成为快乐的诱因"①，正是这样，哈奇森认为，以目前如其所是的方式构造我们的感官，这种做法同我们所认定的神身上的善良恩惠是非常匹配的。

二 从美之乐到德性之乐

对于哈奇森而言，讨论美的根源问题绝非其终极目的，他的真正理论旨趣是要从对美学问题的探讨过渡到对道德问题的探讨。这正好可以理解为什么在他看来，在所有各种类型的美中，道德之美才是最大、最高的美，在所有各种类型的快乐中，来自德性的快乐才是最高和最持久的快乐。所以，哈奇森必定要思考的是，我们如何才能获得道德之美并享有道德快乐。对我们目前的研究而言，我们要重点讨论哈奇森实现从对美的探讨到对道德的探讨进行过渡的理论前提及理论后果。

（一）过渡的理论前提

为什么哈奇森的美学能够推动哈奇森对伦理学问题的思索？或者说，哈奇森美学中的什么特殊特质推动了这种成功的过渡？为了回答这个问题，我们需要知道，这种过渡赖以成功的理论前提或基础是什么。研究显示，哈奇森所讨论的"美的根源"所具有的特征，即形式化的统一性，以及内在感官所具

---

① Francis Hutcheson. *An Inquiry into the Original of Our Ideas of Beauty and Virtue* [M]. Indiananpolis：Liberty Fund, p. 80.

有的神圣性特征构成了其思想实现由美学向伦理学进行过渡的最关键也是最重要的理论前提。

在哈奇森的美学思想中，美的根源的最重要特征体现为形式化的统一性或一致性。斯哥特（William Robert Scott）认为，"哈奇森的'美'的概念完全是形式化的概念"①，"事实上，哈奇森的'美'只不过是某种体系中的、各种目的之统一性的最抽象的表达而已。这就是'一致性'的真正'根源'"②。哈奇森的文本显示，他所说的"形式"是由数学而来的在科学理性规范之下的形式，这是由科学之"真"所产生的美，即"真＝美"。我们知道，当历史发展到哈奇森的年代时，以美真同一的模式探讨美学问题并不是一件新鲜的事情。但当哈奇森在这个模式下再次探讨美的根源的时候，他却体现了独创性。这主要是因为，他把前人在这个模式下所探讨出来的美学思想实现了从美的客观性向主观性的转向。正是因为有了这种转向，哈奇森所探讨的美的根源中所体现的这种一致性或统一性就体现了人所普遍、天然具有的内在感官或美的感官自身所具有的一致性和统一性。在这种意义上，哈奇森所探讨的美的根源所体现的是人自身所体现出来的一致性和统一性。在这个层面上，我们发现，通过美学的媒介，对于哈奇森这位长老派牧师而言，人为自己重新找到了有别于《圣经》而来的一种全新的统一性和一致性。无须借助于

---

① William Robert Scott. *Francis Hutcheson: His Life, Teaching and Position in the History of Philosophy* [M]. Bristol: Thoemmes Press, p. 283.
② Ibid, p. 284.

神的国和神的荣光，单凭人自身的内在感官，我们就可以在世界上找到一种足以代替亚伯拉罕之神的权威的全新的一致性。在这个意义上，我们立即可以发现，一种全新的、有别于正统基督教思想的伦理思想马上就要呼之欲出了，在这个思想体系中，神不再是昔日的神，而人的情感也不再是昔日的情感，因为在这种情感中，最重要的是要爱今天的神而不是昔日的神。但是，无论哈奇森的全新的道德情感思想体系多么耀眼，但是，在这个理论创立之初，它所依赖的理论前提是在"真＝美"的视野中所发现的美的根源，或者说，哈奇森所找到的美的根源很好地充当了从美之乐到德性之乐进行过渡的理论前提。

　　在尊重科学之真的前提下，内在感官的神圣性特征为哈奇森实现这种过渡增添了另一个重要的理论前提。当哈奇森说"效果的美就是智慧的证明，因为对他们而言，这就是善"[①]时，他在不知不觉中为自己后来在美学基础上讨论道德问题铺平了道路。借助于"美＝善"，美的效果就是形式上所具有的包含了多样性的统一性。在哈奇森看来，这种效果自身会立即使我们产生美的享受。因此，"即使没有反思该行为会如何有助于我们的任何益处，我们注定会在他人行为中知觉某种美，并会爱该主体"[②]。在这种情形下，介入了人的情感和行为倾向的善会产生什么效果呢？在哈奇森看来，一旦涉及内

---

① 弗兰西斯·哈奇森. 论美与德性观念的根源 [M]. 高乐田等译，杭州：浙江大学出版社，2009 年，第 51 页.
② 同上书，第 84 页。

在感官的这种神圣性特征时，我们就有必要开始讨论"什么是善的本性，以及什么是其最高形式"①了。因此，从对美的根源的讨论出发，哈奇森在《论美与德性观念的根源》中展开了对道德情感问题的探索。这样，我们发现，由于受到近代科学"求真"思想的影响，哈奇森以"美"为桥梁，成功地实现了从"美之乐"到"德性之乐"这两个领域之间的过渡。

（二）过渡的理论后果

站在今天的历史舞台，我们发现，从宏观上来看，哈奇森实现从美的根源向道德的根源过渡所产生的最大理论后果就是直接给苏格兰启蒙运动赋予了鲜明的民族特色。这就是斯哥特所说的，"以哈奇森及其学生们和追随者们为代表的苏格兰启蒙运动在伦理上持有的利他主义倾向和美学倾向"②。但对我们而言，我们在此所关注的仅仅是哈奇森的道德情感思想体系。因此，当我们深入哈奇森文本内部来看待哈奇森的这种过渡时，我们发现，这种过渡带来了三个重要的理论后果。从积极的方面来看，由"寓多样性的一致性"而来的这种过渡有两个方面的后果，它不仅消除了道德多样性问题的争论，而且为其道德情感理论提供了宏大的宇宙视野。正是这种宏大的宇宙视野使得哈奇森所谈论的道德情感能够超越褊狭的小圈子和小团体而指向人类整体，并由此而在哈奇森

① 弗兰西斯·哈奇森. 论美与德性观念的根源 [M]. 高乐田等译，杭州：浙江大学出版社，2009 年，第 79 页.
② William Robert Scott. *Francis Hutcheson：His Life, Teaching and Position in the History of Philosophy* [M]. Bristol：Thoemmes Press, p. 259.

的道德哲学理论中上升到本体论的高度，从而使人性自身彻底地摆脱了宗教的束缚，实现了人性自身的深层解放。从消极的方面来看，正如哈奇森的美学所具有的缺陷一样，由这种美学而来的过渡直接导致他的伦理学也具有相同的理论缺陷，即伦理学成了科学主义方法论的附庸。

1 提供了道德多样性问题的解决之道

自从洛克《人类理解论》在 1690 年出版之后，道德多样性或相对性问题随之便粉墨登场并在全球化的当今世界仍旧是困扰人类的重要伦理学问题。《人类理解论》旗帜鲜明地反驳了天赋观念论，他说道，"道德的规则……不是天赋的"①。因为只要仔细地观察，就会发现，"在一个地方人们所提到的或想到的道德原则，几乎没有一种不是在其他地方，为其他社会的风俗所忽略、所鄙弃的，因为后一种人所遵守的生活的实践意见和规则，正是与其那一种人相反的"②。这样，洛克认为，"人们所以普遍地赞同德性，不是因为它是天赋的，乃是因为它是有利的"③。尽管洛克的本意并不在于给道德领域引荐怀疑主义，而在于消除知识的错误基础，并在此基础上倡导一种更加可信的求知方式，但不可避免的后果是，他由此而破坏了普遍认可的某种道德原则，并"以一种全新的方式开启了

---

① 约翰·洛克. 人类理解论（上）[M]. 关文云译，北京：商务印书馆，1983 年，第 28 页.
② 同上书，第 33 页。
③ 同上书，第 29 页。

道德多样性问题的大门"①。

沙夫茨伯利和哈奇森所面对的最迫切的社会问题就是由洛克提出的道德多样性所引发的，他们已经感觉到，由利益而来的"自私的伦理学"不仅仅在理论上宣告了同传统美德的决裂，而且更从实践上暗示了社会道德水准下滑的危机。为了给道德找到拯救之途，他们"试图借助于道德判断和道德实践中的具有一致性的某种感官来在伦理学和宗教领域恢复具有统一性的那些标准"②。然而，事实上，我们发现，沙夫茨伯利和哈奇森采取了不同的路径来回答这个问题。沙夫茨伯利认为"洛克摧毁了一切基本原则，把秩序和德性逐出了这个世界"③。同时，他又借用斯多葛派阐述的、同宇宙自身一致的德性观念和神圣观念中所体现的人性自身的一致性来反驳洛克。通过把洛克的"感官"理论向人性深处进行推进，通过对沙夫茨伯利的美学思想的深化，哈奇森在实现从美学到伦理学过渡的时候，在全新以及更深的层面更有力地反驳了洛克的道德多样性问题。借助于美的感官产生快乐的诱因，即"寓多样性的一致性"，哈奇森通过类推而在人性中发现了道德感官。道德感官自身所具有的普遍性和一致性使哈奇森为解决洛克提

---

① Daniel Carey. *Locke, Shaftesbury, and Hutcheson Contesting Diversity in the Enlightenment and Beyond* [M]. New York：Cambridge University Press. 2006, p. 1.
② Daniel Carey. *Locke, Shaftesbury, and Hutcheson Contesting Diversity in the Enlightenment and Beyond* [M]. New York：Cambridge University Press. 2006, p. 2.
③ Ibid, p. 98.

出的问题找到了解决之道。但是，对哈奇森而言，这条道路并非一帆风顺，要在严格的经验主义边界内明确地阐明什么是道德感官，这不是一件容易的事情。事实上，我们发现，哈奇森在这个问题上所作的努力是非常艰辛的。但即使这样，他最终还是被攻击为背离了严格的经验主义传统。但无论怎样，就哈奇森的文本看来，由美到伦理的这种过渡在解决道德多样性问题上极具说服力。正如多样性的美中包含了某种一致性，哈奇森认为，多样性的道德实践现象的背后也蕴涵着某种一致性。不过，联系到哈奇森的美的根源所具有的形式化的特征，我们发现，在美学领域，这种一致性的达成要比伦理学领域简单得多。因为，加入了人的情感、行为和动机的伦理学领域内的情况要复杂得多。对此，哈奇森始终坚持的一个观点是，德性是最大的美，并且，这种具有形式化特征的美可以像其他任何一种形式的美那样触动我们的心灵。这在某种程度上有助于哈奇森在美学和伦理学中达成某种理论一致性。在这个意义上，我们认为，哈奇森经过过渡而来的、对时代的问题所寻求的解决之道是成功的。

2 为超越指向褊狭系统的狭隘情感找到了出路

对于哈奇森的道德情感思想体系而言，由"寓多样性的统一性"这种美的根源而来的过渡还带来了另外一个积极的理论后果，即为哈奇森的道德情感思想超越狭隘的人类情感找到了出路。

对于讨论情感的道德哲学来说，如何理解并定位情感以及用什么方式来超越狭隘的个人亲情或指向小团体和小帮派的狭隘情感，这是这种类型的哲学思考的难点所在，沿着这个方向前行的任何人都无法避免地要对这个问题作出回答。我们认为，在某种程度上，能否成功地回答这个问题就是这种哲学思考是否有价值的标志之一。事实上，在伦理思想史上，尤其是在中国伦理思想中，伦理学家们并未能对这个问题作出满意的回答。在我们占主导地位的正统伦理思想中，尤其是在儒家伦理思想中，"情感"并非陌生的词汇，我们的经典著作大量地讨论过它，并把它作为道德的出发点。但是，种种历史事实却无情地向我们揭示，我们并没有建立起真正的以道德情感为中心的伦理思想，相反，传统道德因其"吃人"的特性而饱受批判。为什么从情感出发的中国伦理学会走向情感自身甚至人自身的反面呢？我们认为，这其中的关键因素在于，我们对"情感"产生了误解，而在种种误解中，我们最大的误解就是未能使我们的"道德情感"超越狭隘的团体而走向普遍。我们把寓于狭小范围内的自然亲情当作了道德的出发点，在中国古代，以自然血缘亲情为基础的"仁"是儒家伦理思想建立的基础。"仁"是从自然的"亲亲之爱"辐射出去的一种伦常之情。仁以血缘关系为基础，在纵的方面表现为父子关系（孝），在横的方面表现为兄弟关系（悌）。"为仁之方"在于推己及人，因此《孟子》要求"老吾老以及人之老，幼吾幼以及人之幼"。由"亲亲"而"仁民"，由"孝悌"而"泛爱众"，中国历史因此而建立起一种以血缘亲情为根基的差序结构，这是一种"从自己推出去的和自己发生社会关系的那一群人里所发生的一轮轮波纹的差序"①。显然，这种具有相对色彩、经验成分的自然血缘亲情明显地与道德的普遍原则相背离。为了使这种褊狭的情感具有普遍性，从而达到其作为道德情感的基本要求，自孔子开始，中国人就试图给这种最自然的"亲情"作出礼仪性的规定。可是，万万没有料到的是，正因为中国自然人伦之情与礼制、礼法直接相连，因此随着礼制礼法的日益僵化，自然人伦之情很快失去了直接的感受性，走向了图式化即非情感化。"情感"一旦成为一种礼仪规范，一项义务，它就不再是情感，而只剩下一副假面具，成为图解道德观念的脸谱。中国传统道德温情脉脉的面纱恰好遮蔽了个体最深层、最自由、最普遍的道德情感。僵化的礼法与礼制使得传统道德归根结底是一种理性的设计而不是一种情感的表达。所以，中国伦理学史最后竟是排斥情感而独讲礼法，并且是越讲礼法就越排斥情感。在这个意义上，我们发现，我们所讨论的种种"情感"所造就的道德仅仅只是"一种典型的理性道德"并"与情感具有对抗性"②。在这个意义上，梁漱溟指出："孔子深爱理性，深信理性。他要启发众人的理性，他要实现一个'生活完全理性化的社会'。"③日本学者五来欣造说："在儒家，我们可以看见理性的胜利。儒家所尊崇的不是天，不是神，不是君主，

---

① 费孝通. 乡土中国 [M]. 南京：江苏文艺出版社，2007 年，第 28 页.
② 戴茂堂. 走向情感化的道德：关于传统道德的反思 [J]. 社会科学，1998 年，第 9 页.
③ 梁漱溟. 中国文化要义 [M]. 上海：世纪出版集团，上海人民出版社，2005年，第 98 页.

不是国家权力，并且亦不是多数人民。只有将这一些（天、神、君、国、多数），当作是理性之一个代名词用时，儒家才尊崇它……儒家假如亦有其主义的话，推想应当就是'理性至上主义'。"①

　　然而，对于同样在道德王国中讨论情感的哈奇森而言，他却没有遭遇这种尴尬，其重要原因在于，从"寓多样性的统一性"这种美学思想过渡而来的伦理学思想直接给哈奇森提供了一种宏大的宇宙视野，这种视野有效地规范了哈奇森对情感的讨论，并为哈奇森用普遍的、无私的平静仁爱来超越指向褊狭系统的有限情感找到了出路。我们可以从两个方面来进行分析。其一，经由美学而来的这种过渡所提供的这种宇宙有机体的视野使哈奇森把公共善或普遍善当作德性追求的前提和目标。"德性的追求……以公共善的欲求为前提"，在这个意义上，公共善才是我们道德追求的目标，因为"我们的道德感官会作为最圆满的高尚行为推荐给我们选择的是：这种行为显现为对我们的影响所能企及的所有理性主体之最大以及最广泛的幸福拥有最普遍而无限制的趋向"②。其二，经由美学的过渡而来的宇宙视野使我们有可能限制褊狭的情感，并使我们培养具有公共性和普遍性的道德情感。如果我们不对我们基于褊狭看法而产生的狭隘的情感进行控制，它们就会演变成"残忍或

---

① 梁漱溟. 中国文化要义［M］. 上海：世纪出版集团，上海人民出版社，2005年，第118页.

② 弗兰西斯·哈奇森. 论美与德性观念的根源［M］. 高乐田等译，杭州：浙江大学出版社，2009年，第129页.

恶毒的性情"①。正是这样，艾伦·盖瑞特（Aaron Garrett）认为，"通过对宇宙'有机体'的反思，为了感到幸福并使他人感到幸福，我们学会了控制激情。"②

3　伦理学成了自然科学的附庸

柯林武德认为，"对自然事实的细节的研究通常称为自然科学，或简称为科学。对原理的反思，不论是关于自然科学的还是其他方面的思想或行为的，一般称为哲学。"③柯林武德发现，在19世纪之前，哲学和科学之间形成了难分难舍的局面，这种状况直到19世纪之后才逐渐改变。"19世纪之前，更多优秀和杰出的科学家，至少对他们的科学进行了某种程度的哲学思考，他们的著作可以作证……19世纪逐渐形成了一种风气，把自然科学家和哲学家分离成两个专业团体，相互之间对对方的工作知之甚少，并且缺乏同情。"④对于出生于1694年的哈奇森而言，情况也是如此。哈奇森美学通过观察法和归纳法的指导，不仅很好地研究了自然事实的细节，而且对这些事实的原理进行了很好的反思，并找到了其中蕴涵的共同原理。我们可以说，哈奇森美学是科学式的美学。不仅如此，

---

① 弗兰西斯·哈奇森. 论激情和感情的本性与表现，以及对道德感官的阐明 [M]. 戴茂堂等译，杭州：浙江大学出版社，2009年，第72页。
② Francis Hutcheson. *An Essay on the Nature and Conduct of the Passions and Affections, with Illustrations on the Moral Sense* [M]. Indianapolis：Liberty Fund, p.xvi.
③ 柯林武德. 自然的观念 [M]. 吴国盛译，北京：北京大学出版社，2006年，第3页.
④ 引文同上.

有鉴于科学在哈奇森美学中的基础地位，我们甚至可以说，哈奇森的美学是建立在科学之上的美学，没有科学，就没有哈奇森的美学，在这个意义上，哈奇森美学成为自然科学的附庸。

为什么哈奇森美学会呈现为附庸的角色呢？这是由哈奇森讨论美学的方法论造成的。从宏观上来看，如果说"古代美学一开始就陷于客观主义方法论中，即独断地把美设定为一种客观存在的东西，并利用主客二分模式和自然科学化了的哲学的概念加以考察、演绎"①的话，那么，通过把美的根源限定于对审美主体的考察之上，我们认为，哈奇森的美学超越了古代美学，体现了鲜明的近代特色。但是，我们发现，哈奇森的美学在超越客观主义时，将美学即 aesthetic 还原为其词源意义上的"sense perception"②（感官知觉）的同时，在方法论上却仍然陷入了自然主义科学方法的窠臼。在探索美的根源时，当哈奇森用数学的方式来表达"美＝真"时，我们便轻易发现了自然科学对美学地盘的侵占。这直接导致了科学一步步地侵入美学，最终使得美学成为科学的附庸。

由于哈奇森美学自身缺乏独立性，因此，对于立足这种美学思想的过渡而建立起来的伦理学而言，相应的也有了美学所具有的缺点，即伦理学也沦落为科学主义方法论的附庸。在美学领域，借助于美的效果同美的形式之间唇齿相依的关系，我

---

① 戴茂堂. 超越自然主义 [M]. 武汉：武汉大学出版社，1998 年，第 28 页.
② The New International Webster's Student Dictionary of The English Language, p.13.

们发现，科学主义的方法论并没有给这种美学思想带来比较明显的内在理论冲突。但是，对于经由这种美学过渡而来的伦理学而言，各种"问题"马上就显露出来了。由于哈奇森把情感当作伦理思考的中心，因此，经由这种过渡而来的哈奇森伦理学自身便产生了两大内在的理论冲突，这些冲突曾严重地影响了后人对哈奇森的公允评判，它不仅使哈奇森在历史上一再受到误解或根本不被人理解，并使哈奇森在思想史上的历史地位因此变得"模糊不清"①。

　　首先，公共善或普遍善的形式和内容之间的冲突。虽然哈奇森不遗余力地强调公共善或普遍善，但是，对于它们所包含的内容，在《论激情和感情的本性与表现，以及对道德感官的阐明》中，这个问题始终没有得到明确而具体的表述。在此，由美学而来的这种过渡再次给哈奇森提供了帮助，使其保持了理论一贯性，尽管对于掺和了人的情感、行为和动机的伦理学来说，这种一贯性只是一种极具乐观精神的形式上的一贯性。在哈奇森的美学思想中，我们发现，"寓多样性的一致性"尽管不包含客观主义的内容，但却具有非常明确的形式主义倾向，哈奇森所实现的过渡使得他把美视为善的"面容"，把德性视为"可爱的形式"②。在这种意义上，我们认为，哈奇森所讨论的善也因此而难以摆脱形式主义倾向。但问题是，对于

---

① Mark Strasser. *Francis Hutcheson's Moral Theory: It's Form and Utility* [M]. Wakefield, New Hampshire: Longwood Academic, 1990, p.xi.
② 弗兰西斯·哈奇森. 论激情和感情的本性与表现，以及对道德感官的阐明 [M]. 戴茂堂等译，杭州：浙江大学出版社，2009 年，第 76 页.

形式主义的美，我们尚可接受，但对于融入了人的情感和行动的善而言，我们难道会允许或忍受自己为之付出了情感、心血和劳作的一切最终只是指向某种形式化的"公共善"或"普遍善"？事实上，哈奇森也注意到了这个问题，他认为公共善的内容或他人幸福是"非常不确定的"，这样，"公共欲望会经常得不到满足，每一次失望都令人产生同欲望程度成比例的不悦"①。除此之外，哈奇森还认为，"在目前的状态中，似乎不可能确保我们拥有一种独立于所有存在物的非混杂的幸福。"②在此，我们不禁要问，一旦在这种意义上讨论公共善，公共善如何才能成为真正的公共善？对此，哈奇森没有给我们提供明确的答案，只是说"能使最大多数人幸福"的行为就是最好的行为。但是，什么才"最大多数人"？是某个团体或国家内的"最大多数人"还是地球村内的"最大多数人"？哈奇森没有给我们答案。相反，哈奇森身后的历史发展似乎显示，宣称继承了他的思想的功利主义者们所倡导的"最大多数人的幸福"从来都不是真正意义上具有哈奇森宇宙视野的那种"最大多数人"的幸福。然而，对此，哈奇森早已警告过我们，"基于公共善的错误或褊狭看法而产生的德性欲望常常会使人陷入非常有害的行为中"③。在这种意义上，我们发现，根据"最大多数人最大幸福"原则而把哈奇森视为结果主义者或

① 弗兰西斯·哈奇森. 论激情和感情的本性与表现，以及对道德感官的阐明 [M]. 戴茂堂等译，杭州：浙江大学出版社，2009 年，第 83 页.
② 同上书，第 84 页。
③ 同上书，第 71 页。

功利主义者，实在是对哈奇森最大的误读，尽管这种误读直接产生于哈奇森经由美学的过渡而来的道德哲学所具有的自身几乎无法摆脱的理论困境。

其次，道德感官的超功利性与情感的功利计算之间的冲突。哈奇森认为，"我们对道德行为的知觉必定不同于对利益的那些知觉"，他因此而把"接受这些知觉的那种能力称为道德感官"①。德性的真正根源在于人性中的某种规定，并且，这种规定可以 "先于源于利益的全部理性"②。在哈奇森看来，推动我们的行为的是我们身上所具有的指向他人的无私的仁爱这种道德情感。在这种意义上，令道德感官感到愉悦的知觉对象就是无私的仁爱这种情感。然而，哈奇森在全部学说中所坚持的经由经验主义而来的科学主义方法论却随后使哈奇森认为，"我们的道德感官会作为最圆满的高尚行为推荐给我们选择的是：这种行为显现为对我们的影响所能企及的所有理性主体之最大以及最广泛的幸福拥有最普遍而无限制的趋向"③。我们发现，由于反对天赋观念，哈奇森在这里所谈到的"理性主体之最大以及最广泛的幸福"仅仅只是经验性的世俗利益。因此，随之而来的是，哈奇森认为，我们可以借助于一些数学公理而"找到一条普遍准则来计算我们自己或

---

① 弗兰西斯·哈奇森. 论美与德性观念的根源 [M]. 高乐田等译，杭州：浙江大学出版社，2009 年，第 86 页.
② 同上书，第 112 页。
③ 同上书，第 129 页。

他人所做的任何行为的道德程度及其全部因素"①。在早期
版本的《论美与德性观念的根源》以及《论激情和感情的本
性与表现，以及对道德感官的阐明》中，哈奇森非常细致地
用数学的方式列出了有关德性计算的各种公式，并由此得出
结论说"为最大多数人获得最大幸福的那种行为就是最好的
行为，以同样的方式引起苦难的行为就是最坏的行为"②。
在此，对情感的数学式的功利计算和道德感官的超功利性之间
构成了强大的冲突和矛盾。经由美学的过渡而来的这种科学主
义的方法论不仅使美学丧失了自己的地盘，而且直接损害了哈
奇森以情感为中心的伦理学，损害了哈奇森伦理学的内在理论
一致性。当西方人在科学主义的方法论框架内来看待哈奇森
时，他们更多地继承了哈奇森的这种科学主义方法论所衍生出
来的理论成果，相反忽视了哈奇森最为重视的道德情感——指
向他人的无私仁爱。

第三节　道德感官的基础与特征

对于哈奇森的道德情感思想体系而言，道德感官是哈奇森
从沙夫茨伯利那里继承并发展而来的一个重要的理论词汇，非
常能体现他的理论特色和时代特色。国外学者把哈奇森研究的
重心都放在了对道德感官的研究之上。直到今天，还有人试图
在哈奇森所走的路上走得更远一些。比如，当代美国学者詹姆

---

① 　弗兰西斯·哈奇森. 论美与德性观念的根源 [M]. 高乐田等译，杭州：浙江大
学出版社，2009 年，第 131 页.
② 同上书，第 127 页。

士·威尔森（James Q. Wilson）就以《道德感官》为名出版了专著，它虽不是针对哈奇森的专题研究，但却继承并发扬了哈奇森曾借助道德感官而倡导的社会学以及政治学思想。但对我们而言，我们的重心在于研究道德感官在哈奇森道德情感思想体系中所扮演的角色问题，因为这直接涉及我们所找到的道德情感的有效性问题。为了这个目的，我们首先不得不弄清楚，哈奇森的道德感官究竟源于何处或它的基础是什么以及它有什么特征这两个问题。对于道德感官的来源或基础问题，我们首先要明白，哈奇森所认为的不会成为道德感官之来源的地方有哪些，然后才有可能知道道德感官的真正来源。关于道德感官，哈奇森认为具有六个方面的特征，即被动性、天然性、普遍性、重要性、神圣性以及超自然性或超功利性。

一　道德感官的基础

（一）道德感官之基础所排斥的对象

在哈奇森看来，宗教、贿赂或收买、赞美或荣誉、习俗或教育以及天赋观念这五种对象都不可能成为道德感官的来源，因此不可能成为道德感官的基础。

1　道德感官的基础不是宗教

哈奇森认为，如果说道德感官的基础在于宗教的话，那么，基于神法所产生的奖惩效应，我们就会因为"假定神会奖赏我们的行为"①而行动，也就是说我们会把得到神的奖赏并

---

① 弗兰西斯·哈奇森. 论美与德性观念的根源 [M]. 高乐田等译，杭州：浙江大学出版社，2009 年，第 93 页.

避免神的惩罚作为我们行动的动机。对此，哈奇森从正反两个方面进行了反驳性的论述。首先，从反面来说，哈奇森认为我们只要观察到"对神或未来奖赏的任何思想几乎不抱任何看法的许多人对荣誉、忠诚、慷慨和公正拥有较高的信念，并会在不涉及未来惩罚时憎恶奸诈、残忍或不公正的任何事情"①，这种现象就足以反驳此点了。从正面来说，如果我们以此作为行动的动机，那么，我们就会因为为了得到神的奖赏而从我自身的利益出发来赞赏并爱戴那些显现为对我有益的行为。但是，如果类似行为的受益者不是我，那么，这种动机便不会促使我去爱类似行为的受益者，因为"那些行为的确有益于该主体，但他的益处却不是我的益处，自爱永远不会对我产生影响使我赞同有益于他人的行为或基于有益于他人的解释而爱戴行为的施行者"②。

2　道德感官的基础不会是因利益而来的贿赂或收买

哈奇森认为，我们的道德感官不会对利益让步，因此，不会受到利益的贿赂或收买。哈奇森通过观察而发现，我们常常会出于利益的观点而"希望别人去做我在道德上憎恶为恶的行为"③，在这种情形中，德性似乎为利益所收买。对此，哈奇森坚定地认为，即使这种行为极大地推进了整体之善，只要我

① 弗兰西斯·哈奇森. 论美与德性观念的根源 [M]. 高乐田等译，杭州：浙江大学出版社，2009 年，第 94 页.
② Francis Hutcheson. *An Inquiry into the Original of Our Ideas of Beauty and Virtue* [M]. Indiananpolis：Liberty Fund，p. 96.
③ 引文同上。

们把它同我自己的利益剥离开来，我们就不会"在道德上把这种行为赞成为善"①。在这种意义上，哈奇森认为，我们自身的私人利益在道德感官进行道德善或恶的判断中是毫不重要的，"在我们的道德善或恶的感官中，对于使行为显现为善或恶而言，我们自己的私人益处或损失，正如第三者的益处或损失一样，毫不重要"②。

3　道德感官的基础不是赞美或荣誉

人们给古代的英雄德修等人书写颂词并塑造雕像，不是因为他们对于保护国家而言"非常有用"③，而是因为他们身上所体现的出于对公共精神的追求而表现出来的那种令人钦佩的情感。对于把对英雄的赞美归于利益的这种观点，哈奇森认为，这只是"理性和平静反思"的结果，因为这两者"会出于自利向我们举荐那些行为"④。对于我们的道德感官而言，"在第一眼见到它们时，我们的道德感官就会规定我们毫不考虑这种利益而钦佩它们"⑤。既然如此，那么，下一个问题就是，为什么赞美或荣誉会在我们的社会中盛行呢？对此，哈奇森解释说，我们对荣誉的热爱源于"我们对赞美的天然欲望"⑥，

---

① Francis Hutcheson. *An Inquiry into the Original of Our Ideas of Beauty and Virtue* [M]. Indiananpolis：Liberty Fund，p. 96.
② 引文同上。
③ 弗兰西斯·哈奇森. 论美与德性观念的根源 [M]. 高乐田等译，杭州：浙江大学出版社，2009 年，第 95 页.
④ 同上书，第 97 页。
⑤ 引文同上。
⑥ 弗兰西斯·哈奇森. 论激情和感情的本性与表现，以及对道德感官的阐明 [M]. 戴茂堂等译，杭州：浙江大学出版社，2009 年，第 79 页.

在我们的本性的结构中，存在着被称为"荣誉感官"的东西，"它使他人赞许或感激我们所做的某种善行，这是快乐的必要诱因；它使他人厌恶、谴责或憎恨我们所造成的伤害，这是被称为羞愧及令人不快的感觉的诱因，即使我们并不害怕来自他人的更大恶行"①。由于受到荣誉感官的推动，我们会天然地欲求得到他人的赞美，避免他人的谴责，而他人由于受到公共感官的支配，天然地会对我们所作的、有益于他人和公共利益的一切表达赞美，但是，对这一切而言，这其中的原因不在于利益，而在于我们天然具有的道德感官，因为"荣誉以道德感官为前提"②。

4 道德感官的基础不是习俗或教育

如同内在感官或美的感官"先于所有的习俗、教育和典范而存在"③一样，我们道德感官的基础以及建立在这个基础上的道德善的知觉都不会"源于习俗、教育、典范或研究"④，对我们而言，道德感官先于习俗、教育、典范或研究而天然存在。由于习俗、教育、典范以及对道德的研究会给我们提供各种观点，而我们的道德感官所产生的道德快乐却以"前定的观

---

① 弗兰西斯·哈奇森. 论激情和感情的本性与表现，以及对道德感官的阐明 [M]. 戴茂堂等译，杭州：浙江大学出版社，2009 年，第 6 页.

② 同上书，第 105 页。

③ 弗兰西斯·哈奇森. 论美与德性观念的根源 [M]. 高乐田等译，杭州：浙江大学出版社，2009 年，第 65 页.

④ 同上书，第 97 页.

念或观念的集合与比较"①为前提而产生。我们的道德感官会
受到习俗、教育、典范和研究的影响，更有甚者，个别人的
感官还会"受到风俗、习惯、错误看法和同伴的败坏"②，从
而使人显现为"绝对恶"③。但无论怎样，它们不会使我们
"产生新的感官"④。不仅如此，习俗、教育和典范还通过对
我们进行观念的传输而使我们对"幸福"持有各种不同的理
解，并因此而使我们看到，不同的民族和时代的道德原则体现
为多样性的特征。哈奇森认为，道德多样性现象"确实是反驳
天赋观念或原则的有力论点"，但却"不会证明人类缺乏知觉
行为中的德性或恶行的道德感官，只要这些行为进入了人类观
察的视野"⑤。为了给道德感官的天生性找到现实的实例，哈
奇森认为，通过对儿童情感的观察，我们可以发现，道德感
官具有普遍性，并且，它可以先于任何教育或训导而发生作
用。"这种道德感官的普遍性以及它先于教导的这种说法可
以从对儿童情感的观察中得到显现"，通过观察儿童对于听
到的故事中的道德行为的反映，我们发现，"即使从未费力地
给他们教导过与神、法律、未来状态或宇宙善指向每个个体
之善的更复杂趋向有关的观念，我们看见他们受这些道德表

---

① 弗兰西斯·哈奇森. 论激情和感情的本性与表现，以及对道德感官的阐明 [M].
戴茂堂等译，杭州：浙江大学出版社，2009 年，第 4 页.
② 同上书，序言第 6 页。
③ 弗兰西斯·哈奇森. 论美与德性观念的根源 [M]. 高乐田等译，杭州：浙江大
学出版社，2009 年，第 104 页.
④ 同上书，第 67 页。
⑤ 同上书，第 143 页。

现的感动，就会表现出强烈的喜悦之情、悲伤之情、爱恋之情和愤恨之情"①。

5 道德感官的基础不是天赋观念

正如我们的外在感官不会以任何天赋观念为前提就会使我们产生快乐或痛苦知觉，我们的内在感官也"不用以知识的天赋观念或原理为前提"②，而对于道德感官，我们也不必"非要认为，这种道德感官比其他感官更多的假定了任何天赋观念、知识或实践命题"③。哈奇森解释说，无论对于内在感官（美的感官）还是对于道德感官来说，它们都是我们本性中具有的、接受某些观念的心灵的规定④，并且，它们都具有被动性特征。哈奇森认为，对于外在感官而言，"当某种物质的质点渗入舌的味蕾时，心灵总是会受到规定去接受甜的观念，或一听到空气的快速波动就会产生声音的观念"⑤。对于内在感官而言，在审美的时候，也会出现类似的情形。对于我们的道德感官而言，哈奇森认为，"我们用它仅仅只指我们心灵的一种规定，在行为呈现给我们的观察时，先于有益于我们自己的对益处或损失的任何看法而接受行为的可爱或怡人观念，正如当我们毫无任何数学知识或在那种形式或乐曲中没有看到不同于直接快乐的任何益处时，我们就会因规则形式或和谐乐曲而感

---

① 弗兰西斯·哈奇森. 论美与德性观念的根源 [M]. 高乐田等译，杭州：浙江大学出版社，2009 年，第 153 页.
② 同上书，第 62 页。
③ 同上书，第 98 页。
④ 同上书，第 62 页以及第 98 页。
⑤ 同上书，第 62 页。

到愉悦一样"①。

（二）道德感官的基础

在对无法成为道德感官之基础的对象进行鲜明的否定的同时，哈奇森其实已经给了我们很多暗示，我们从中可以明白道德感官的真正基础是什么。在哈奇森看来，出于我们本性构造的、指向他人的无私仁爱这种道德情感就是道德感官的真正普遍基础所在②。正是因为有了这种结构的本性构造，我们的心灵就会受到规定去"接受独立于我们意志的观念，并产生快乐或痛苦知觉"③。也就是说，我们心灵中天然存在的各种感官就可以使我们对独立于我们意志的外物产生快乐或痛苦，并在此基础上"直接促使心灵产生行动或运动的意志力"④，即推动我们产生情感。正如我们可以通过外在感官对外在对象产生各种外在知觉一样，我们对道德对象必然产生道德知觉。对于体现了无私仁爱这种道德情感的对象而言，处于健康状态下的道德感官就会使我们产生快乐的知觉，反之，我们就会得到痛苦的知觉。在这个过程中，我们是被动的，因为我们本性的创作者已经把我们造成了如目前所是的样子。在这个过程中，我们的心灵还会直接促使我们产生道德的情感或感情，即指向他人的无私仁爱。除此之外，通过我们如目前所是本性的构造，

---

① 弗兰西斯·哈奇森. 论美与德性观念的根源 [M]. 高乐田等译，杭州：浙江大学出版社，2009 年，第 98 页.
② 同上书，第 140 页。
③ 弗兰西斯·哈奇森. 论激情和感情的本性与表现，以及对道德感官的阐明 [M]. 戴茂堂等译，杭州：浙江大学出版社，2009 年，第 5 页.
④ 同上书，第 22 页。

我们可以经过我们的感官，尤其是道德感官，来充分证明我们的创作者的存在和其体现出来的伟大善性。

二 道德感官的特征

（一）被动性

在哈奇森看来，正如外在感官和美的感官一样，用以产生道德知觉的道德感官也具有被动性特征。这种被动性集中体现在它离不开我们所持有的前定观念。我们的道德知觉来自对自身的反思或对他人的观察，基于这种反思或观察而"发现的感情、性情、情感或行为是令人愉快或不愉快的知觉的恒常诱因，我们把它们称为赞许或厌恶"①。在这个基础上，道德知觉的产生离不开反思和观察，以及由此而产生的"前定观念"。在这种意义上，道德知觉不是"简单"知觉，而是属于广义上的内在感官知觉。哈奇森认为，"这些道德知觉，如同其他各种感觉一样，必然会在我们身上产生，只要我们的前定观念或对主体之感情、性情或意图的理解保持不变，我们就既不能改变、也不能终止它们，这种情形如同我们无法使苦艾变甜或蜂蜜变苦一样"②。在此，我们需要注意的是，道德感官的被动性只是相对于我们所持有的前定观念而来的被动性，而不是相对于某种法则，尤其是至高者的法则而来的被动性。如果认为我们的道德来自于某种至高者的法则，哈奇森认为，这

---

① 弗兰西斯·哈奇森. 论激情和感情的本性与表现，以及对道德感官的阐明 [M]. 戴茂堂等译，杭州：浙江大学出版社，2009 年，第 4—5 页.
② 同上书，第 5 页。

就是霍布斯所说的，"全部道德品质都必然与更高者的法则有某种联系，这种法则有足够的能力使我们幸福或不幸"①。哈奇森由此而认为，"由于所有的法则仅依靠奖赏或惩罚的约束力起作用，这促使我们因自利的动机而服从"②，而道德出自自利这种观点恰好是哈奇森所反对的观点，他的全部学说几乎都是要阐明，道德来自我们的本性的结构，我们通过道德情感而做出的道德行为与自利没有任何关系，因为在这种行为中，存在着某种东西可以直接被称为高尚，我们对它的知觉就像审美知觉的发生一样，在我们丝毫没有考虑到利益的时候，这种知觉就可以给我们带来快乐，并推动我们的心灵产生行动，即指向他人的无私仁爱这种高尚的道德情感。正是基于对体现为奖惩的至高者的法则的反对，哈奇森的道德感官不仅拒绝了来自宗教的基础，而且反其道而行之，它自身成为宗教的真正基础，"至于神以普遍法则的运行，仍然存在着源于感官的深层理由"③。

（二）天然性

如同前文探讨过的内在感官一样，道德感官也具有天然性的特征。对我们而言，道德感官的天然性特征所产生的最大效果是使人自身而不是外在自然事物真正成为道德王国中的真正主人。相对洛克、霍布斯等人认为道德源于利益的观点而言，

① 弗兰西斯·哈奇森. 论美与德性观念的根源 [M]. 高乐田等译，杭州：浙江大学出版社，2009 年，第 83 页.
② 引文同上.
③ 同上书，第 77 页.

在哈奇森的道德思想中，人的主体性特征得到了前所未有的高扬。道德感官的天然性特征集中体现为，我们对道德善的知觉具有即时性特征，道德感官不会出自教育或反思。首先，我们可以直接知觉道德善，正是这样，我们因此而把道德善同外在于我们的各种自然善，如房屋、土地、花园、葡萄园、健康、力量等，区别开来。由这种区别而来的后果就是，我们对拥有道德善的行为或行为者会产生爱，而对于自然善却不会产生这种情感，"谈论道德善的所有人都承认，它会为我们认为拥有了它的那些人赢得爱，而自然善却不会"①。其次，道德感官不会出自教育。由于教育所提供的观念可以增强或削弱我们的道德情感，但不会影响我们的道德感官自身，因此，"德性自身或心灵的善良行为意向，不会被直接地教导，或者说不会产生于灌输，它们必定由其伟大创作者原初地植入了我们的本性，后来才通过我们自己的培养而得到强化或巩固"②。最后，道德感官不会出自反思。我们发现，由于我们拥有天然的道德感官，我们会在丝毫不考虑利益的情形下对他人做出友善的行为，对于道德感官没有因源于教育、习俗、典范等的影响而扭曲变形的旁观者来说，这种友善的行为会直接而即时地令人的心灵产生快乐的道德知觉，在此基础上，我们的心灵会立即对这种行为者产生同我们自身的利益没有丝毫关系的无私仁爱，即我们会不由自主地爱戴该行为者。哈奇森认为，经由道

① 弗兰西斯·哈奇森. 论美与德性观念的根源 [M]. 高乐田等译，杭州：浙江大学出版社，2009 年，第 81 页.
② 同上书，第 194 页.

德感官的赞许所体现出来的这种有别于利益的天然情感是"在没有先在的家世纽带的条件下能推广至全人类的最弱程度的爱的基础"①。

（三）普遍性

道德感官的普遍性来自于其基础所体现的普遍性，而我们前面的分析已经揭示，道德感官的基础是仁爱，那么，只要证明了仁爱的普遍性，就相应地证明了道德感官的普遍性。只要我们普遍把仁爱视为道德赞许赖以产生的根源，那么，我们就会宣称，该行为之所以受到赞许，不是因为它对行为者自身有用，而是因为它对有别于行为者自身的他人有用。在哈奇森看来，这种现象已经为我们的观察所证明。在此基础上，稍作类推，哈奇森发现，爱或仁爱就会"成为社会公德中所有被视为杰出之处的基础"②，就可以"有效地提升公共善"③。当然，哈奇森通过观察也发现，"许多趋于普遍伤害的行为真正为人所做了并受到了认可"④。对此，哈奇森认为，这不是道德感官的问题，相反，这从反面证明了"仍然是某种明显类型的仁爱得到了我们的赞许"⑤。那么，这是由什么所引起的呢？在哈奇森看来，这是由我们的理性所引起的。那么，我们的理性为什么会引起这样的结果呢？这其中有两个方面的原因。首

---

① 弗兰西斯·哈奇森. 论美与德性观念的根源 [M]. 高乐田等译，杭州：浙江大学出版社，2009 年，第 114 页.

② 同上书，第 119 页。

③ 引文同上。

④ 同上书，第 141 页。

⑤ 引文同上。

先，这是因为我们的理性自身存在着缺陷，"我们的理性在其能力上是非常不足的，它会使我们对行为趋向进行褊狭的描述"①。正是因为这样，我们会对公共善或幸福产生各种各样的褊狭理解，从而造成纷繁复杂的道德多样性现象。对于我们的道德感官而言，它不仅离不开我们的前定观念，而且"常常会根据我们的看法来十分精确地引导我们"②。正是在这种基础上，哈奇森认为，"世界上盛行的荒谬实践更好地证明了人们缺乏理性，而不是证明了他们不具有与行为之美有关的道德感官"③。其次，对神的法则的错误看法可以使我们把有别于仁爱的其他某种东西视为道德的基础。从基督教牧师的身份出发，哈奇森认为，基于对神的感恩，"我们注定会顺从这些错误的看法"④，正是因为这样，历史显示，迷信、"谋杀以及国土的荒芜"⑤等因宗教的纷争而产生的破坏行为大量产生。对此，哈奇森认为，这不是对仁爱乃道德感官之基础的否定，而只是证明"这种道德感官以及仁爱，可以被受到更急切纠缠的其他欲望所征服"⑥。最后，教育、习俗、典范、道德研究以及我们的同伴会给我们的理性提供各种观念，这些观念会反过来充当道德感官的前定观念，

---

① 弗兰西斯·哈奇森. 论美与德性观念的根源 [M]. 高乐田等译，杭州：浙江大学出版社，2009 年，第 141 页.

② 同上书，第 141 页。

③ 引文同上。

④ 同上书，第 150 页。

⑤ 同上书，第 151 页。

⑥ 引文同上。

来使我们对有别于仁爱的其他对象产生赞许。对于此种情形,哈奇森认为,这同样不能否认仁爱是道德感官的基础,这只会再次证明,我们需要对我们的理性进行长久而有效的训练,避免我们的道德感官因受到错误的前定观念的推动而产生扭曲和异化,从而使我们的道德感官保持在健康的状态之中。

(四)重要性

对于我们而言,道德感官具有"高度的重要性"①,因为"它比我们所有其他官能都更能给我们以快乐与痛苦",由道德感官所产生的快乐知觉是"生命里常见快乐中最令人愉悦的元素",因此,"它会优于所有其他享乐"②。哈奇森认为,由道德感官所产生的快乐优于所有其他感官所产生的所有其他种类的快乐,同理,源于道德感官的痛苦也要强于其他所有感官所产生的痛苦。哈奇森从两个层面进行了论述。在第一个层面,即受到抽象考察的各种感官的层面,哈奇森从正反两个角度证明了"德性是全体人类判断中的首要幸福"③。首先,从正面来说,对于那些依靠背信弃义、心狠手辣或忘恩负义追求成功的人来说,一旦听从信仰、荣誉、慷慨和勇气的命令而达到了目的时,还是会在道德感官的指引下承认,他的性格中存

---

① Francis Hutcheson. *A System of Moral Philosophy* [M]. Bristol:Thoemmes Press, p. 25.

② 弗兰西斯·哈奇森. 论美与德性观念的根源 [M]. 高乐田等译,杭州:浙江大学出版社,2009 年,第 173 页.

③ 同上书,第 178 页.

在着不光彩的成分。对于以正当手段获得大量财富和重要权力
的人来说，他们可以充分享受外在快乐的幸福。但即使这样，
在哈奇森看来，这种快乐中始终也会包含着"来自社会的某种
道德享乐，某种交往之乐，以及与爱、友谊、尊严和感激有关
的东西"①，因为"如果没有道德感官，没有仁爱中的幸福，
我们就只会从自爱原则出发而行动"。哈奇森认为，即使存在
着"能单独享受的外在感官快乐"，而这种快乐也"无须付出
社会生活中的那么多辛劳和代价"，那么，对于豪奢之人的快
乐而言，这种快乐之所以会受到保存并免于恶心和单调，还是
因为这种快乐中包含了"与友谊、爱和给他人传递快乐有关的
某种表现"②。其次，从反面来说，即使我们的外在感官得到
了充分的满足，我们也不会认为这是十足幸福的状态，我们会
认为，这种状态是卑下、卑劣且肮脏的状态，除此之外，我们
还会对这种状态感到恶心和厌倦。哈奇森认为，这是因为，
"我们本性的结构会使我们无法长久地沉溺于外在感官享
乐"③。即使我们给这种外在感官的快乐融入了美的快乐，哈
奇森认为，只要缺乏道德之乐，它们还是会显现为"冷酷"以
及"了无生趣"④。不仅如此，哈奇森认为，对于与财富和外
在快乐有关的幸福而言，"我们只要假设在拥有它们的时候掺

① 弗兰西斯·哈奇森. 论美与德性观念的根源 [M]. 高乐田等译，杭州：浙江大学出版社，2009 年，第 177 页.
② 同上书，第 178 页。
③ 同上书，第 174 页。
④ 引文同上。

和了恶意、愤怒和复仇，或仅仅只是掺和了孤寂或对友谊、爱、社交和尊敬的缺乏，那么，所有的幸福都会随风而逝"①。哈奇森举例说，对于一个正在享受着外在感官之乐以及审美之乐却同时充满着愤怒、恶意、复仇和嫉妒之火的人来说，没有人愿意同这种人相处。不仅如此，在某些地方，如骑士文学中，我们会借用外在感官所遭受的痛苦，如劳作、饥渴、贫困等，来作为展现德性的机会，因此，我们往往会发现，英雄们在对它们的体验中达到了幸福的顶峰。在第二个层面上，即体现为社会生活和社会文化的社会层面上，哈奇森认为，道德感官是这一切活动的基础所在。首先，社会生活的公共领域中的"社交和友谊源于道德感官"②，道德感官是社会公共生活中各种权利的基础所在，也是政府的基础所在，除此之外，道德感官还可以用来评判社会生活中的法律。在社会生活的私人领域中，即两性之爱中，哈奇森认为，尽管"两性之间的这种心理意愿，会建基于比令人不舒服的纠缠或纯属感官快乐的欲望更强烈、更有效、更令人愉悦的某种东西之上"③，但还是道德感官才是两性之爱的真正根源，因为它可以使我们产生仁爱的道德情感，并使我们的心灵变得温柔、博爱而慷慨。其次，在社会文化生活中，我们的审美活动、诗歌、绘画、雄辩术等一切文化活动都建立在道德感官之上。为

---

① 弗兰西斯·哈奇森. 论美与德性观念的根源 [M]. 高乐田等译，杭州：浙江大学出版社，2009 年，第 178 页.
② 同上书，第 184 页。
③ 同上书，第 182 页。

人所体现出来的某些象征了道德情感的面貌特征会给我们提供各种前定观念，从而使我们可以对人的面容进行各种不同的审美评价。对于诗歌、绘画和雄辩术而言，如果没有道德感官的支撑，雄辩术便不再会拥有"雄辩"的力量，诗歌便不再会令人愉悦，而除了成为"一种贫乏的消遣"①之外，绘画不再会令人沉醉。

（五）神圣性

道德感官的神圣性特征体现为，它不仅是神的神圣善性所产生的效应，而且是对神的确证。如同美的感官的构造体现了神的善性一样，我们道德感官的这种当下构造更加明显地体现了神的善性②，因为"我们本性的原始构造（通过神的技艺和计划）是为每一种美德、为所有诚实而又广泛得到推崇的东西所设计的"③。这其中包含两个方面的原因。首先，基于当下构造而显现出来的道德感官具有普遍性特征，这种普遍性意味着不存在以相反的方式构造的道德感官，即使我们假设存在着这种相反结构的道德感官，我们的情感会显示，这种假设是站不住脚的，因为我们会因此而"永久地陷入痛苦以及不满之中"④。对哈奇森而言，神的善性体现为对其被造物的公共善

---

① 弗兰西斯·哈奇森. 论美与德性观念的根源 [M]. 高乐田等译，杭州：浙江大学出版社，2009 年，第 190 页.

② 同上书，第 215 页。

③ 弗兰西斯·哈奇森. 逻辑学、形而上学和人类的社会本性 [M]. 强以华译，杭州：浙江大学出版社，2010 年，第 216 页.

④ 弗兰西斯·哈奇森. 论美与德性观念的根源 [M]. 高乐田等译，杭州：浙江大学出版社，2009 年，第 216 页.

的提升，在这个意义上，我们认为神的法是善法，因此，"我们认为神法的形成是为了以最有效和最公正的方式提升公众善"①。如果神的确是仁爱的神，那么，这个神必定会对我们的幸福感到喜悦，而我们如目前所是的道德感官就是体现它的仁爱的最好证明，如果它以另外的方式来构造我们的感官，这种做法本身就同他的仁爱的意图是一种抵触。因此，我们如目前所是的道德感官因为充分显现并证明了神的善性，它自身因此就具有神圣性的特征。其次，当我们经由我们的感官来确证了神的善性之后，我们便可以充分相信，仁爱的神的确是存在的。在哈奇森看来，这是广义的内在感官所产生的一种天然效果，即"引领我们通往对神的领悟"②。当美的感官使我们看到了美的效果后，我们就会"产生一种与设计和智慧的心灵有关的看法"③，只要把它视为有生命的存在物，我们就会产生崇敬之心，这样，"一种内在的信仰就会就会产生"④。在道德领域中，我们的道德感官也如同美的感官那样充分证明了神的存在和善性。在这个基础上，我们的心灵就会推动我们对神产生持久的感情。对于启示性的亚伯拉罕之神，哈奇森认为，我们的感官几乎无法知觉这个神，而对于不为人所知的对象，我们是不会产生情感的。因此，在这个意义上来看，道德感官不

---

① 弗兰西斯·哈奇森. 论美与德性观念的根源 [M]. 高乐田等译，杭州：浙江大学出版社，2009 年，第 197 页.

② 弗兰西斯·哈奇森. 论激情和感情的本性与表现，以及对道德感官的阐明 [M]. 戴茂堂等译，杭州：浙江大学出版社，2009 年，第 125 页.

③ 引文同上。

④ 同上书，第 126 页。

仅可以更明确地证明神的存在，而且可以更好地激发我们的心灵所产生的指向神的情感。

（六）超自然性或超功利性

首先需要注意的是，当我们谈论道德感官的超自然性或超功利性的时候，我们所指的是相对人自身而言的外在自然所体现的功利性。哈奇森在这个意义上，认为道德只存在于"人"的身上，而不存在于外在于人的自然物上。正是这样，相对哈奇森以前的伦理思想来说，我们认为，哈奇森为道德找到了人性的根基。但是，当我们考虑到人性自身也有自然世界和道德世界的区分时，我们发现，哈奇森所说的"超自然性"具有不彻底性。在哈奇森的道德情感思想体系中，这种不彻底性体现为两种情感即无私的仁爱和自私的自爱之间的矛盾。由于仁爱所指向的目标是公共善，而自爱所指向的目标是私人善，因此，仁爱和自爱之间的矛盾可以进一步体现为公共善和私人善之间的冲突。在哈奇森的文本中，作者一再强调的是仁爱这种高尚的情感应该占有优先的地位，如"高尚主体永远不会被我们视为仅仅出自他自己利益的观点而来的行动，而是会被视为主要受到某种其他动机的影响所致"①等说法都表明了这点。与此相应的就是，公共善相对私人善而言也具有优先性。但是，我们却发现，对哈奇森而言，提升公共善的目的最终却没有指向公共善本身，而是指向了由平衡而来的理想状态，"大

---

① 弗兰西斯·哈奇森. 论美与德性观念的根源 [M]. 高乐田等译，杭州：浙江大学出版社，2009 年，第112页。

自然使它们彼此抗衡，正如身体的对抗肌一样，单独的任何一种对抗肌都会引起扭曲或无规律的运动，而联合起来，它们就形成了一个机器，它最精确地臣服于理性系统的必然性、便利性和幸福。我们拥有理性和反思的权能，通过它们，我们可以明白，什么样的行为会天然地趋向使我们的所有欲望获得最有价值的满足，并会阻止任何不可忍受或毫无必要的痛苦，或者提供面对它们的某种支柱。我们拥有足够的智慧去形成权利、法律和宪法观念而使庞大的社会保持和平与繁荣，并在所有各种私人利益之中推动普遍善”①。不仅如此，我们甚至发现，在更多的时候，公共善或普遍善的目的指向了私人善。我们所做的一切，哈奇森认为是要“通过思考而明白恒常的仁爱和社会行为是提升每个个体自然善的最有效手段的原因所在”②。除此之外，我们对他人善的观察也指向了我们的私人善，“在我们仅仅只想看他人的善时，我们就在无意间提升了我们自己最大的私人善”③。哈奇森认为，“每个主体都会发现，践行公开有用的行为以及远离那些公开有害行为是提升他的私人幸福的一种最确定的方式”④，这样，对每个主体而言，“他对公共善的恒常追求是提升他自己幸福的最可能的方式”不是推理，

---

① 弗兰西斯·哈奇森.论激情和感情的本性与表现，以及对道德感官的阐明 [M].戴茂堂等译，杭州：浙江大学出版社，2009 年，第 129 页.
② 弗兰西斯·哈奇森.论美与德性观念的根源 [M].高乐田等译，杭州：浙江大学出版社，2009 年，第 192 页.
③ 同上书，第 98 页。
④ 弗兰西斯·哈奇森.论激情和感情的本性与表现，以及对道德感官的阐明 [M].戴茂堂等译，杭州：浙江大学出版社，2009 年，第 151 页.

而是真理，在这种意义上，哈奇森认为，"一旦两种感情都得到了满足，他就与自己保持了一致"①。以上分析显示，由于没有区别人的自然世界和道德世界，在讨论人的情感时，虽然哈奇森一再强调仁爱这种道德情感的重要性，但是，这种讨论最终却指向了自爱这种情感。在这种意义上，我们认为，哈奇森的伦理学思想不是反驳而是修订了霍布斯、曼德维尔等人的伦理思想。事实上，哈奇森身后的历史表明，经历了这种修订之后的曼德维尔式的伦理思想不仅没有因哈奇森的"反驳"而消失，相反，它变得愈加盛行，因为相对纯粹的"自私的伦理学"而言，一旦加入了仁爱的成分，它就成为更具有包容性和生命力的伦理学。

第四节　道德感官之为情感的"裁判"

当哈奇森找到令美的感官产生快乐的原因或诱因时，美的感官反过来就成为审美的"裁判"。凡是符合这种诱因的事物就是美的事物。在美学中，由于我们面对的是与人的情感和行为倾向没有关联的对象，因此，美的感官的这种"裁判"功能虽然存在，但表现得并不明显。但一旦哈奇森从美学过渡到伦理学的时候，由于道德感官直接关联着人的情感、动机和行为倾向，这样，它就表现出了非常明显的"裁判"功能。当"辩护性理由"以道德感官为前提的时候，道德感官的"裁判"功能就直接被哈奇森延伸到了伦理学领域，道德感官便获得了对我们的

① 弗兰西斯·哈奇森. 论激情和感情的本性与表现，以及对道德感官的阐明 [M].戴茂堂等译，杭州：浙江大学出版社，2009 年，第 162 页.

一切情感进行裁决的权力。对我们而言，我们需要明白道德感官之为情感的"裁判"的原因以及后果。

一 道德感官之为情感的"裁判"的原因

道德感官之所以能够成为各种情感的"裁判"，这是因为，首先，受到我们的本性结构的规定，道德感官必定是道德判断的根据，在进行道德判断的过程中，道德感官持有同一道德判断标准。其次，对于我们的一切现实行为而言，道德感官是一切"辩护性"理由的前提，道德感官的这种地位决定了它有权利对推动我们行为的各种情感进行道德判断。

第一，道德感官之所以能充当道德的"裁判"，也就是说，它之所以可以对各种情感进行判断并从中找出"道德的"情感，这是由它进行"裁判"的标准所决定的。对于哈奇森的道德感官而言，道德判断始终坚持的标准体现为两个特征：首先，情感性特征。作为道德感官的基础，无私的仁爱这种情感自身的情感角色决定了道德感官进行道德裁判时必然会具有情感性特征。我们知道，只有无私的仁爱才是道德感官对行为表示赞许的基础所在，那么，一旦道德感官的地位得到确认，它就会反过来对我们的各种情感进行道德判断，在这个过程中，道德感官进行道德判断的标准便体现为情感的特征。对哈奇森而言，无论是美学研究还是伦理学研究，无论是把道德善同自然善进行区分还是对公共善和私人善进行协调，其最终目的都是为了证明，只有指向他人的无私的仁爱这种道德情感才是道德感官的真正基础所在。这样，当我们用道德感官来反观各种激情、感情和情感时，我们的道德感官就可以为我们找到属于道德的那种情感。通过对各种情感对我们的幸福所造成的不同影响程度的分析，哈奇森最终向我们表明，只有来自德性的快乐才是最高、最持久的快乐。因此，对于追求幸福的我们来说，只有服从道德感官的判断，并根据这种判断而"合理地"（明确什么是我们的目的意义达到目的的手段是什么）行动，我们才有可能获得真正高贵而永久的幸福。其次，公开性特征。这个特征是由道德感官所赞许的情感即指向他人的无私仁爱所派生出来的一个特征。在哈奇森看来，我们这种高尚的道德情感由于会获得他人道德感官的赞许，因此，就会给行为者带来荣誉；而对于我们每个人来说，我们都具有荣誉感官，它使我们天然地热爱荣誉。因此，当我们展现对他人的无私仁爱的时候，我们不会偷偷摸摸地行动，相反，我们总是会公开地行动，用哈奇森的话来说，"简而言之，我们始终会看见，出自公共之爱的行为会伴随着无畏和公开；不仅恶意的行为，而且甚至自私的行为，会伴随着羞愧和混乱，而那些人会一心隐藏它们"①。从反面来说，我们会因自己的自私性的暴露而感到羞愧，或者会当心旁观者会对我们形成卑鄙的看法，因此，我们会有意隐藏这些不会获得道德感官之赞许的行为。例如，对于有教养的人来说，不会公开对众人宣讲"已婚之人的性快乐，甚至还有独享的任何优良美食或美酒"，相反，对于"好

---

① 弗兰西斯·哈奇森. 论美与德性观念的根源 [M]. 高乐田等译，杭州：浙江大学出版社，2009 年，第166页.

客的盛宴、已婚配偶之间的所有其他友善而慷慨的互助",由于体现了对他人的仁爱,因此,它们有可能成为"夸耀之事"①。

第二,道德感官是"辩护性"理由的前提。在《对道德感官的阐明》第一节,哈奇森主张,对于我们的各种情感和行动,我们都可以用推动性理由(exciting reason)和辩护性理由(justifying reason)来解释,哈奇森随之而认为,"所有推动性理由都以本能或感情为前提,而辩护性理由以道德感官为前提"②。我们本性中的各种感情或本能推动了我们去行动,比如追求财富和权力等,而对于由行为所体现出来的某种品质或引起我们赞许的原因,我们则需要用道德感官来予以解释,因为它是一切辩护性理由的前提。这样,对于节制,我们可以解释为,节制的反面即奢侈所证明的只是一种自私而卑下的性情,因此,为了避免拥有自私而卑下的性情,同时也是为了避免因此而获得来自道德感官的谴责,我们应该反对奢侈而倡导节制。对于在正义的战争中牺牲生命的理由,我们可以解释为,这种牺牲是为了保护我们诚实的国民,同时,这种牺牲还展示了强烈的公共精神,因此,它会获得道德感官的赞许。这样,我们就为在正义战争中牺牲生命找到了辩护的理由。在这个意义上,我们可以发现,道德感官可以充当推动一切行为的情感和本能的"裁判",使它们在提升人类整体公共善的同

---

① 弗兰西斯·哈奇森.论美与德性观念的根源 [M].高乐田等译,杭州:浙江大学出版社,2009 年,第 166 页.
② 弗兰西斯·哈奇森.论激情和感情的本性与表现,以及对道德感官的阐明 [M].戴茂堂等译,杭州:浙江大学出版社,2009 年,第 156 页.

时提升人自身的本性。

二 道德感官之为情感"裁判"的后果

哈奇森认为，对于有关神的观念以及我们对神所持有的情感而言，"我们如何处理这些观念和情感，对我们的幸福而言，的确至关重要"[①]。正是因为这种重要性，我们的道德感官就不得不充当我们情感的裁判，其目的是为了使我们获得最大的幸福。这样，在人的多种多样的情感中，当道德感官充当了这些情感的裁判并按照它自身的标准从中选择了使之表示赞许的情感之后，如果联系哈奇森曾经的身份——长老派牧师，我们发现，一切都发生了变化。在哈奇森的文本中，虽然哈奇森并未反对广义的宗教以及对宗教至高者的崇敬之心，但是，细细分析，哈奇森所说的"神"已远非《圣经》中的启示神。基督教凭借天启现象确立了亚伯拉罕之神即耶和华的至高地位。《希伯来书》记载，"神在古时借着众先知，多次多方地谕晓列祖"，《圣经》也记载，"神晓谕摩西说，我是耶和华"[②]，除此之外，《圣经》中还记载了大量的天启现象，诸如火烧荆棘林等。但是，我们发现，哈奇森虽然身为长老派牧师，他所谈论的"神"却已经不再是启示神了。相反，他反对启示神，并认为，如果把我们的情感完全限定于启示神的身上，那么，

---

① 弗兰西斯·哈奇森. 论激情和感情的本性与表现，以及对道德感官的阐明 [M]. 戴茂堂等译，杭州：浙江大学出版社，2009 年，第 126 页.
②《圣经·出埃及记》6：2。

"如果这种推理是公正的，那么，最优秀的人就是无尽的恶"①。然而，我们发现，在当年，哈奇森并没有在文本中公开反对亚伯拉罕之神，而是打着该神的旗号在不知不觉中消解了这个神。我们发现，《圣经》中的亚伯拉罕之神虽然仍然是大有创造能力的神，虽然他曾造天、造地、造世界，但是，他却不再因自己的创造而对被造物们拥有统治权，因为，"创造并非上帝统治的基础"②，在他的被造物面前，他也不再是"万王之王"和"众光之光"，不再是每个人"脚边的灯，地上的光"。中世纪的奥古斯丁曾说过，"上帝的光使我认识真理"，"你（上帝）指示我反求诸己，我在你的引导下进入我的心灵，我所以能如此，是由于'你已成为我的助力'。我进入心灵后，我用灵魂的眼睛——虽则还是很模糊的——瞻望着在我灵魂的眼睛之上的，在我思想之上的永恒之光。这光，不是肉眼可见的、普遍的光，也不是同一类型而比较强烈的、发射更清晰的光芒普照四方的光。不，这光并不是如此的，完全是另外一种光。这光在我的思想上，也不似油浮于水，天复于地；这光在我之上，因为它创造了我，我在其下，因为我是它创造的。谁认识真理，即认识这光；谁认识这光，也就认识永恒。唯有爱能认识它。"③当历史穿越时光隧道走向 18 世纪的

① 弗兰西斯·哈奇森. 论激情和感情的本性与表现，以及对道德感官的阐明 [M]. 戴茂堂等译，杭州：浙江大学出版社，2009 年，第 218 页.

② 弗兰西斯·哈奇森. 论美与德性观念的根源 [M]. 高乐田等译，杭州：浙江大学出版社，2009 年，第 214 页.

③ 北京大学哲学系外国哲学教研室. 西方哲学原著选读（上卷）[C]，北京：商务印书馆，1985 年，第 224 页.

时候，苏格兰启蒙思想家哈奇森却通过亲口说"我就是此处的'新光'"①而证明，上帝的光不再能够照亮一切，相反，上帝自身需要我们来予以照亮。在哈奇森新光哲学的照耀下，我们不禁惊奇地发现，当亚伯拉罕之神从那至高的宝座徐徐消失的时候，人，这个曾经的被造物，却在追求幸福的过程中步步高升，直到端坐在宝座的中间。在这个时候，人，这个曾经在亚伯拉罕之神面前体现了无限谦卑和敬畏的被造物，便不再需要使自己全部的情感都指向那曾经的神，不再需要对那曾经的神怀有无限的感恩，不再需要受到体现为奖惩的神法的约束，相反，那被驱逐的神如果违背了人类幸福的标准，他自身是否会具有善性，这个最基本的问题都是要受到质疑的。这样，经由道德感官对人的情感的裁判，就产生了两大理论后果，亚伯拉罕之神的消隐与人的地位的空前提高。

（一）亚伯拉罕之神的消隐

托马斯·阿奎那曾把哲学视为"神学的婢女"，认为"神学所探究的，主要是超越于人类理性的优美至上的东西，而其他科学则是注意人的理性所能把握的东西。至于一般实践科学，他的高贵系于它是否引向一个更高的目标……而神学的目的，就其实践方面来说，则在于永恒的幸福，而这种永恒的幸福则是一切实践科学作为最后的目的而趋向的目的。所以说，神学高于其他科学……神学可能凭哲学来发挥，但不是非要它

---

① William Robert Scott. *Francis Hutcheson: His Life, Teaching and Position in the History of Philosophy* [M]. Bristol: Thoemmes Press, p. 257.

不可，而是借它把自己的义理讲的更清楚些。因为神学的原理不是从其他科学来的，而是凭启示直接从上帝来的，所以，它不是把其他科学作为它的上级长官而依赖的，而是把它看成它的下级和奴仆来使用"①。在 18 世纪的苏格兰，当历史向人类翻开新篇章的时候，我们发现，在哈奇森的道德情感思想体系中，哲学，这个曾经的婢女，已经不再地位卑贱，相反，神学转而成了谦卑的仆人。亚伯拉罕之神，这个天上地下的一切主宰，这个统治了一切荣耀、权力和国度的全能的启示神，不再拥有统治权，不仅如此，这个神还不再能端坐在昔日的圣座之上，相反，逐渐地消隐就是这个古老的神在全新的时代里不可逃避的命运。这种消隐体现为两个层面。首先，就神的存在而言，神的观念或神的存在来自内在感官，而不是来自神的启示。其次，就神的善性而言，神的善性来自人的道德感官，而不是来自神自身。在这种意义上，哈奇森所谈论的"神"已经不再是昔日的亚伯拉罕之神了，那曾经神圣的圣殿注定将会为新神所占据，自此之后，在那昔日的圣殿中，众声喧哗，热闹非凡，在一次次地被驱逐中，那曾经荣耀的神不断地被边缘化从而变得沉默而孤寂。

其一，神的存在有赖于我们内在感官的确证。对于亚伯拉罕之神而言，他通过由神迹而来的启示使我们相信他的存在。但对于哈奇森的神而言，无须这种神秘的启示就可以证明自身的神性，因为我们的内在感官或美的感官已经充分向我们

---

① 苗力田. 西方哲学史新编 [M]. 北京：人民出版社，1990 年，第 177 页.

证明了神性的存在。哈奇森认为，有关神性之存在的所有论述中，来自内在感官或美的感官的论证是最天然、最具普遍性的论证。首先，对神性之存在的确证是内在感官的天然效果。"神性的观念源自内在感官"①。这是因为，从微生物世界到浩渺的宇宙，四处都充满了宏伟、美丽、秩序与和谐，由于受到内在感官的指引，因此，正如我们的视觉无法对呈现于眼前的事物视而不见一样，我们的内在感官也无法对这些美丽与和谐视而不见。这是我们内在感官所产生的"一种天然效果"。无论这些美的对象在哪里出现，它们"总会产生一种与设计和智慧的心灵有关的看法"，并能激发我们的崇敬之心，这样，"如果我们把该物看作是有生命的，崇敬就会指向该物自身，如果该物没有生命，崇敬就会指向某种为人所理解的缘由"②。其次，内在感官自身的天然性和普遍性确保了神性的天然性和普遍性。由于我们的内在感官可以先于习俗、教育和典范等而发生作用，因此，由它而来的对神性的确证可以使人免于陷入"千百次虚妄的论证所形成的与神有关的愚蠢而有限的概念"之中，会消除教育、习俗和典范所不断形成的有关神性之存在的种种偏见，从而找到一种"以最简单的形式为开端"的宗教，形成一种"内在的信仰"③。

　　其二，神的善性有赖于我们道德感官的确证。对于亚伯拉

————————

① 弗兰西斯·哈奇森. 论激情和感情的本性与表现，以及对道德感官的阐明 [M]. 戴茂堂等译，杭州：浙江大学出版社，2009 年，第 125 页.

② 引文同上。

③ 引文同上。

罕之神而言，他自身的全知、全能、全善非常充分地证明了自身的善性，但对于哈奇森的神而言，这种善性却要受到他的被造物即人类的幸福的裁决，"根据源于对本性之整体结构而作的推断，足以证明他的善性"①。首先，在我们道德感官的裁判下，我们发现，"我们的感情为了整体之善得到了多么优异的设计"②。对于我们所有的感情而言，它们要么指向私人善，要么指向公共的普遍善，在很大程度上，我们的私人善会"臣服于整体善"，因为对于人类而言，"通过一种看不见的联盟，人类就这样无形地彼此相连而构成了一个巨大的系统"，在哈奇森看来，这是一种无法受到任何人摧毁的"本性的黏合剂"③。正是因为这样，"那种自愿在这种联盟中持续不断地使自己臣服于整体之善并因他的才能服务于他的种属而喜悦的人，会使自己感到幸福快乐；那种不愿意自由地延续这种联盟而是佯装要摧毁它的人，会使自己感到不幸"④。正是在这个意义上，通过我们本性中所具有的对普遍善的追求，哈奇森在我们的本性中洞察到了"守卫该整体的普遍心灵"⑤。因此，"这种根植于理性主体而对来自对研习他人之善的任何行为感到喜悦和崇敬的道德感官自身就是对本性之创作者的善性

① 弗兰西斯·哈奇森. 论美与德性观念的根源 [M]. 高乐田等译，杭州：浙江大学出版社，2009 年，第 216 页.
② 弗兰西斯·哈奇森. 论激情和感情的本性与表现，以及对道德感官的阐明 [M]. 戴茂堂等译，杭州：浙江大学出版社，2009 年，第 126—127 页.
③ 同上书，第 127 页。
④ 引文同上。
⑤ 引文同上。

的最强烈证明"①。在这种意义上，当我们反观我们的外在感官以及我们的各种感情和激情时，我们发现，"我们的机制，就我们曾发现的而言，完全是为善而设计的"②，对它们而言，"偶然的恶似乎是为更大善所设计的某种机械装置的必要伴随物"③。因此，在这个世界的显性结构中，通过对美的观察以及对我们本性的观察，我们可以发现有关世界之创造者之智慧与权力的诸多证据。正是因为这样，我们断言，这个创造者是幸福的，而且处于最大可能的幸福状态中，因为世界使我们知道，他使自己的愿望得到了完全的满足。由于这个幸福的神是仁爱的神，因此，他给我们给予了以仁爱为基础的道德感官，通过这种道德感官对我们情感的裁判，我们知道，仁爱构成了我们的最佳状态和最大、最有价值的幸福。通过这种引导和认识，"我们就用最普遍和最公正的方式断言了神的仁爱"④，这种仁爱非常充分而普遍地证明了神的善性。

宗教改革拉开了近代社会的序幕，海涅曾这样评价路德的宗教改革，"自从路德说出了人们必须用圣经本身或用理性的论据来反驳他的教义这句话以后，人类的理性才被授予解释圣经的权利，而且它，这理性，在一切宗教的论争中才被认为是最高

---

① 弗兰西斯·哈奇森.论美与德性观念的根源 [M].高乐田等译，杭州：浙江大学出版社，2009 年，第 217 页.
② 弗兰西斯·哈奇森.论激情和感情的本性与表现，以及对道德感官的阐明 [M].戴茂堂等译，杭州：浙江大学出版社，2009 年，第 128 页.
③ 弗兰西斯·哈奇森.论美与德性观念的根源 [M].高乐田等译，杭州：浙江大学出版社，2009 年，第 216—217 页.
④ 同上书，第 217 页。

的裁判者。这样一来，德国产生了所谓精神自由或有如人们所说的思想自由，思想变成了一种权利，而理性的全能变得合法化了。"①可是，路德和相继的加尔文毕竟是受到时代局限的人物，"虽然路德和加尔文说曙光终于要冲破黑暗了，但在有生之年，他们一直都是中世纪的孝子贤孙"②。然而，在哈奇森这里，一切终于发生了翻天覆地的变化。上帝仅仅是和人在同一链条上但比人（man）更完美的"人"（Man）。哈奇森无意要树立宗教信仰意义上的上帝，而仅仅只是理性地再造了一个逻辑意义上的上帝，并以此来维持哲学体系的逻辑完满。对哈奇森言，这个上帝不是精神和心灵的完满，而是知识上的完满。

综合看来，我们发现，如果说"信仰一旦依附于现实的、世俗的利益，就会变得脆弱无力，就会失去信仰的本色"③，那么，在哈奇森的文本中，种种现实的、世俗的利益已经对曾为千千万万的人们所信仰的《圣经》亚伯拉罕启示神进行了无情的祛魅，因此，我们可以肯定地说哈奇森的"神"绝非亚伯拉罕的启示神。首先，正如哈奇森自己明确所言，"此处所说的一切仅仅只和道德感官的理解有关，而与神通过启示所要求的德性的那些程度无关"④，也就是说，他所谈论的神是由道

---

① 车铭洲. 西欧中世纪哲学简论 [M]. 天津人民出版社，1982 年，第 252 页.

② 亨德里克·房龙. 宽容 [M]. 秦立彦、冯士新译，北京：中国人民大学出版社，2003 年，第 147 页.

③ 戴茂堂. 西方伦理学 [M]. 武汉：湖北人民出版社，2002 年，第 276 页.

④ 弗兰西斯·哈奇森. 论激情和感情的本性与表现，以及对道德感官的阐明 [M]. 戴茂堂等译，杭州：浙江大学出版社，2009 年，第 227 页.

德感官所揭示出来的神，具体而言，这个神就是在哈奇森作品中一再出现的天意①、普遍天意②、支配性天意③、善良天意④。其次，经由我们的幸福，即公共善和普遍善所证明的神的善性纯粹是消除了一切先天基础的经验性的善性，因此，神便不再具有启示的意义，转而拥有经由我们的证明而来的善性。因此，我们发现，在讨论神的存在以及神的善性时，哈奇森始终坚持严格从人性出发来讨论我们对善的欲求，"无须设想与普遍善、无限善或最大总数有关的任何天赋观念。我们更无需把任何指向这些东西的实际心理意愿假定为所有特殊欲望的缘由或根源"⑤。这样，内在感官和道德感官作为"桥梁"所证明的就是体现了人自身之崇高地位的、表现为天意的"神"的存在。在哈奇森的全部思想中，随着哈奇森的"新光"而出场的这个新的"神"有着两个方面的重要作用：这个"神"不仅使哈奇森的道德哲学体系找到了内在的、逻辑上的形而上学基础，而且使哈奇森的学说体系在高扬人性的同时，使人自身最终取代了启示性的亚伯拉罕之神，从而把人所追求的公共善或普遍善提升到了哲学本体论的高度。这样，相对于中世纪思想家把世俗视为罪恶而言，由于受到公共

---

① 弗兰西斯·哈奇森. 论激情和感情的本性与表现，以及对道德感官的阐明 [M]. 戴茂堂等译，杭州：浙江大学出版社，2009 年，第 133 页、第 134 页以及第 145 页.

② 同上书，第 129 页以及第 145 页。

③ 同上书，第 133 页。

④ 弗兰西斯·哈奇森. 论激情和感情的本性与表现，以及对道德感官的阐明 [M]. 戴茂堂等译，杭州：浙江大学出版社，2009 年，第 140 页.

⑤ 同上书，第 25 页。

善或普遍善的引导，我们在世俗世界所做的一切便不再是有罪的，相反，它们变成了崇高的东西，并借着哈奇森的"新光"而如远方的灯塔一样指引着后来的人们。

（二）人的地位的空前提高

哈奇森的道德情感思想表明，无论在宗教生活还是在社会生活中，人的情感或感情都占据着基础性的地位。在人类的宗教行为中，人的情感或感情构成了这一切的基础，"在任何国家里，被视为宗教性的所有行为都被视为它们如此的那些人认为源于指向神的某种感情"①。同理，在社会生活中，情形也是如此，"我们称之为社会德性的一切，我们仍然认为源于指向我们的同类被造物的感情"②。为什么人的情感或感情会有这么大的作用呢？这是因为，由于情感的推动性作用，我们的一切行为都会受到某种情感的推动，这样，一切道德的善或恶的评价都必须以人的情感或感情为对象，"外在的运动，如果不伴随指向上帝或人的感情，或并不表示缺乏这种感情，在它们身上就不会有道德善或恶"③。

取代了亚伯拉罕之神的哈奇森"新光"照耀下的"神"是个由观念而非由启示而来的"神"，对于这个因对人类公共善或普遍善的维护而拥有善性的神来说，同样要求人具有指向自身的情感。对于社会生活来说，它更是要求人具有指向他

---

① 弗兰西斯·哈奇森. 论美与德性观念的根源 [M]. 高乐田等译，杭州：浙江大学出版社，2009 年，第 99 页.
② 引文同上。
③ 引文同上。

人的某种情感，即无私的仁爱。在此，我们发现，无论对于
这个新"神"还是对于社会生活来说，通过对哈奇森所倡导
的情感的分析，我们可以发现一个共同的特点，即相对于过
去曾经俯伏在亚伯拉罕之神面前的人来说，哈奇森言语或文
本中受到"新光"光照的"人"的地位获得了空前的提高。

1　人指向哈奇森之"神"的情感体现了两个特征，即世
俗性和可计算性

首先，这种情感体现了世俗性特征。在哈奇森道德情感思
想体系中，人对"神"的情感具有非宗教性特征。通过阐明人
无法对不能为人的观念所确认的亚伯拉罕启示神产生宗教性的
爱和感恩之情，哈奇森论证了人对"神"的情感的世俗性特
征。总体看来，哈奇森认为，人对"神"的爱并不比人对人的
爱具有更多的优先性，"对完美善良的神的最高可能程度的
爱，不会比指向被造物的成比例的爱更能证明性情的德
性"①。哈奇森认为，我们的情感或感情的产生有赖于我们的
心灵对有关对象的观念的接受，也就是说，"只要对象的观念
没有出现，没有哪一种指向对象的感情会显现给心灵"②。哈
奇森认为，我们的感官无法对亚伯拉罕启示神产生某种
知觉。在这种意义上，如果我们的心灵因关注其他对象而没
有关注"神"这个对象，那么，这无法证明我们的性情为
恶。哈奇森认为，这种情形"正如注意力的缺乏无法论证感情

---

① 弗兰西斯·哈奇森. 论激情和感情的本性与表现，以及对道德感官的阐明 [M].
戴茂堂等译，杭州：浙江大学出版社，2009 年，第 223 页.
② 引文同上。

的缺乏一样"①。由此，"在最优秀的性情中，不可能存在指向未知对象的爱。因此，对未知对象的爱的缺乏，无法论证性情中的恶，正如无知无法论证感情的缺乏一样"。也就是说，在哈奇森看来，对于"不会总是挂念着神，或不会总是实际爱戴着他，或甚至不知道他的心灵"②来说，不是有罪的心灵，因为"没有哪一种对神的无知是无罪的"③，相反，这种心灵有可能是具有善性的心灵。除此之外，哈奇森还认为，亚伯拉罕启示神并不是我们的爱所指向的唯一真正对象。在哈奇森看来，"使所有高尚感情仅仅只指向上帝的这种观念，并不是通过人的本性中的任何东西暗示给人的，而是源于闲暇之人的冗长而精微的推理，并且不会在生活的自然事务中得到应用"④。不仅如此，哈奇森进一步说，即使这种说法得到了应用，也就是说，"如果要使心灵高尚，甚或是无罪，它就有必要对上帝拥有这种崇高的沉思"，哈奇森认为，其结果就是，"上帝已经把绝大部分的人置于了德性的绝对无能状态中，并通过他们的本能和天然感情本身，而使他们永久地倾向于无尽的恶"⑤。对此，哈奇森是无法同意的。因为，他的全部道德情感思想总的目标几乎都是为了证明，在被造物的德行高尚的性情中，的确存在着某种高尚的情感，并且这种情感本身可以使被

---

① 弗兰西斯·哈奇森. 论激情和感情的本性与表现，以及对道德感官的阐明 [M]. 戴茂堂等译，杭州：浙江大学出版社，2009 年，第 223 页.

② 同上书，第 224 页。

③ 同上书，第 229 页。

④ 同上书，第 238 页。

⑤ 引文同上。

造物不再背负原罪的包袱。正如哈奇森在《论激情和感情的本性与表现，以及对道德感官的阐明》的结尾处所言，"似乎有可能的是，无论我们怎样必须把那种性情视为极度不完美、不一致或褊狭，在其中的指向宇宙施恩者的感激、对至高的原初之美、完善和善性的崇拜和爱，都不是最强烈和最盛行的感情；然而，特定的行为可以是无罪的行为，而且，在毫无取悦神并影响主体的实际意图的地方，这些行为可以是德行高尚的行为。"①

其次，这种情感具有可计算性的特征。在哈奇森看来，对于我们的所有各种类型的爱来说，它们的道德程度都是可以得到计算的，其计算的原则是，"指向任何人的爱的量都处于他身上为人所理解的爱的缘由和观察者身上性情的善性的复合比例中"②。如果用 L 表示 quantity of love，即爱的量，用 C 表示 cause of love，即爱的缘由，用 G 表示 goodness of temper，即性情的善性，那么，在哈奇森看来，爱的量就可以用公式表示为"$L = C \times G$"。在这个公式中，哈奇森认为，"由于我们无法理解拥有超出其缘由比例的爱的程度的某种善性，最高尚的性情就是爱等同于其缘由的性情，它因此可以用统一性予以表达"③，也就是"$G = L/C$"中的"L"与"C"相等。这个公式可以应用于我们指向神的爱，哈奇森

---

① 弗兰西斯·哈奇森. 论激情和感情的本性与表现，以及对道德感官的阐明 [M]. 戴茂堂等译，杭州：浙江大学出版社，2009 年，第 239 页.
② 同上书，第 220 页。
③ 引文同上。

认为，"两个人对神圣善性具有同样公正的理解时，两人身上对神的爱会与性情的善性成比例"①，也就是说，当"C"相等时，"L"就随"G"而改变。在哈奇森看来，我们明确地计算我们对神的爱的量的原因和目的都是为了帮助我们"改良或改进我们的性情"，并"推动我们去提升同类的幸福"②。这是因为，被造物的幸福构成了神的神圣幸福的诱因，如果没有被造物的幸福，那么，就没有神的神圣幸福，这样，神的善性和能力就会受到质疑，因此，我们对神的爱就会"直接推动我们去做各种各样的仁爱行为"③。

综上所述，在哈奇森的语境中，我们可以把"神"视为公共善或普遍善的化身或代表。在这个意义上，正如我们的观念推动了我们对这个"神"的领悟一样，我们指向这个"神"的爱实际上表明的是，我们真正所爱的不是任何有别于我们自身的他物，而是同我们每个人都息息相关的公共善或普遍善。换句话说，我们只是在更抽象的层面上爱着我们自己而已。这样，相对过去俯伏在亚伯拉罕之神面前的我们来说，我们不再需要谦卑，不再需要温柔，不再需要背着原罪的包袱无尽地忏悔；相反，在"神"的面前，我们不仅是无罪的，而且曾经的神是否为善以及是否幸福等问题都要有赖于无罪的我们进行回答，否则，我们无法对这样的神产

① 弗兰西斯·哈奇森.论激情和感情的本性与表现，以及对道德感官的阐明 [M]. 戴茂堂等译，杭州：浙江大学出版社，2009 年，第 223 页.
② 同上书，第 222 页。
③ 引文同上。

生任何情感。正是在这个意义上，艾伦·盖瑞特认为，在哈奇森的学说中，"虔诚的最好标志是社会感情和公共德性"①。这样，借助于指向这个新"神"的情感，我们自身的地位便获得了空前的提高。正是这样，哈奇森认为，借着我们的高尚行为，我们可以达到神的高度，"被假定为无罪的存在物，通过尽其最大能力追求德性，可以在德性上与诸神等同"②。

2　在社会生活中，指向被造物自身以及被造物同被造物之间的情感也体现了两个特征，即无罪性和可计算性

首先，我们指向我们自身以及其他被造物的感情是无罪的。我们指向我们自身的情感可以被视为自爱的情感，由于我们每个人都是宇宙大系统的一个组成部分，"因此，他就可以部分地成为他自身仁爱的对象"。哈奇森接着说，"不仅如此，进一步说，正如上文所暗示的一样，他可以看到，该系统的保存要求每个人无罪地关心他自己"③。因此，为了整体善或公共善的缘故，我们的自爱是无罪的情感，私人善可以被称为"无罪的私人善"④，私人的劳动成果也是"无罪

---

① Francis Hutcheson. *An Essay on the Nature and Conduct of the Passions and Affections*, *with Illustrations on the Moral Sense* [M]. Indianapolis：Liberty Fund. p. XⅧ.

② 弗兰西斯·哈奇森. 论美与德性观念的根源 [M]. 高乐田等译，杭州：浙江大学出版社，2009 年，第 134 页.

③ 同上书，第 125 页。

④ 同上书，第 200 页。

的"①。对于我们指向其他被造物的情感来说，只要我们体现了仁爱的情感，我们的行为就"不仅是无罪的，而且是尊荣而高尚的行为"②。除了依靠我们自身的感官和心灵，我们无须凭借其他任何东西来判定这种行为为"尊荣而高尚"，由于受到这种感官的推动，我们在赞美这种行为的时候不是出于利益，而是为了获得来自这种感官自身的幸福，用哈奇森的话来说，即"上帝给了我们心灵和感官，通过它们的帮助我们看到了在意图、语言和行为中有着某些美丽、合适和荣耀的东西——无论是我们自己的还是那些其他人的；因此，我们把赞扬和喜爱给予人类之中那些应得的人，对于所有的人来说，获得赞扬和荣誉，甚至并不期望由之带来的任何其他的利益，几乎没有什么东西能比它带来更大的幸福了"③。总体看来，无论指向我们自身的自爱这种情感，还是指向他人的无私的仁爱这种情感，在哈奇森看来，都是无罪的。不仅如此，由于它们都共同推动了公共善或普遍善，因此，在哈奇森看来，它们有资格配享曾为亚伯拉罕之神所独享的尊荣和赞美。

其次，我们指向被造物的情感是可以计算的。对哈奇森而言，由于伦理学直接由建立在科学理性精神之上的美学过渡而来，这样，受到科学理性精神的支配，对我们的情感进行数学

---

① 弗兰西斯·哈奇森. 论美与德性观念的根源 [M]. 高乐田等译，杭州：浙江大学出版社，2009 年，第 204 页.

② 同上书，第 124 页。

③ 弗兰西斯·哈奇森. 逻辑学、形而上学和人类的社会本性 [M]. 强以华译，杭州：浙江大学出版社，第 221 页.

计算便是其必然理论结果。对我们自己或他人的情感进行计算的目的是为了精确地确定行为中的道德程度，而情感之所以可以进行计算，这其中的关键性原因在于，哈奇森将公共善或普遍善限定于严格的世俗经验领域。指向这种对象的情感无疑会充分体现了人性之自然特征，因此，正如哈奇森所言，这些情感都是遵循自然法则[①]而运行的情感。正是在这个意义上，这些情感所指向的对象不仅是可以充分为我们所理解的对象，而且，我们的情感也会遵循利益最大化的自然原则而产生并发生效果。因此，哈奇森认为，我们"必须依照我们本性的构造而欲求任何为人所理解的、远离恶的善，对于彼此矛盾的两个对象，我们会欲求那似乎包含着善的最大因素的对象"[②]。哈奇森认为，平静的普遍仁爱这种深受道德感官之赞许的情感也没有超越我们人性中的内在自然法则的支配，"在平静的普遍仁爱中，选择通常由善的要素以及享受善的数目来决定"[③]。在这种思路之内，在《论美与德性观念的根源》的第二篇专门讨论道德根源的论文中，哈奇森详尽地列举了可以被用来计算我们的道德程度的六个数学公理，在三年之后出版的《论激情和感情的本性与表现，以及对道德感官的阐明》的第一篇论文的第二节，以及第二篇论文的第六节，哈奇森再次不厌其烦地对这些数学公理进行了更明确的解释。

———————————

① 弗兰西斯·哈奇森. 论激情和感情的本性与表现，以及对道德感官的阐明 [M]. 戴茂堂等译，杭州：浙江大学出版社，2009 年，第 29 页.
② 同上书，第 25 页。
③ 同上书，第 27 页。

在此，我们需要注意的是，哈奇森所精心探讨的情感计算法非常明显地体现了其自身的理论矛盾。这种矛盾表现为两个纬度：首先，在情感的维度，我们发现，情感的功利计算法同仁爱的超功利特征形成了对立。在哈奇森的文本以及我们前文的叙述中，我们可以充分相信，作为道德之基础的指向他人的无私仁爱这种高尚的道德情感是超功利的，这种超功利性不仅体现为它可以超越外在于我们的自然善，而且体现为它可以超越内在于我们自身的"自爱"这种情感，从而表现为"无私"的特征。哈奇森认为，"仁爱之爱，这个名称本身就排除了自我利益"①。但是，在包括仁爱在内的道德情感的计算过程中，哈奇森最后得出的结论是"为最大多数人获得最大幸福的那种行为就是最好的行为，以同样的方式引起苦难的行为就是最坏的行为"②。在具体的层面上，哈奇森从来没有明确指出，我们该如何精确确定"最大多数人"，只是反复强调，它限定于我们的感官所能知晓的范围内的最大多数人。这样，"最大多数人"只是空洞的概念，它并不真正关心什么是它的内容；相反，我们行为的功利性特征才是真正真实的东西。历史的事实也早已显示，当英国在 19 世纪成为日不落帝国的时候，它也未能真正代表包括全人类在内的最大多数人的利益。其次，在道德的维度，道德程度的功利计算法同道德自身的超功利性或仁爱动机之间形成了对立。哈奇森认为，道

---

① 弗兰西斯·哈奇森. 论美与德性观念的根源 [M]. 高乐田等译，杭州：浙江大学出版社，2009 年，第 102 页.
② 同上书，第 127 页。

德必定要么出自我们的"某种情感，要么是由它们而来的行为"，并且，"在我们称为高尚的这些情感中，没有哪一种会源于自爱或对私人利益的欲求"，在这个意义上，哈奇森认为，必然随之而来的是，"对德性的追求并非出自追求者的利益或自爱或与它自己的益处有关的某种动机"[①]。通过这些推论，我们知道，以仁爱为动机的道德会具有超功利的特征。然而，在道德程度的计算过程中，我们不仅可以看到，在"$I = S \times A$"这个公式中，对私人善的追求并未排除在道德领域之外，而且，就仁爱这种无私的情感而言，"$B = M/A$"[②]这个公式表明，仁爱也不能离开善的量即"M"而确定。

---

① 弗兰西斯·哈奇森. 论美与德性观念的根源 [M]. 高乐田等译，杭州：浙江大学出版社，2009 年，第 100 页.
② 同上书，第 131 页。

第四章　道德情感的培养

在哈奇森的道德情感思想体系中，我们知道了什么是真正高尚的道德情感之后，并不意味着，我们就会在生活中时刻产生这种情感，并受这种情感的支配而产生道德的行为。相反，在更多的时候，我们只会看见同我们自己密切相关的"利益"以及同我们的利益密切相关的各种褊狭的派系的"利益"，因此，我们更多的时候会因利益而蒙蔽双眼从而受到自爱这种情感的支配去自私地行动，或不择手段地追求"成功"。因此，对于我们的道德情感而言，不仅它自身需要在同自爱的情感的区别中找到真正属于自己的根基和来源，而且对于我们而言，想要成为一个拥有高尚情感的高尚之人，我们需要不断地锻炼我们自身，我们需要不断地培养被我们视为宝贵的这种道德情感。在本章，我们将重点探讨培养道德情感的前提、方法以及目的这三个大问题。

第一节　道德情感培养的前提

对各种感官快乐（情感）的强度和延续性有明确的认识和

比较是道德情感进行培养的前提，但是为了达到这个目的，我
们必须对情感的来源进行探索，并在此基础上对我们的情感进
行分类。一旦这两个问题得到了澄清，培养道德情感的前提也
就得到了确立。

一　情感的来源

在哈奇森的道德情感思想体系中，对于情感的来源，我们
可以从宏观和微观两个层面来进行分析。从宏观上来看，我们
可以从两个角度来理解情感的来源：首先，从欲望的角度出
发，哈奇森认为，欲望同情感都具有相同的来源；其次，从情
感的角度出发，哈奇森认为，情感来自我们的本性结构，是我
们本性中与生俱来的东西。从微观上来看，情感有两种来源。

（一）宏观视野下的情感来源

由于欲望和憎恶就是真正情感的全部内容，因此，哈奇森
的道德情感思想体系认为，研究欲望的来源就是研究了情感的
来源。在哈奇森看来，欲望来自我们本性的结构，与感官出自
我们的本性是一回事，"我们心灵中的各种欲望来源于我们本
性的结构，基于对对象、行为或事件的善或恶的理解而产生，
当对象或事件为善时，欲望的产生是为了为我们自己或他人获
取愉悦的感觉，当对象或事件为恶时，欲望的产生是为了阻止
令人不快的感觉"①。在这种基础上，哈奇森反驳了与此不同

---

① 弗兰西斯·哈奇森. 论激情和感情的本性与表现，以及对道德感官的阐明 [M].
戴茂堂等译，杭州：浙江大学出版社，2009 年，第 7 页.

的对欲望的来源的看法。他说，"感情或欲望并不直接产生于我们的意志力或对它的欲求"①，以及"欲望并不产生于意志力"②。哈奇森所理解的欲望是人类最根本、最本能的欲望。与我们通常所看到和体会到的那些来源于意志力和对某物的欲求而产生的欲望（如追求权力的欲望、买豪宅的欲望、赚大钱的欲望等）相比，这种欲望对人而言是非常基本的、不可取消的欲望，因为它来自人的本性的构造。用他的学说来看，我们所说的这些来自意志力的欲望（如追求权力的欲望、买豪宅的欲望、赚大钱的欲望等）都只能算作"从属性的欲望"，它们的满足是为了某种原初性欲望的满足。例如，对于某些人来说，赚大钱是为了改善生活条件，或者说是为了使自己的吃穿住行等根本性的原初欲望得到更好的满足。

我们的情感，如对他人的仁爱和同情，并不产生于"他人的善会趋于该主体的善"这种前定的看法。换句话说，我们对他人产生仁爱之情并不是为了我们自身的利益（自爱），而是因为我们的本性在先于"他人的善会趋于该主体的善"这种看法产生之前就规定了我们不得不产生有别于自爱的、指向他人的"无私的仁爱"这种情感。为了明晰地论述这个观点，哈奇森引入了"嗜欲"这个概念。所谓"嗜欲"，就是先于欲望、先于对对象中善恶看法而产生的"一种前在的痛苦或不适的感觉"，使欲望得到满足的对象"之所以经常被尊为善，仅仅是

---

① 弗兰西斯·哈奇森.论激情和感情的本性与表现，以及对道德感官的阐明 [M].
戴茂堂等译，杭州：浙江大学出版社，2009 年，第 15 页.
② 同上书，第 16 页。

因为它能减轻这种痛苦或不适"①。哈奇森认为，与"嗜欲"有关的欲望是"饥饿和干渴，以及两性之间的欲望"②。以此为原型，哈奇森认为，"在社会的欲望中、在我们同类被造物的同伴之中存在着与此类似的东西"③。哈奇森由此进一步深化这种说法，认为"我们的本性在很大程度上由此而形成，因此，即使同伴的缺乏并不直接使人痛苦，但如果长久地缺乏同伴，该人就不会委身于最终会趋于形成社会的某种东西，或者说蓄意使他适应社会的某种东西，即他身上逐渐增强的一种唯有同伴能消除的不快的苦恼、郁郁寡欢和不满。他也许一直不会明白，是同伴的缺乏引起了他的不适感"④。这样，哈奇森认为，虽然我们的仁爱预先假定了某种知识或看法（如"他人的善会趋于该主体的善"），但是，这些情感却不会来源于这些知识或看法。我们的情感只来源于我们本性的结构，正如嗜欲来自我们的本性一样。在这个意义上，这种情感以及受它推动而产生的行为是"我们本性的规定物，先于我们出自利益的选择，一旦我们知晓了其他感性或理性存在物并对其幸福或不幸有了理解时，就会推动我们的行为"⑤，换句话说，由于受到本性的推动，我们就会对他人产生与指向自我利益的自爱没有关系的指向他人利益的无私仁爱这种道德情感。正是这样，同

① 弗兰西斯·哈奇森.论激情和感情的本性与表现，以及对道德感官的阐明［M］.戴茂堂等译，杭州：浙江大学出版社，2009年，第66页.
② 引文同上。
③ 引文同上。
④ 同上书，第66—67页。
⑤ 同上书，第67页。

其他欲望相比，如果我们缺乏道德情感，我们就会感到非常痛苦，与道德情感的缺乏相比，而"先于把芬芳的气味、和谐的声音、美丽的对象、财富、权力或显赫视为善的看法或对其快乐的某种先在感觉，没有人会因它们的缺乏而痛苦"①，因为后者仅仅只是基于我们对善的看法或知识而产生，而前者却是源于我们本性的结构自身。

(二) 微观视野下的情感来源

当我们以各种情感为对象，从情感自身的微观视野来考察情感的时候，我们发现，情感有两个来源。当我们根据知觉是否悦人而把感情或情感限定于欲望或憎恶时②，我们发现，根据我们的知觉赖以产生的不同原因，情感有两个来源。在哈奇森看来，根据是否有前定观念，我们的知觉可以分为两大类，第一类知觉就是仅仅只是对感官快乐或痛苦的知觉，在这个过程中，"为人所知觉到的愉快或痛苦有时是简单的，不涉及任何前定的观念或意象，也不涉及除广度或延续之外的其他各种伴生观念。广度或延续观念伴随着每一种知觉，无论是感官知觉还是内在意识知觉"③。第二类知觉"仅基于某种前定的观念或观念的集合与比较而产生"④。这种类型的知觉是哈奇森所探讨的重点，《对美、秩序等的研究》所探讨的是被称为内

① 弗兰西斯·哈奇森. 论激情和感情的本性与表现，以及对道德感官的阐明 [M]. 戴茂堂等译，杭州：浙江大学出版社，2009 年，第 67 页.
② 同上书，第 22 页。
③ 同上书，第 3—4 页。
④ 同上书，第 4 页。

在感官的美的感官的知觉，而在其他论文中，哈奇森重点讨论的是由被称为道德感官的感官所产生的道德知觉。无论对于内在感官还是对于道德感官而言，这两种类型的知觉赖以产生的前提都离不开某种前定观念。这样，如果我们的心灵是因为知觉到了第一种类型的知觉进而产生了"运动的意志力"①，即情感的话，我们就从微观上找到了情感的第一个来源，即无须前定观念而产生的情感，我们发现，对某些外在感官快乐的欲求就是基于这个来源之上而产生的情感。如果我们的心灵因为知觉到了第二种类型的知觉进而产生了行动后，我们就找到了情感的第二个来源，即有赖于前定观念而产生的情感。广义上所谈论的内在感官知觉所激发的心灵的情感，都属于这个范畴之内，如审美的情感、道德的情感、对公共善的情感以及对荣誉的情感等都是这种类型的情感。

二　情感的分类

以"身体运动"②以及"感官"为根据，哈奇森从两个维度对情感进行了分类。不仅如此，为了凸现道德情感的崇高地位以及培养道德情感的必要性，哈奇森还耐心地对处于第二个维度下的各种情感的强度和延续性进行了比较。

（一）两个纬度下的情感分类

第一个维度是我们"身体运动"的维度。根据我们的身体

---

① 弗兰西斯·哈奇森. 论激情和感情的本性与表现，以及对道德感官的阐明 [M]. 戴茂堂等译，杭州：浙江大学出版社，2009 年，第 22 页.
② 同上书，第 46 页。

是否产生运动，我们的情感可以分为感情和激情。前者没有身
体运动的参与，仅仅只有来自心灵自身的意志力，在这个意义
上，我们可以发现对快乐知觉的欲求和对不快乐知觉的憎恶这
两种"感情"，在哈奇森看来，它们是"真正的感情"①，也可
以被称为"平静的欲望"②或"纯粹欲望"③。与此相对应的是
伴随着身体运动的"有别于感情的激情"④。哈奇森认为，对
于我们的感情和激情而言，它们都"产生于道德感官和荣誉
感官"⑤，它们的动力和目的都不会指向私人的利益，即"它
们为我们本性中不同于自爱的某种东西所推动，并会趋于有别
于外在感官的私人快乐或想像力的私人快乐的某种其他东
西"。对于哈奇森而言，从这个纬度来划分我们的情感，只是
为了使自己对情感的分析在理论上变得更加完善，因此，对于
这个纬度下的情感划分，除了在道德情感思想体系内阐明它们
的功能外，哈奇森没有作更详尽的探讨。他更看重的是集中体
现了自己理论特色的第二个维度下的情感划分。

　　第二个维度是"感官"的维度。根据对不同感官快乐的欲
求，有别于激情的感情可以划分为五种类别：第一种类型的情
感同外在感官有关，它们是"对肉体快乐的欲望（我们用这个

----

① 弗兰西斯·哈奇森. 论激情和感情的本性与表现，以及对道德感官的阐明 [M].
戴茂堂等译，杭州：浙江大学出版社，2009 年，第 22 页.
② 同上书，第 27 页。
③ 同上书，第 32 页。
④ 同上书，第 23 页。
⑤ 同上书，第 50 页。

词指外在感官快乐）；对与此相反的痛苦的憎恶"①；第二类型
的情感同内在感官有关，它们是"对想像力或内在感官快乐的
欲望，对一切有损这种快乐的事物的憎恶"②；第三种类型的
情感同公共感官有关，它们是"对源自公共幸福之快乐的欲
望，对源自他人苦难之痛苦的憎恶"③；第四种类型的情感同
道德感官有关，它们是"对德性的欲望，对恶行的憎恶，其根
据在于我们所拥有的造福或损害公众的行为倾向的观念"④；
第五种类型的情感同荣誉感官有关，它们是"对荣誉的欲望，
对羞耻的憎恶"⑤。更精确地说，在情感这个大的概念之内，
这些情感应该被称为"感情"，但由于在哈奇森的道德情感思
想体系中，"感情"始终是被包含在"情感"之内的一个概
念，只是在有别于"激情"的意义上，"感情"和"情感"的区
分才具有明确的实际意义。因此，在此，我们可以用"情感"
来称呼"感情"。通过对源于感官的这些情感进行了不同类型
的划分之后，下一个问题就是：在所有这些情感中，道德情感
是否具有优先性？因此，哈奇森需要对各种情感的强度和延续
性进行比较。

（二）我们各种情感的强度和延续性之比较

当我们的心灵为各种情感所支配时，也就意味着，对我们

---

① 弗兰西斯·哈奇森. 论激情和感情的本性与表现，以及对道德感官的阐明 [M].
戴茂堂等译，杭州：浙江大学出版社，2009 年，第 7 页.
② 引文同上。
③ 引文同上。
④ 引文同上。
⑤ 引文同上。

而言，欲望成为快乐和痛苦的诱因。由于我们情感的产生直接源于我们的感官知觉，因此，要对以欲求悦人知觉或憎恶不悦人的知觉为对象的情感的强度和延续性进行比较，也就意味着，我们要对各种感官知觉所产生的快乐的强度和延续性进行比较。在进行比较之前，我们需要知道的是，哈奇森之所以把"强度"和"延续性"作为各种快乐之比较的衡量标准，这是因为，他认为，"任何快乐的价值以及任何痛苦的数量或构成要素都处于强度和延续性的复合比例中"①。在对二者进行比较之前，有两点内容我们需要予以特别的注意。第一点是，在对强度进行比较时，哈奇森所比较的是各种消除了因观念的联合所产生的种种不同的趣味之后的感官快乐，也就是处于不受外来观念干扰的状态中的各种感官快乐的不同强度。因为在哈奇森看来，一旦观念的联合加入进来，我们的性情就有可能发生变化，这样，我们无法对各种快乐进行纯属感官意义上的比较了。第二点是，在对延续性进行比较的时候，哈奇森考察的是当对象和我们的幻想都处于恒定状态也就是理想状态中的时候，我们各种快乐所展现的不同延续性，因为哈奇森认为对象之恒定性以及我们所幻想的恒定性中的"任何一点变化都会使快乐终结"②。在这种理想状态中，通过这种比较，我们就可以发现，具有最大强度和最持久延续性的快乐是什么，从而使我们明白，我们真正要欲求的是什么，也就是说，

---

① 弗兰西斯·哈奇森. 论激情和感情的本性与表现，以及对道德感官的阐明 [M]. 戴茂堂等译，杭州：浙江大学出版社，2009 年，第 90 页.
② 引文同上。

我们的情感所指向的真正对象应该是什么。

首先，不同感官快乐之强度的比较。在进行各种快乐之强度的比较时，哈奇森认为，最有资格进行判断的人是这样一种人，这种人"单单已经体验过不同种类的快乐，并使其感官在其中得到了彻底而充分运用"①。在我们的五种感官快乐中，道德感官、公共感官和荣誉感官"实际上会共同激发相同的行为"②，因此，我们可以把由它们所激发的情感和行为作为一个类别来与外在感官之乐和由内在感官（或美的感官）所产生的想像力之乐进行比较。这样，哈奇森得出结论，对德性的强烈喜爱，或对由公共感官所产生的快乐的或伴随着公共感官的荣誉感官之乐的强烈喜爱，要比对其他感官快乐的喜爱更有价值，因为由德性而产生"的快乐高于任何其他快乐"，不仅如此，哈奇森还认为，这种快乐要"高于所有其他快乐的联合"③。在哈奇森看来，这种观点可以从正反两个方面得到论述。从正面来说，这种观点可以从四个方面得到证明。第一，德行高尚的人可以证明，其他的享乐，如外在感官之乐和想像力之乐等，"与正直、忠诚、好心、慷慨和公共精神之乐相比，只不过是微不足道的东西，几乎没有什么价值"④。第二，邪恶之人也证明了此点，因为"来自邪恶之人的评判，要

---

① 弗兰西斯·哈奇森.论激情和感情的本性与表现，以及对道德感官的阐明 [M].戴茂堂等译，杭州：浙江大学出版社，2009 年，第 91 页.
② 同上书，第 103 页。
③ 同上书，第 92 页。
④ 引文同上。

么可以不予在意，因为他在某个方面是无知的；要么，如果他在任何特殊的情形中对道德情感有了体验，他就会同道德高尚之人保持一致"①。第三，来自经验的证据可以"证明相同的一切"②。观察显示，欲求外在感官快乐的这种情感的正当性离不开道德感官的支持，"为了避免来自主体之道德感官的反对，不仅对无罪的看法是私人快乐过程中的必要成分；而且，某些公共感情，道德善中的无罪看法，在所有感官享乐中具有最大魅力"③。然而，欲求道德快乐的这种情感本身却是自足的，它不仅无需其他感官提供支持，而且相反可以超越其他感官所产生的障碍，并在这个过程中体现自身的价值，"公共感情、德性和荣誉，无须任何种类的感官快乐来推荐它们；甚至连免除外在痛苦的看法或希望也不需要。这些强有力的形式能够表现得可亲可近，并吸引我们穿越饥饿、干渴、寒冷、劳作、付出、伤痕与死亡的崎岖路途去孜孜以求"④。第四，旁观者的判断证明了相同的一切。对于一个旁观者而言，当他同时面对一个孤独地享受着审美之乐的人以及一个社会生活中的乐善好施之人时，他会看见，前者享受着一种毫不涉及任何社交活动以及爱和友谊的想象力之乐，后者忙于保护无父的穷人、照顾濒临死亡的人、照看寡妇并关心受压迫者和困苦的

---

① 弗兰西斯·哈奇森. 论激情和感情的本性与表现，以及对道德感官的阐明 [M]. 戴茂堂等译，杭州：浙江大学出版社，2009 年，第 94 页.

② 引文同上。

③ 同上书，第 95 页。

④ 引文同上。

人。哈奇森认为，如果要让旁观者给儿子或朋友推荐一种生存状态的话，只有后者才会受到推荐，因为它显示了对他人的无私的仁爱之情。由此，我们可以认为，"道德种类的盛行超越了生活的所有享乐"①。从反面来说，"如果我们以类似的方式对公共感官、道德感官和荣誉感官的痛苦与其他外在感官的痛苦或最大的外在损失进行比较，我们会发现，前者要更加痛苦得多"，也就是说，在所有恶中，道德恶是最严重的恶。这样，通过正反两个方面的论述，我们可以明白，在所有不同种类的情感中，产生于对道德快乐之欲求的情感是强度最大的情感，也是最有价值的情感，因此，相对其他情感而言，这种情感是最有优先性的情感。

其次，不同感官快乐或痛苦之延续性的比较。为了在各种情感中找到可以延续得最久的情感，哈奇森对基于各种感官快乐或痛苦之上的各种情感的延续性进行了比较，这种比较是从两个方面来进行的。第一，对各种感官快乐的比较。对于外在感官快乐而言，虽然这种快乐可以普遍地为人所获得，但是就其延续性来说，"这种快乐不会比嗜欲延续得更久，它也不会在其身后留下什么东西来填补享乐的间歇。一旦这种感觉消失了，我们不会因它而更加幸福，这其中不存在反思之乐，这种消失了的感觉无法保护或支持我们面对外在痛苦或任何一种易于对我们发生的恶"②。对于产生于内在感官或美的感官的真

① 弗兰西斯·哈奇森. 论激情和感情的本性与表现，以及对道德感官的阐明 [M]. 戴茂堂等译，杭州：浙江大学出版社，2009 年，第 99 页.
② 同上书，第110 页。

实的想像力之乐而言，"由于随着它们逐渐为人所熟悉，它们所给予的快乐就会越少，它们不能使人得到充分的消遣或娱乐，它们更不能保护或支持我们面对生活的不幸，如愤怒、悲伤、耻辱、悔恨或外在痛苦"①。对于公共感官而言，虽然公共感官所指向的对象即公共幸福本身是一种非常不确定的对象，但对我们而言，公共感官快乐却非常重要，虽然它"的确不能使我们免于肉体痛苦或损耗"，但"却通常是面对它们时的巨大支柱"②。对于强度最高的道德感官之乐而言，就其延续性来说，"它在其自身是稳定的，不会反复无常或变幻莫测"③。正是因为这样，我们每个人都有权利享受它，我们可以不断地追求它而丝毫不会体会到过度满足之后的烦腻或恶心，而且，这种追求本身会成为我们有生之年的愉悦的反思对象。相对其他几种感官快乐而言，道德感官快乐不仅不会损害外在感官快乐和内在感官快乐，而且会直接促使公共感官快乐的生成，在这个过程中，由于"荣誉是其天然的伴随物"④，因此，我们还可以体会到出自荣誉感官的荣誉之乐。不仅如此，道德感官之乐还可以给我们提供心理支撑，使我们有能力面对生活中来自其他感官的种种"必要的痛苦"⑤。道德感官之所以会具有这种特性，这是因为，在哈奇森看来，德性的完

---

① 弗兰西斯·哈奇森. 论激情和感情的本性与表现，以及对道德感官的阐明 [M]. 戴茂堂等译，杭州：浙江大学出版社，2009 年，第 111 页.

② 同上书，第 112 页。

③ 引文同上。

④ 引文同上。

⑤ 引文同上。

善代表了独立于任何外物的我们自身的完善，即"其他感觉都依赖于异于我们自己的某种东西……而德性的快乐正是这个自己的完善本身，独立于外在对象而直接这样为人知觉"①，因此，它可以具有最持久的延续性。第二，对各种感官痛苦的比较。对于外在感官痛苦而言，它永远都是短暂易逝的，"外在痛苦一旦消失了，没有哪一个凡人会因曾经的忍受而变得更糟。当我们没有当下的疼痛或不害怕疼痛的再次袭来时，反思中就没有什么令人不快的东西"②。对于内在感官而言，哈奇森认为，"没有哪一种形式必然是明确的不快的诱因"③。对于源于道德感官、荣誉感官和公共感官的痛苦而言，哈奇森认为，它们非常具有"持久性"④，而且可以说产生于这些感官中的痛苦"几乎是永久性"⑤的痛苦。外在感官痛苦可以在时间的避难所中得到医治，然而，来自道德感官的痛苦却不会。这是因为，这种痛苦是来自"我们自己本身"和"我们本性"⑥的痛苦，因此，我们会不堪重负，只要这种痛苦存在着，"所有其他快乐会因这些痛苦而变得索然无味，生命自身也会成为一种令人不悦的负担"⑦。通过对各种感官快乐或痛

---

① 弗兰西斯·哈奇森. 论激情和感情的本性与表现，以及对道德感官的阐明 [M]. 戴茂堂等译，杭州：浙江大学出版社，2009 年，第 113 页.

② 同上书，第 114 页。

③ 引文同上。

④ 同上书，第 115 页。

⑤ 同上书，第 114 页。

⑥ 引文同上。

⑦ 引文同上。

苦的比较，我们知道，以道德感官之乐为欲求对象的道德情感是最具延续性的情感，对这种情感的满足会给我们带来最高、最持久的快乐，因为这是一种出自我们本性快乐，我们对这种快乐的追求体现的就是我们种属自身的完善。

第二节 道德情感培养的方法

在哈奇森看来，对道德情感进行培养就是要不断接受道德感官对我们的情感进行"裁判"，即接受"平静的普遍仁爱对各种特殊感情或激情的约束和限制"。这是因为，"使这种平静的普遍仁爱超越所有特殊感情是获得恒定的自我赞许的唯一可靠方式"①。为了达到这个目的，我们就需要进行理性的训练。但我们必须注意的是，哈奇森虽然强调理性的训练在道德情感培养过程中的作用，但是，这并非意味着，他是一个道德理性主义者。事实上，无论是在文本中，还是在讲课的过程中，哈奇森都是坚决反对道德理性主义的。哈奇森认为理性的功用不会成为道德的根源，因为"理性仅仅是一种从属于我们的终极决断——或是知觉上的决断，或是意志上的决断——的能力。最终的目的是由一些感官和意志的决断确定的"②。在这个意义上，我们有必要弄清楚，就"合理性"的具体内容而言，什么是哈奇森所反对的，什么是哈奇森所倡导的。

———————

① 弗兰西斯·哈奇森. 论激情和感情的本性与表现，以及对道德感官的阐明 [M]. 戴茂堂等译，杭州：浙江大学出版社，2009 年，第 25 页.

② 弗兰西斯·哈奇森. 道德哲学体系（上）[M]. 江畅等译，杭州：浙江大学出版社，第 57 页.

一 为哈奇森所反对的"合理性"

受到哈奇森所反对的"合理性"有两种，第一种是各种既定的知识或真理，我们可以称之为知识主义；第二种是我们赖以认识知识或真理的方法，即理性主义。通过反对这两种类型的"合理性"，哈奇森旗帜鲜明地切断了道德与知识或理性之间的本源性关联，使人的情感和本能真正成为道德的源头。

（一）反对知识主义

从两个角度着手，哈奇森坚定地反对把知识当作道德的源头，这两个角度都共同体现了哈奇森反对以知识之理为内容的这种类型的"合理性"。第一，从感官的角度看来，感官知觉的产生以及这种知觉引起的快乐具有直接性和即时性的特征，它们与知识、理性和利益没有任何关系，"我们很多敏锐的知觉都直接地令人愉悦，也有很多直接地令人痛苦，不需要对这种快乐或痛苦产生的原因有任何了解，也不需要了解对象是如何引起苦乐的，或者说了解与它有关的诱因；也不需要明白，这些对象的使用可能导致什么样的进一步的利益或危害"①。相反，理性、知识或利益的计算无法改变我们的知觉以及由知觉所产生的快乐和痛苦，因为这是我们本性的结构所致的结果，对于我们而言，我们只能被动地接受它们，"这种情形如同我们无法使苦艾变甜或蜂蜜变苦一样"②。第二，从知识自身的

---

① 弗兰西斯·哈奇森. 论激情和感情的本性与表现，以及对道德感官的阐明 [M]. 戴茂堂等译，杭州：浙江大学出版社，2009 年，第 5 页.
② 引文同上。

角度来看，知识具有的解释能力是有边界的。在哈奇森看来，代表了真理的某种类型的知识仅仅只意味着"每一个真实命题与其对象之间的那种相符"①，如，当我们以所有权之保护为知识的对象时，有三种命题可以与之相符，即"它会趋于人类社会的幸福。它鼓励勤俭。它会得到上帝的奖赏"。然而，当我们以掠夺作为知识的对象时，仍然有三种命题可以与之相符，即"它使社会动荡。它阻碍勤俭。它会受到上帝的惩罚"②。每一种类型的命题都与各自的对象保持了良好的一致。但是，这种类型的知识却根本没有能力解释，在相同的处境下，我们为什么会选择或赞许一种行为而反对或谴责另一种行为。因此，我们需要超越知识而找到对我们的行为进行解释的原因。在哈奇森看来，有别于知识的情感就可以做到这点。因此，对于离不开我们的行为的道德领域来说，是情感而不是知识，才是道德的真正源头。

（二）反对理性主义

对于"德性源于理性"这种说法，哈奇森从正反两个方面表示了明确的反对。从正面来说，理性自身不可能成为道德的源头。对于理性自身的内涵问题，哈奇森反问道，"除了我们在坚持某种目的时具有的那种睿智之外，什么是理性"③？在

---

① 弗兰西斯·哈奇森. 论激情和感情的本性与表现，以及对道德感官的阐明 [M]. 戴茂堂等译，杭州：浙江大学出版社，2009 年，第 154 页.
② 同上书，第 155 页。
③ 弗兰西斯·哈奇森. 论美与德性观念的根源 [M]. 高乐田等译，杭州：浙江大学出版社，2009 年，第 137 页.

这种意义上，哈奇森认为，"通常道德学家所提出的终极目的
就是主体自身的幸福，而他肯定注定只会从本能出发来追求
它"①，人们不可能抛弃本能和情感而从理性出发来追求道德
学家们所确立的终极道德目的。从反面来说，理性自身的缺陷
使它没有能力成为道德的基础和源头。在哈奇森看来，理性、
知识或知性是有缺陷的，这可以从以下两个方面来进行分析。
首先，理性需要情感的补充才能使我们的身体得到保存，"现
在，我们的理性或有关我们身外之物之关系的知识是如此无足
轻重，以至于常常都是某种令人愉快的感觉在教导我们什么能
趋于身体的保存，以及某种令人痛苦的感觉在显示什么是有害
的。我们的理性或有关我们身外之物之关系的知识所发出的指
令是不够充分的，我们还需知道我们的身体何时想要补充营
养，对此，我们的理性无法企及，那么在此就出现了不适之感
的首要必要性，它先于欲望，一旦欲望产生，它就与之持续相
伴。"②其次，理性的缺陷还体现在，就它的理解力的限度和范
围而言，是有边界的，它永远只能理解它的边界之内的事物，
无法理解超出其边界的东西。然而，对于我们的生命和生活来
说，我们所需要得到理解的对象的边界已经超出了理性自身的
理解力边界。比如，对于理性而言，它无法真正理解生物繁衍
和养育的神秘，"以相似的方式，动物的繁殖对其理性而言具

① 弗兰西斯·哈奇森. 论美与德性观念的根源 [M]. 高乐田等译，杭州：浙江大
学出版社，2009 年，第 137 页.
② 弗兰西斯·哈奇森. 论激情和感情的本性与表现，以及对道德感官的阐明 [M].
戴茂堂等译，杭州：浙江大学出版社，2009 年，第 38 页.

有一种神秘性，但却易于为本能所理解。作为人这种被造物的后代，没有持续的劳动和照料，他们就无法存活，我们发现他们不能从仁爱的更普遍联系那里指望这种劳动和照料。那么此处再次出现了与 Στοργή（感情）或自然感情的强化有关的必然性，它伴随着足以抵消劳动之苦以及私人的嗜欲之感的与欲望有关的强烈感觉或痛苦，因为父母必须经常遏制并压抑他们自己的食欲来满足孩子们的食欲"①。

二 为哈奇森所赞成的"合理性"

如果说一定要为"合理性"找到某种确定的内容，哈奇森认为，所谓"合理性"，就是"行为要与'推动性理由'相符"。在哈奇森的道德情感思想体系中，"行为要与'推动性理由'相符"包含两层意思，这样，哈奇森所说的"合理性"也有两层意思：

第一，就"行为与'推动性理由'相符"是真理而言，当我们据此而行动的时候，也就是说，我们的行为符合了"显示其自身有益于终极目的或权能之中的最大目的的真理"②。哈奇森认为，"理性"可以"被理解为发现真实命题的能力"，因此，"合理性"就"必定意味着与真实命题或真理相符的事物"③。当我们的行为同"行为与'推动性理由'相符"这条

---

① 弗兰西斯·哈奇森. 论激情和感情的本性与表现，以及对道德感官的阐明 [M]. 戴茂堂等译，杭州：浙江大学出版社，2009 年，第 39 页.
② 同上书，第 161 页。
③ 同上书，第 154 页。

真理相符的时候，我们就可以说，我们在"合理地"行动，或者说，我们在"理性地"行动。这就是哈奇森所理解的对理性的运用。当我们对推动我们行为的目的进行考察时，我们会发现，"没有哪种目的能先于感情全体"，那么，我们可以说，"不存在先于感情的推动性理由"①。在哈奇森看来，在私人善和公共善之间，由于受到道德感官的裁判作用，会更加受到旁观者赞许的最大终极目的就是公共善。因此，当我们在"合理地"行动时，我们就要做有益于公共善的行为，也就是做公开有用的行为。"理性使我们确信，仅仅通过公开有用的行为，我们就能推动所有的目的。以相反方式行动的人，我们会认为，他误解了、忽视了或疏忽了他或许懂得的道理，我们说，他以不合理的方式行动"②。正是这样，哈奇森认为，在道德领域中，"世界上盛行的荒谬实践更好地证明了人们缺乏理性"③。因此，为了提升道德的境界，我们需要不断地训练我们的理性，从而使符合道德感官之要求的情感大行其道。

第二，就"行为与'推动性理由'相符"中的"推动性理由"是情感和本能而言，"合理地行动"指的就是，我们的行为要与情感或本能相符，这就是哈奇森所赞成的"同理性相符"。在这个意义上，"合理"指的就是通过对理性的使用，我们找到了达到目的的手段，从相反的角度来说，当我们不使

---

① 弗兰西斯·哈奇森. 论激情和感情的本性与表现，以及对道德感官的阐明 [M]. 戴茂堂等译，杭州：浙江大学出版社，2009 年，第 156 页.
② 同上书，第 168 页。
③ 同上书，第 146 页。

用理性时，我们的目的就得不到满足。因此，哈奇森所赞成的"合理"指的就是"对其目的有效的行为"①。在这种意义上，哈奇森认为，对于先于理性而产生的公共善或私人善这些道德目的而言，理性适合于被作为实现它们的手段来予以使用，也就是说，"我们的理性之使用，如同私人善一样，是找到提升公共善的适当手段所必需的东西"②。因此，当我们说一个人合理地行动时，我们的意思是，在这个人的权能范围内的每一种行为中，他选择了最有益于达到终极目的的方式而行动，该行为的结果可以使他对终极目的达到最高程度的满足。用哈奇森的话来说，就是"他合理地行动，因为他考虑到了其权能中的各种行为，并对它们的趋向形成了真实的看法，然后，选择去做那种行为，其行为会使他获得最高程度的东西，他本性中的本能使他对此产生心理意愿，并使他本性中的感情感到憎恶的事物保持在最低限度之内"③。正如我们的本能规定了我们必定会把私人善视为理性之运用而确立的道德目的一样，哈奇森认为，我们本性的结构规定了我们必定也会这样对待公共善，而当我们一旦对公共善持有了这样的认识之后，我们的理性就可以在更大空间内更好地得到运用，用哈奇森的话说，就是我们可以"为我们的理性之运用留下足够空间，使我

---

① 弗兰西斯·哈奇森. 论激情和感情的本性与表现，以及对道德感官的阐明 [M]. 戴茂堂等译，杭州：浙江大学出版社，2009 年，第 168 页.

② 弗兰西斯·哈奇森. 论美与德性观念的根源 [M]. 高乐田等译，杭州：浙江大学出版社，2009 年，第 137—138 页.

③ 弗兰西斯·哈奇森. 论激情和感情的本性与表现，以及对道德感官的阐明 [M]. 戴茂堂等译，杭州：浙江大学出版社，2009 年，第 161 页.

们构想并确立权利、法律和宪法，使我们发明艺术并践行它
们，以便以最有效的方式满足那种慷慨的心理意愿"①。

在以上的"合理性"的限度之内，哈奇森认为，这种合理
性也要遵循自身的普遍律法，对这种普遍律法的偏离证明了我
们自身的心灵的虚弱，在更极端的情形下，还会削弱我们所拥
有的、对宇宙心灵中的睿智的见证的权能，"对普遍律法的偏
离，除非基于极度非同寻常的诱因，必定是与反复无常和虚弱
有关的假定，而非与坚定的智慧和权能有关的假定，并必定会
削弱我们所能拥有的对宇宙心灵之睿智和权能的最佳论
证"②。

三 对理性进行训练的原因与目的

哈奇森在所认可并倡导的"合理性"限度之内认为，我们
要时刻对我们的理性进行训练。由于我们心灵中的感官对对象
产生了愉快或不愉快的知觉，对象因此而被称为善或恶。一旦
产生了这种知觉，我们心灵中的感官就会直接促使心灵产生行
动，即推动心灵产生欲望和憎恶等情感，而由于我们的心灵中
的感官在这个过程中是被动的，因此，哈奇森认为，"我们受
到本性的如此构造，一旦我们形成了某对象或事件的观念，就
会对它们产生欲望或憎恶，所以我们的感情必定非常依赖于我
们根据呈现于我们心灵的某种东西的品质、偏好或效果所形成

---

① 弗兰西斯·哈奇森. 论美与德性观念的根源 [M]. 高乐田等译，杭州：浙江大
学出版社，2009 年，第 138 页.
② 同上书，第 54 页。

的观念"①。换句话说，尽管我们的情感并非全部依赖于我们的前定观念而产生，但是，我们的看法和观念会影响我们所有的情感。因此，只要在我们的观念或看法上下功夫，我们是有能力对我们的情感进行调控的。正是这样，我们需要通过对理性的训练来探索道德情感的培养方法。为了更明确地理解哈奇森的这个观点，我们需要对理性训练的原因和目的进行解释。

（一）对理性进行训练的原因

在哈奇森看来，我们之所以要对我们的理性进行训练，是因为我们所持有的、有关对象的观念和看法会极大地影响我们的情感，从而给我们带来苦恼和不幸。正是这样，我们可以从两个角度来解释我们对理性进行训练的原因。从"我们"的角度来看，影响我们情感的观念是由"我们"所产生的，因此，这意味着，我们有权能对我们的情感进行控制。从"观念"的角度来看，观念自身进行联合的特点决定了我们的情感必定会受到这种联合的影响。

1　我们的情感处于我们的权限之内

基于我们本性的构造，我们可以产生各种各样的情感。正如在内在感官和道德感官中，美的知觉以及道德知觉的产生离不开前定观念一样，在我们欲求悦人知觉或憎恶不悦人知觉的过程中，即我们情感的产生过程中，我们更加离不开观念的影响。尽管不是所有知觉的产生都需要以观念为前提，如嗜欲的

---

① 弗兰西斯·哈奇森. 论激情和感情的本性与表现，以及对道德感官的阐明 [M]. 戴茂堂等译，杭州：浙江大学出版社，2009 年，第65页.

产生就无需任何前定的观念，但是，观念却可以影响我们全部的感情。由于"我们所有欲望或憎恶大体上会根据善或恶的看法或理解增加或减少"①，因此，对于"我们"而言，对于这些基于"我们"的观念而来的情感，我们是有权来控制和影响它们的。其一，对于源自外在感官的外在快乐而言，大自然可以天然地使我们的欲望保持在一定的限度之内，"自然已经把它置于几乎每个人的权能之中，既能使之满足，又能滋养肉体并消除痛苦"②，因此，"我们在绝大程度上有权能使这些感觉保持纯粹并不混杂任何异质观念"③。这样，除非发生病变，我们的外在感官极少会因我们的观念而受到扭曲。其二，对于源自内在感官的想像力之乐而言，由于没有嗜欲感的纠缠，再加上美的感官已经揭示，审美快乐的产生可以在同所有权分离的时候产生，因此，"这类最讲究的嗜好以及随之而来的最强烈欲望，如果我们承认没有观念的愚蠢联合，都几乎可以随时在自然风景中得到满足，也可以在对更精细的艺术作品的凝视——该作品的拥有者通常都会毫无限制地允许别人这样做——中得到满足"④。其三，对于源自公共感官的公共欲望而言，由于"我们必定会从他人的状态出发，甚至在较强的程度上，感觉到喜悦和悲伤"，我们无法抑制我们的公共感情，

① 弗兰西斯·哈奇森.论激情和感情的本性与表现，以及对道德感官的阐明 [M].戴茂堂等译，杭州：浙江大学出版社，2009年，第67页.
② 同上书，第68页。
③ 同上书，第74页。
④ 同上书，第75页。

否则，"我们就会削减由他人的成功而带给我们的快乐"，我们也无法仅仅只把我们的公共欲望限定于"由熟人组成的小圈子、小团体或小宗派里"，否则，"我们也就这样限定了我们的快乐和痛苦"①。因此，在哈奇森看来，我们最明智的做法就是同想像力已经受到过纠正的那些人建立友谊，因为这种友谊会更有可能让我们体会到公共欲望的幸福之感。其四，对于源自道德感官的道德欲望而言，由于我们无法避免地会产生道德欲望和道德知觉，我们所能做的就是，"极力运用我们的理性来区分什么行为会真正趋于整体的公共善，从而使我们不会基于某种善的褊狭意见而做那种事，一旦做了那种事之后，基于更彻底的审查，我们一方面会为此而谴责并厌恶自己——另一方面，要同具有类似行为意向和合理辨别力的人建立友谊"②。其五，对于源自荣誉感官的荣誉欲望而言，由于我们不可避免地会受到他人看法的影响，但是，对于我们而言，我们却不能"投身于逐渐增强的荣誉之欲或喝彩之声而不对他所臣服的、给他以评判的人进行分辨"③，因为这是会使人陷入不幸的非常冒险的做法，在这件事上，我们有权限做的就是，要学会"公正地分辨他人"并使自己成为"为了公共善而明智地行动"的人，只有这样，我们就会使自己免于痛苦，进而享受处

---

① 弗兰西斯·哈奇森. 论激情和感情的本性与表现，以及对道德感官的阐明 [M]. 戴茂堂等译，杭州：浙江大学出版社，2009 年，第 75 页.
② 同上书，第 77 页。
③ 同上书，第 79 页。

于"喝彩者之数目及其尊严的复合比例中"①的荣誉之乐。

2 观念会对我们的情感产生影响

哈奇森认为，我们的观念会对我们的情感产生极大的影响，因为"我们的感情通常会与我们的看法相对应"②。基于这种影响力的影响范围之广以及影响强度之大，我们有必要首先分析观念对我们情感产生影响的现状。然后，我们接着会分析，观念为什么会对我们的情感产生具有如此大的强度和广度的影响。

在分析观念对我们情感产生影响的现状时，我们要重点分析观念对我们情感产生影响的广度与强度。

1）观念对我们情感产生影响的广度

由于"我们受到本性的如此构造，一旦我们形成了某对象或事件的观念，我们就会对它们产生欲望或憎恶，所以我们的感情必定非常依赖于我们根据呈现于我们心灵的某种东西的品质、偏好或效果所形成的观念"③。观念对我们的影响是全方位的，不仅影响我们以前定观念为前提而产生的情感，而且甚至会影响我们没有任何前定观念而产生的嗜欲。

对于以各种观念为前提而产生的情感而言，由于"善的每一种理解都会产生欲望，欲望的每一次失望都令人不悦"④，

① 弗兰西斯·哈奇森. 论激情和感情的本性与表现，以及对道德感官的阐明 [M]. 戴茂堂等译，杭州：浙江大学出版社，2009 年，第 79 页.

② 同上书，第 73 页。

③ 同上书，第 65 页。

④ 弗兰西斯·哈奇森. 论美与德性观念的根源 [M]. 高乐田等译，杭州：浙江大学出版社，2009 年，第 84 页.

由于"我们的感情通常会与我们的看法相对应"①，因此，我们所持有的观念对情感的产生以及发展具有非常重要的影响。在最坏的情形下，"一旦对想像力和看法失去了控制，我们的感情就必定会追随它们而陷入无度和愚蠢，粗心的旁观者会认为我们身上的行为意向毫无用处并绝对是十足的邪恶"②。在我们追求由德性而来的快乐时，观念的联合会使我们对德性的目标即公共善，产生不同的理解。随着欲望的满足和失望，我们就会产生喜悦或痛苦。在哈奇森看来，"尽管令人钦佩和固定不变的德性追求，总会确保人们拥有稳定而恒常的自我赞许之乐，但这种快乐却以对公共善的欲求为前提，而这种欲求却常常得不到满足，并伴随着同公共欲望或我们所反思的德性程度成正比的不悦。"③因此，在追求德性的过程中，观念会对我们的情感产生重大影响。

观念不仅会影响我们以前定观念为前提而产生的情感，而且，先于任何观念而产生的嗜欲也会受到我们的观念的影响。这是因为，尽管大自然使我们有权限控制我们这类情感，既不使之因过度而伤害身体，也不使它因不及而使身体不适。但是，我们所持有的、同嗜欲的满足本身没有任何关系的很多异质观念，如"尊严的观念、显赫的观念、优异的观念、慷慨的

---

① 弗兰西斯·哈奇森. 论激情和感情的本性与表现，以及对道德感官的阐明 [M]. 戴茂堂等译，杭州：浙江大学出版社，2009 年，第 73 页.

② 引文同上.

③ 弗兰西斯·哈奇森. 论美与德性观念的根源 [M]. 高乐田等译，杭州：浙江大学出版社，2009 年，第 83 页.

观念或任何其他道德种类的观念"①，等等，还是会很轻易地掺和到嗜欲的满足过程中，这样，我们这种类型的情感就会偏离嗜欲本身而陷入无限的烦恼和愁苦之中。

2）观念对我们情感产生影响的强度

我们可以从两个角度来分析观念对我们情感影响的强度，即情感自身的角度以及感官的角度。

对于情感而言，我们的观念可以使情感自身得到增强或削弱。由于受到观念之联合的影响，我们每一种类型的情感都会因此而得到增强或削弱。对于我们指向外在感官的情感而言，尽管大自然使我们有权限来使我们的情感保持适度，但是，我们的观念、看法还是很容易介入进来，一旦这些代表了尊严、慷慨、显赫等意义的观念介入到了这种类型的情感中，不仅我们的情感，而且我们的嗜欲，都可以因此得到增强或削弱，并产生不同的变化，这样，"它们就会给我们带来无尽的劳作、烦恼和不同类别的不幸"②。对于我们的审美情感而言，由于美的知觉的产生本身就离不开我们的观念，因此，这种类型的情感容易因观念得到增强或削弱。尽管美可以脱离所有权而得到充分地享受，但是，观念还是会反过来对我们的情感产生影响。观察显示，"艺术鉴赏家具有同其深爱的艺术品相连的、

---

① 弗兰西斯·哈奇森. 论激情和感情的本性与表现，以及对道德感官的阐明 [M]. 戴茂堂等译，杭州：浙江大学出版社，2009 年，第 68 页.
② 引文同上。

与有价值的知识、高雅的价值和能力有关的所有观念"①。不仅如此，甚至同审美鉴赏毫无关系的观念也会影响我们的审美情感。一旦所有权这类同审美无关的异质观念掺和到了审美活动中，或者说如果某种习俗把某种类型的美、服饰等与出类拔萃或了不起的观念联合起来，并将它们视为后者的标记，我们就会对因拥有它们感到自己出类拔萃或了不起，我们就会因无法拥有它们而感到痛苦和失望。哈奇森发现，类似的命运还会发生在思辨科学、诗歌、音乐等领域中，从而给"最长寿的生命带来烦恼和悲伤"②。对于我们的道德情感而言，由于它"先于任何不适感"而"以善的看法或理解为前提"而产生，因此"必定会更直接地受看法和观念的联合的影响"③。由于天然嗜欲受到了观念的影响，由于豪奢之人"已经具有与他们的饮食相连的与尊严、宏大、优异和生活的享乐有关的所有观念"，因此，这种人已无法在朴素的晚餐中找到什么乐趣了。同理，守财奴因为对财富拥有"同善、价值和重要性有关的所有观念"④，这种人从来不会认为自己所做的一切是愚蠢的行为，而是会极力地为自己辩护，基于财富而来的财产观念已经使他深信，"没有拥有他所赞赏的一切就不可能幸福"⑤。我们的公共欲望，"同我们的私人欲望一样，也以同

① 弗兰西斯·哈奇森. 论激情和感情的本性与表现，以及对道德感官的阐明 [M]. 戴茂堂等译，杭州：浙江大学出版社，2009 年，第 71 页.
② 同上书，第 75 页。
③ 同上书，第 68 页。
④ 同上书，第 70 页。
⑤ 同上书，第 71 页。

样的方式受到混乱观念的影响"①。由于对利益所持有的错误的观念的影响，我们的公共欲望经常会受到压制，我们的自爱之情会战胜仁爱之情。即使对利益持有正确的看法，我们对公共欲望的对象即公共善，也会经常持有错误或褊狭的看法。哈奇森指出，建立在这种基础上的德性的欲望常常会使人陷入非常有害的行为中。在哈奇森看来，在这类欲望中，最有害的欲望是，由于追求某些"德性的幻象"，如坚韧、真正宗教的传播等，进而忽视了所有其他德性赖以服从的终极目的，也就是德性的"真实本性及其唯一目的——公共善"②。就我们对荣誉的情感而言，"以类似的方式也有其愚蠢的联合"③。当我们基于观念的混乱联合而产生的真实看法真正唤起了我们对荣誉的情感时，哈奇森认为，"无论我们的欲望怎样为公共或私人善而得到筹划，错误的看法和混乱的观念或超出其适当比例的任何一种观念都会把它们最好的善转变为毁灭性的愚蠢行为"④。例如，通过观念的混乱联合，生活中某些最微不足道的事物，如"一款服饰、一道外国菜、一个头衔、一个地方、一种宝石以及对一个毫无用处的问题的争论、对一个过时词汇的评论、一个诗意寓言的起源、已消失了的城市的遗址"等，就会成为热烈追捧的对象，因为它们已经被观念的联合赋予了

---

① 弗兰西斯·哈奇森. 论激情和感情的本性与表现，以及对道德感官的阐明 [M]. 戴茂堂等译，杭州：浙江大学出版社，2009 年，第 71 页.

② 同上书，第 72 页。

③ 引文同上。

④ 引文同上。

荣誉的某种象征。以上的讨论显示，我们的观念可以对我们的各种类型的情感产生影响，使情感自身的强度发生改变，进而对我们的幸福产生影响。

总体看来，观念的联合对情感所产生的影响可以这样概括：第一，从广度来看，观念的联合会使我们的情感指向错误的对象。例如，在审美领域中，由于观念联合的影响，我们会对体现了我们的观念所认可为显赫、庄重、得体等意义的对象报以情感，"通常最微不足道的东西会借助于这些手段而受到热烈追捧"①。不仅如此，相同的例子可以在我们其他各种类型的情感中得以发现。第二，从强度来看，观念的联合会改变我们情感的程度，"它们（观念的联合）把激情上升到过分的程度，超出了对象中真实的善的比例，并常常会产生一些隐秘的看法来为这种激情辩护。但对这些错误看法的驳斥并不足以消除联合，因此，欲望或激情会继续存在，即使我们的知性已经给我们暗示，该对象并不善或与欲望的强度不成比例"②。只要这种观念的联合没有得到消除，即使有理性的帮助和澄明，我们处于不适当程度的激情也不会轻易得到纠正，"正如一场辩论不会终止于由饮食无度或催吐剂引起的对某种肉或酒水的厌恶或憎恶一样"③。总之，由观念的联合而来的我们的情感既可以使我们在本性上显得高尚，甚至享受神的幸福，同

① 弗兰西斯·哈奇森. 论激情和感情的本性与表现，以及对道德感官的阐明 [M]. 戴茂堂等译，杭州：浙江大学出版社，2009 年，第 11 页.
② 同上书，第 69 页。
③ 引文同上。

时，也可以使我们的本性显现为残忍、恶毒和罪恶累累。

而对于感官而言，我们的观念甚至可以扭曲我们的感官，使我们的感官变得远离健康状态，进而促使我们产生扭曲的、不健康的情感。我们的感官受到观念的扭曲，有两个方面的原因。第一个原因是不恰当的哲学思想对我们感官的扭曲。"学院派神学或哲学"会扭曲我们的感官①，因此，哈奇森要致力于使我们的生命感官还原其本来的面目，从而使我们的情感变得健康而有价值，进而给我们带来真正的幸福。第二个原因是，我们自己由于没有对理性进行训练而陷入了愚蠢的观念之中，因此，造成了感官的扭曲。以我们的道德感官为例，我们发现，它经常会受到我们观念的扭曲。哈奇森发现，有一种类型的人，他们对"社会性和友善的感情"有一种超乎寻常的爱，以至于"他们似乎对所有私人快乐都漠然置之"，因为这种性情中掺和着"超乎寻常的道德感官和荣誉感官之爱"②。正是这样，这种人会超乎寻常地欲求他人的喝彩和荣誉，除非能获得他人的喝彩，他们不在乎外在感官快乐或想像力之乐，因为他的观念会随时受到众人的看法的影响，通过这些观念，他已经"归顺"给了众人的看法。在哈奇森看来，在这种人的情感中，他的道德感官受到了观念的扭曲，"这其中的确也有道德感官，但却非常微弱，受到了极度扭曲"③。然而，唯有

---

① 弗兰西斯·哈奇森. 论激情和感情的本性与表现，以及对道德感官的阐明 [M]. 戴茂堂等译，杭州：浙江大学出版社，2009 年，第 235 页.
② 同上书，第 91 页。
③ 引文同上。

由处于自然的健康状态中的感官所激发的欲望和情感才有可能使人类走向幸福，"与外在感官一样，他们无法铲除这些感官。他们可以扭曲它们，并用错误的看法以及观念的愚蠢联合来削弱它们；但只有把它们保留在其自然状态中并使之得到满足，他们才会幸福"①。

在分析了观念对我们的情感所产生的影响的广度与强度之后，我们需要进一步明白，什么原因会导致观念对我们的情感产生如此强度和广度的影响。

我们的观念之所以会通过观念的联合对我们的情感产生影响，而我们的观念之所以会在观念与观念之间进行这种联合，这是因为，我们本性的结构决定了我们离不开这种联合，对我们而言，这是"我们本性中的……行为倾向"②。因此，观念的联合是必然的，我们无法阻止这种联合的发生。虽然这种联合会导致"巨大罪恶以及感情堕落"③，但同时，它也给我们带来了很大的益处。

观念的联合是我们天然具有的一种"行为倾向"，因此，我们是无法消除它的，不仅如此，"我们的全部语言和大量记忆都依赖于此"④。事实上，我们发现，现代语言学的研究成果可以很好地呼应哈奇森的这个观点。首先，我们的语言离不开

---

① 弗兰西斯·哈奇森. 论激情和感情的本性与表现，以及对道德感官的阐明 [M]. 戴茂堂等译，杭州：浙江大学出版社，2009 年，第 93 页.
② 同上书，第 10 页。
③ 引文同上。
④ 引文同上。

观念的联合，以及我们赖以产生这种联合的心理机制，即联想能力 (the ability of association)。从我们的这种心理机制出发，语言学中的行为主义者们 (behaviorists) 提出了"联想链理论" (associative chain theory)。它认为，"一个句子的构成是由单个词语之间的一个又一个联想链来完成的"①，联想链的生成离不开词汇本身所具有的联想意义。美国当代著名语言学家、转换生成语法的创始人乔姆斯基 (Noam Chomsky) 在 1957 年对联想链理论进行了深入的解释。以 "Colorless green ideas sleep furiously"（众多无色的绿色观念在愤怒地睡觉）以及 "Furiously sleep ideas green colorless" 这两个句子为例，乔姆斯基解释说，在第一个句子中，尽管词汇与词汇之间的联合给我们造成的联想使我们发现，现实生活中并不存在这样的事实，但是依靠词汇的这种联合，我们依然可以认定，这个句子可以成其为一个句子。第二个句子把第一个句子中相同的词汇进行了从后往前的排列，这样，由词汇与词汇之间的联合所产生的联想意义被全部破坏，因此，它根本就不可能成其为一个句子了，用哈奇森的话来说，这是因为，"声音和观念之间的联系是如此紧密，以致其中一个永远伴随着另外一个"②。由此看来，对于我们语言的产生以及语言能力的培养，我们都离不开观念的联合。其次，由文化给我们造成的"大量记忆"

---

① David W. Carroll. *Psychology of Language* [M]. Beijing：Foreign Language Teaching and Research Press, 2000, p. 13.
② 弗兰西斯·哈奇森. 道德哲学体系（上）[M]. 江畅等译，杭州：浙江大学出版社，第 31 页.

也离不开观念的联合。由词汇所产生的联想意义使我们发现，文化与文化之间大有差异。例如，作为中国文化形象的代表性标志——龙，它是权势、高贵和尊荣的象征，又是幸运和成功的标志，因此，古代封建帝王都乐于把龙和自己的生活紧密联系起来。除此之外，龙还象征着出类拔萃和不同凡俗，因此，人们常常又把那些志向高洁、行为不俗、很有能耐、出息和成就的人称为"龙"，这样，"望子成龙"就是中国父母们的美好心愿。然而，在英语文化中，"龙"这个词汇所产生的文化联想意义同中国文化截然不同。"龙"的英文是"dragon"，无论是从英国最古老的诗歌《贝奥武夫》(*Beowulf*) 来看，还是从《圣经》中的"龙"来看，"龙"总是作为与魔鬼有关的象征以及充满霸气和攻击性的庞然大物的象征而出现，代表了邪恶和非正义，龙的被征服就意味着胜利的来临。由此，我们知道，在语言中，词汇不同的联想意义体现了不同的文化差异。对于身处某种文化中的我们来说，正是靠着对这些联想意义的运用，我们的生活因此而变得丰富多彩。用哈奇森的话来说，我们不仅可以据此而"使用话语、回忆起过去的事件"，而且可以依赖它们培养"有价值的能力和技艺"①，如果没有这种联想或联合，"我们几乎不可能有记忆或回忆，甚至不可能有语言"②。

---

① 弗兰西斯·哈奇森. 论激情和感情的本性与表现，以及对道德感官的阐明 [M]. 戴茂堂等译，杭州：浙江大学出版社，2009 年，第 10 页.
② Francis Hutcheson. *A System of Moral Philosophy* [M]. Bristol：Thoemmes Press. p. 31.

因此，我们无法彻底根除这种天然行为倾向，我们唯一能做的就是通过对理性进行训练，或"通过注意力的集中"，根据我们的需要"要么阻止这些联合，要么通过抽象而分离这些观念"①。只有这样，我们的情感才会得到规范，才有可能获得幸福。

（二）对理性进行训练的目的

在哈奇森的道德情感思想体系中，对理性进行训练是必不可少的培养道德情感的重要环节。我们之所以要不厌其烦地对理性进行训练，就我们的情感培养而言，它有两个方面的目的，即，使感情保持纯粹以及帮助我们明辨什么才是道德情感所指向的真正对象。

1　这样做是为了消除观念的联合，从而产生纯粹的感情

在哈奇森看来，"欲望和憎恶在最严格意义上是唯一的纯粹感情"②。在纯粹的感情中，感情没有混杂任何异质观念，也就是说，它不会受到来自观念的联合的影响。我们的五种类型的感情都有必要接受理性的训练，从而使我们的感情在"不纯粹"中保持"纯粹"。

对于我们的外在感官而言，如果我们的感情保持纯粹，我们就会发现，"最朴素的食物和衣服，如果营养充足并有益于健康，就会如同最稀有和最昂贵的物品，使我们感到舒

---

① 弗兰西斯·哈奇森. 论激情和感情的本性与表现，以及对道德感官的阐明 [M].
戴茂堂等译，杭州：浙江大学出版社，2009 年，第 10 页.
② 同上书，第 44 页。

适"①。但是，哈奇森同时承认，"如果我们使这些感官保持纯粹而不混入异质观念，它们就无法给生命提供消遣"，在某种程度上，我们建立在外在感官之上的消遣和娱乐都来自于"不纯粹的感情"。也就是说，"不纯粹的感情"对于我们丰富的生活而言，也是必不可少的东西。可是，一旦异质的观念介入进来，"我们的喜好或幻想就会充满反复无常和变幻莫测"②，因此，为了确保我们的幸福，我们就要进行理性的训练。

对于我们的内在感官而言，只要我们能使我们的想像力保持纯粹，"它就可以为所有的人所享受，从而成为快乐的真实基础"③。伴随着这种纯粹的想像力之乐，哈奇森发现，"怪诞或微不足道的趣味或所有权观念"的确可以介入进来，但是，只要我们明白，"它们的确可以提供足够的消遣，但它们所带来的却只有微不足道的快乐，以及在获得和保存其对象时频繁出现的恶心、焦虑和失望"④，我们就可以很好地控制我们的情感并使之保持纯粹。

对于我们的公共感官而言，由于公共感官所指向的对象——公共幸福，在哈奇森看来，"是一种非常不确定的对象"⑤。因此，为了使我们的公共感情保持纯粹，为了避免我们会不断地因公共感情而陷入悲伤，我们所能做的就是：第

---

① 弗兰西斯·哈奇森.论激情和感情的本性与表现，以及对道德感官的阐明 [M].戴茂堂等译，杭州：浙江大学出版社，2009 年，第 74 页.
② 同上书，第 110 页。
③ 同上书，第 111 页。
④ 引文同上。
⑤ 引文同上。

一，在宏观上确信，所有事件在整体上的可能趋向是幸福，只要我们怀有了这种希望，那么，我们就会发现，"这种绝对的希望确实会使我们的公共感情成为最大和最恒定的快乐之源"①。第二，在微观上，一方面，我们要为自己获取这种类型的最大快乐，另一方面，我们要带着对善良本性的反思来反思我们所爱的人的幸福，这样，我们就可以享受由公共感官而来的最大快乐。

对于我们的道德感官而言，通过对行为和感情形成真实的看法，我们就可以产生纯粹的道德情感，受到这种情感的推动，善行就会出现。由于"每个善行都是我们有生之年愉悦的反思之物"②，那么，在这种反思中，我们会"自得其乐"并"喜欢我们的本性本身"，"我们会察觉一种内在的尊严和价值，似乎会拥有一种通常会归于神的快乐，我们由此而享有我们自身以及每一种其他存在物的完善"③。

对于我们的荣誉感官而言，只要我们的荣誉感官保持纯粹，我们就会对荣誉持有纯粹的感情。这样，对于他人对我们行为的评判，我们就形成"公正理解"，我们会"在授予荣誉的那些东西的数目和价值的复合比例中"感到愉悦。通过对赞许我们的人的价值进行"公正思考和反思"，只要我们能确信，那些对我们表达尊敬和赞许的人自身是德行高尚的人，那

---

① 弗兰西斯·哈奇森. 论激情和感情的本性与表现，以及对道德感官的阐明 [M]. 戴茂堂等译，杭州：浙江大学出版社，2009 年，第 110 页.
② 同上书，第 112 页。
③ 同上书，第 113 页。

么，尽管赞许我们的人的数目有限，但"他们的尊严可以补偿数目的缺乏，并能支持我们对抗浅薄之人的指责所产生的痛苦"①。

2　明辨什么是真正的公共善，从而使我们的情感得到规范，进而给我们自己带来最高和最持久的道德快乐

首先，对理性进行训练可以使我们懂得，什么是真正的公共善，因为我们要"极力运用我们的理性来区分什么行为会真正趋于整体的公共善"②。哈奇森所谈论的"公共善"有两个典型特征：第一，相对"我们"而言，公共善具有"先在性"。在哈奇森看来，"每个个体，先于他自身的选择，就被造就成为庞大整体的一员，并受到整体命运的影响，或至少受到整体中的绝大部分命运的影响，他不能随意使自己脱身于此"。正如我们的感官先于"我们"而被造成了目前的样子，我们本性的创造者之所以把我们的感官造成这个样子，是为了"从属于该系统的利益"③，因此，被哈奇森称为"公共善"的"该系统的利益"是先于我们而存在的，我们如果要使自己获得幸福，就必须训练我们的理性，使我们的情感指向这个"公共善"。第二，相对斯多葛派所说的"完美幸福"而言，公共善的内容是经验性的、社会性的，它所指向的对象是现实

---

① 弗兰西斯·哈奇森. 论激情和感情的本性与表现，以及对道德感官的阐明 [M]. 戴茂堂等译，杭州：浙江大学出版社，2009 年，第 113 页.

② 同上书，第 77 页。

③ 弗兰西斯·哈奇森. 论美与德性观念的根源 [M]. 高乐田等译，杭州：浙江大学出版社，2009 年，第 84 页.

社会的现实生活。正是因为这样，所以，哈奇森坚决地批判了斯多葛派所说的"完美幸福"，以及他们所追求的独立于神及其他们同类被造物的一种不动心的幸福和安宁"①。在哈奇森看来，"这与自然的秩序以及他们某些伟大领袖的原则完全不一致"，因此，"智者在其老年不会不轻蔑他们"，这种学说"必定是一种非常怪诞的德性学说"②。在哈奇森看来，这种怪诞的德性学说"把德性描述为某种私人崇高的自私性定律，不仅使我们丝毫不关心命运的改变，诸如我们的财富或贫困、自由或奴役、舒适或痛苦，甚至使我们丝毫不关心所有一切外在事件，也不关心我们挚爱的朋友或国家的命运，并安慰我们说，我们感到舒适且不动心"③。在哈奇森看来，真正的德性在于"情感丰富的性情，而非那种不动心的自私性"④。人性中真正可爱的东西就是"指向我们同伴或指向该整体及其创造者和缘由的友善而无私的感情"。在哈奇森看来，"这些感情，一旦为人所反思，就必定是自我赞许中一种恒定的快乐之源"⑤。这样，在理性的帮助下，我们明辨了什么是真正的公共善之后，我们的情感所指向的对象同时也就具有确定性。但是，这并不意味着，只要拥有仁爱的情感，我们就可以拥有由德性而生的快乐，相反，我们还要继续对理性进行训练，以期

---

① 弗兰西斯·哈奇森.论美与德性观念的根源 [M].高乐田等译，杭州：浙江大学出版社，2009 年，第 84 页.
② 引文同上。
③ 同上书，第 85 页。
④ 引文同上。
⑤ 引文同上。

对我们的情感进行规范。

其次，对理性进行训练可以使我们的道德情感或公共欲望得到规范，阻止关于善的混乱观念，从而真正增加由善而生的快乐，减少由恶而生的痛苦。哈奇森认为，尽管我们的道德情感处于我们的权能之内，尽管我们在经历了理性的训练之后可以发现，"当道德感官这样受到优异的知性及其应用的辅助时，我们自己的行为就可以成为持续的快乐的恒定源泉，以及成为我们本性会承认的、带有尽可能少的痛苦的最高程度的仁爱之乐的恒定源泉"①，尽管公共善是经验性、社会性的"公共善"，但是，我们的道德情感所指向的对象却还是会经常具有不确定性，我们经常会因这种不确定的公共善而产生失望和痛苦。如果要避免这种失望和痛苦，哈奇森认为，只有通过对我们的理性进行训练才能达到目的。如果缺乏这种训练，我们对公共善就会因"公共善"之褊狭性而产生褊狭的看法，这样，我们的情感就不会具有稳定性，"对具有道德感官的主体来说，对行为之趋向持有什么看法、对小团体和小宗派拥有怎样的爱的褊狭关系，都不可能是一件无所谓的事情。如果他对行为趋向持有正确看法，如果他仔细审查了人与事的真正尊严，他就会确信，他将一直赞成他现在所赞成的行为，并从对它的反思中获得喜悦，无论它怎样受到别人的谴责。但如果他对行为的看法是偶然形成的，如果他对某类行为拥有愚蠢的钦

---

① 弗兰西斯·哈奇森. 论激情和感情的本性与表现，以及对道德感官的阐明 [M]. 戴茂堂等译，杭州：浙江大学出版社，2009 年，第 79 页.

佩，或无视任何真正的重要性或尊严而对他人存有愚蠢的憎恶和厌恶，他就会经常发现导致他的感情不一致和变化的诱因，并会对他过去的行为表示羞愧、懊悔、内在的厌恶和自责。"[1]对理性进行训练的目的不是要使不确定的公共善变得确定，而是要修正我们的想像力，这个意义上，我们的幸福只有我们自己知道，外人是无法进行评判的。"一个人要评判他人幸福或不幸的程度是多么不可能，除非这个人知道他们的看法、他们观念的联合及其欲望和憎恶的程度。"[2]当我们对理性进行了训练后，我们的想像力就会受到修正，随之而来的是，我们就会对对象产生正确的认识，我们会消除由幻想和看法而来的那种"不值得期待的对象"，从而"阻止或纠正观念的虚妄联合"，并"由此而遏制对对象中的真实要素的过度钦佩或强烈欲望"[3]，这样，我们的公共欲望所指向的对象就得到了规范，我们的情感就会指向真正的公共善。对于恶的对象，只要我们进行了理性的训练，我们的心灵就会对该事件的本性进行考察，"并明白在多大程度上它必然恶，以及它的权能之内有什么在支持着它"，我们就"可以粉碎异质观念的虚妄联合，

---

① 弗兰西斯·哈奇森. 论激情和感情的本性与表现，以及对道德感官的阐明 [M]. 戴茂堂等译，杭州：浙江大学出版社，2009 年，第 77—78 页.

② Francis Hutcheson. *An Essay on the Nature and Conduct of the Passions and Affections, with Illustrations on the Moral Sense* [M]. Indianapolis：Liberty Fund. 2004，p. 68.

③ 弗兰西斯·哈奇森. 论美与德性观念的根源 [M]. 高乐田等译，杭州：浙江大学出版社，2009 年，第 87 页.

而这种联合会使我们在生活中，甚至在死亡中产生最大的恐惧"①。同时，哈奇森警告说，如果我们不进行这种理性的训练，我们所面对的结果必定会令我们感到痛苦；"如果虚弱的心灵确实不会努力地去修正想像力，相反却仍然在惊恐的所有形式下沉溺于其可能的灾难中，或者说如果它不断地使这些灾难对它自身来说变得越来越严重，那么，这种前在的思虑就会使它的整个生命充满痛苦，从而无法面对最微小的恶"②。

第三节　道德情感培养的目的

哈奇森认为，培养我们的道德情感具有两个终极目的，即控制我们的情感以及走向幸福。控制我们的情感是走向幸福所必须坚守的原则，而享受幸福则是我们控制情感所产生的必然结果。

一　情感的控制

经由我们对理性的训练，我们知道，对我们而言，在所有各种情感中，唯有道德情感能让我们获得最大、最高和最持久的快乐，因此，我们不能为了获取其他快乐而牺牲道德快乐。在哈奇森看来，"为了任何其他享乐而总体或部分地丧失这些快乐是最愚蠢的交易，相反，通过牺牲所有其他快乐来保护它

---

① 弗兰西斯·哈奇森. 论美与德性观念的根源 [M]. 高乐田等译，杭州：浙江大学出版社，2009 年，第 89 页.
② 引文同上。

们就是最真实的收获。"①为了达到这个目的，我们必须通过理性的训练对我们的情感进行控制，否则，我们必定会牺牲于各种观念的混乱联合之中。那么，对于我们的情感控制而言，我们首先需要明白控制情感的总原则，其次我们需要知道，我们应该如何控制各种具体的情感。

（一）情感控制的总原则

对所有人而言，具有"极端重要性"的是，"通过频繁的沉思和反思，尽可能地强化私人或公共的平静欲望而非特殊激情，并使平静的普遍仁爱处于特殊激情之上"②。这是我们对情感进行控制的时候所必须记住的总原则。无论是我们的激情，还是我们的纯粹感情，在它们从我们的心灵中的行为倾向演变成实际行动之前，通过时刻关注自己的心灵，对自己的理性进行习惯性的训练以及对行为后果的不断思考，我们要平静地审查"外在对象的真实价值以及与我们会投入感情的理性主体的道德品质或性情"③。这样做的目的是要中止来自"强烈欲望、混乱感觉以及伴随它们的观念的奇异联合"④的草率行动，进而使平静的普遍仁爱这种道德情感真正地超越所有私人化的特殊激情或感情。在我们的所有情感中，一切激情和感情都需要这种训练。对于强烈的激情，我们首先需要在心理上对

---

① 弗兰西斯·哈奇森. 论激情和感情的本性与表现，以及对道德感官的阐明 [M]. 戴茂堂等译，杭州：浙江大学出版社，2009 年，第 117 页.

② 同上书，第 118 页。

③ 同上书，第 117 页。

④ 引文同上。

它形成"一种习惯性的怀疑和惧怕"①，并使之足以同我们的强烈激情相抗衡，从而促使我们进行平静的反思。愤怒、憎恨或反感之情，哈奇森认为，"似乎最需要这种训练"。我们的种种温柔而和蔼的感情，"也存在着这种训练的极大必要性"，因为这种训练可以使我们不被"特殊善的表象"所迷惑，使我们不会因对特殊善的维护而"仓促卷入普遍而绝对的恶"②，以至于产生对公共善或普遍善的严重偏离。通过这种训练，我们就能使我们的温柔而和蔼的感情超越各种各样的小团体或小派系如家庭、党派、社团等界限，从而让平静而普遍的仁爱成为我们心中占主导地位的情感。总体看来，通过对我们的情感进行控制，我们的目的是要让道德情感占据我们的内心，让其他各种私人化的激情或感情处于从属地位，这样，我们就能获得来自道德感官的最大赞许和最高、最持久的快乐。

（二）情感控制的细则

1 对于源于外在感官的肉体快乐而言，我们可以通过三个角度的思考来控制我们的情感

首先，从肉体快乐以及肉体痛苦自身而言，我们的思考会提示我们，它们具有短暂易逝的特征，并且，它们不会给我们留下令人愉悦的反思，我们不会因为享受了肉体快乐而感觉更加幸福，同时，我们也不会因为忍受了肉体痛苦而变得更糟。这就反对了斯多葛派的观点。斯多葛派认为"外在痛苦给

---

① 弗兰西斯·哈奇森. 论激情和感情的本性与表现，以及对道德感官的阐明 [M]. 戴茂堂等译，杭州：浙江大学出版社，2009 年，第 118 页.
② 引文同上。

予我们在坚毅中获得道德快乐的高贵机会"①，可以帮助我们因忍受外在痛苦而获得成为高尚之人的机会。其次，对于同肉体快乐相连的观念的联合而言，我们应该通过思考而明白，我们的尊严只是内在于我们自身。如果像豪奢之人那样，把"个人尊严放在餐桌、用具和家具之上"②，那么，当一切外在的奢华之物消失的时候，所有的一切都不复存在了。通过这种思考，我们就能消除外在感官快乐中的观念的联合对我们造成的不利影响。最后，在通过我们的本性所建立起来的友谊而发展来的婚姻和家庭中，虽然存在着"最甜蜜的感情、无私的爱和柔情、温文尔雅的行为举止以及我们性情中某种伟大而充满英雄气概的东西"③，但是，我们还是要通过思考而超越平庸的感官满足，要培养自己对荣誉、德性以及善行的热爱。

2　对于我们的想像力之乐而言，我们要通过两个角度的思考来控制我们的情感

首先，我们要使我们的内在感官快乐远离所有权观念。我们要认识到，艺术作品的"拥有者几乎不会比旁观者获得更多享乐"④。不仅如此，我们还要认识到，某些诗人或艺术鉴赏家往往比艺术品的拥有者更能欣赏艺术品的美，而艺术品的拥有者的快乐"依赖于他人的钦佩，如果他排斥旁观者，他也剥

---

① 弗兰西斯·哈奇森. 论激情和感情的本性与表现，以及对道德感官的阐明 [M]. 戴茂堂等译，杭州：浙江大学出版社，2009 年，第 118 页.

② 同上书，第 119 页。

③ 同上书，第 120 页。

④ 同上书，第 122 页。

夺了自己的主要享乐"①。通过思考这样的事实，我们就可以阻止所有权观念的产生，从而不仅享受"整个自然"，而且享受"与我们有关的所有人的联合劳动"②。其次，我们要在内在感官快乐中剥离出类拔萃的观念。只要我们持有出类拔萃的观念，我们就会变得争强好胜，"我们的同辈就会变成我们的敌人，另一个人的伟大就是我们的苦难，并会使我们的享乐变得索然无味"③。或者为了保持我们的"快乐"，我们会自降身价同那些"不如我们的人交往，并远离技艺或价值都在他之上的每个人所组成的社会"。这样，我们就会越来越远离高尚，而越来越靠近卑劣。另外，在哈奇森看来，在想像力之乐中，真正构成学问的价值或使之变得出类拔萃的是"它们所包含的真实快乐"以及"其生活中的用途"，而不是"难度和晦涩度以及由此而来的稀有度和杰出度"④。我们对一切知识的崇敬和欲望不能止步于知识自身，而是要"终止于对渗透于这些学问中的行为意向和感情的拥有"，若非如此，"最高尚的学问，即使是道德学、政治学和宗教学，也有可能受到滥用"⑤。

　　3　对于我们出自公共感官的公共感情而言，我们也可以通过三个角度的思考来控制我们的情感

---

① 弗兰西斯·哈奇森. 论激情和感情的本性与表现，以及对道德感官的阐明 [M]. 戴茂堂等译，杭州：浙江大学出版社，2009 年，第 122 页.

② 同上书，第 118 页。

③ 同上书，第 123 页。

④ 同上书，第 124 页。

⑤ 引文同上。

首先，就我们自身而言，我们要纠正一个常见的错误，即"认为每个人在我们认为会令我们自己悲痛的那些境遇中，也会感到悲痛"①。我们的公共感官直接同他人的状态相关，会因他人的幸福而快乐，因他人的苦难而痛苦。但是，我们在面对我们的公共情感时，我们不能从我们自身的处境出发来评判他人的生活状态，这是因为，在哈奇森看来，"我们可以轻易发现，处于人类较低级别中的那些人，他们仅有的收入就是他们的体力劳动成果，他们以自己的方式，也同处于生活之最高地位的任何人一样，享受着同样多的喜悦、满足、健康和欢乐"②。其次，就苦难和恶行自身而言，我们有必要"信奉未来状态"③。也就是说，我们要对事物形成整体意识，要用长远的眼光来看待苦难和痛苦。当我们看见身处激情中的人被恶意支配时，我们要把这种状态"与对家庭、党派和国家之善的固定而友善的追求中所耗费的年限相比"④，我们就会明白，这种状态只是短暂和稀少的状态而已。人类社会中虽然盛行着各种恶行，但是，我们不能由此得出结论，认为所有人都是险恶的人，因为"在任何一个国家，诚实公民或农夫的数目远远超过了所有种类的罪犯的数目，以及甚至罪犯自身的无罪或友好行为在数目上超过了他们的罪行"⑤。我们之所以会关注那

---

① 弗兰西斯·哈奇森. 论激情和感情的本性与表现，以及对道德感官的阐明 [M]. 戴茂堂等译，杭州：浙江大学出版社，2009 年，第 130 页.

② 引文同上。

③ 同上书，第 133 页。

④ 同上文，第 131 页。

⑤ 引文同上。

些恶行，往往是因为它们的"罕见"①吸引了我们的注意力。当我们有了这种整体观之后，我们就会对我们本性结构中的支配性天意（the directing Providence）形成信仰，"我们可以习得并强化我们对这个整体的爱和关注，并默认控制它的支配性的神灵为了其整体善的目的而以最智慧的方式支配的一切，尽管这一切并不会充分为我们所知晓"②。最后，就指向他人的不友善感情，如愤怒、嫉妒、羡慕和憎恨而言，思考会使我们发现，这些受人憎恶的情感的真正起因和根源是"利益"或"卑劣的自私性情"③，而不是"纯粹恶意"。对于拥有这种有害情感的人，我们需要明白，"这种行为真正损害的是他自己而不是他人"，由于缺乏了"真正的善性以及与之相伴的幸福"，这种人更应该受到怜悯。同理，在面对其他不友善的情感时，我们始终要相信，"彻头彻尾的恶如同完美的道德行为一样，是罕见的，几乎每个人身上都有某些可亲的东西"④。如果我们能长远地记住这些东西，我们就总是能发现每个性格中的可爱一面，并更能容忍对手的成功。

4　对于出自道德感官的情感而言，我们最有必要做的就是，"研究人类行为的本性和趋向，并把我们的视野延伸至整个种属或所有能受我们行为影响的感性自然物"⑤

---

① 弗兰西斯·哈奇森. 论激情和感情的本性与表现，以及对道德感官的阐明 [M]. 戴茂堂等译，杭州：浙江大学出版社，2009 年，第 131 页.
② 同上文，第 133 页。
③ 同上文，第 134 页。
④ 同上文，第 136 页。
⑤ 引文同上。

对我们而言，我们的道德感官就这样受到支配，具有这种宏观视野和整体视野，我们的本性同样也受到了这种支配，因此，本性的结构会推动我们产生无私的仁爱这种道德情感，由这种情感的推动，我们所产生的行为就会受到道德感官的赞许，我们就获取了最稳定的快乐的最恒常的源泉。尽管我们的道德感官并不反对我们经常在褊狭而有限的范围内产生的特殊的友善感情或激情，但是，若要获得最恒定的自我赞许，我们就不得不用宏观视野观照下的平静的普遍仁爱来约束或限制所有特殊感情或激情，只有这样，我们才能真正享有由道德感官而来的最高、最持久的快乐。

5 对于出自荣誉感官的情感而言，我们必须注意的有两点

首先，我们必须具有在控制道德情感时所具有的那种宏观的整体视野以及出自这种视野的对未来状态的期盼和对公共善的追求。只要有了这种宏观视野，我们的情感和行为才可以超越体现我们的"无知、错误和怠慢"的"褊狭概念以及褊狭行为"①，从而真正追求公共善。在这个过程中，我们将会拥有荣誉赖以产生的真正基础。在这个基础上，我们要心存对未来状态的期盼，有了这种期盼，即使我们在当下没有获得荣誉，我们也不会沮丧，因为我们已经明白，"时间除了能限制理性自然物的存在之外，不会具有任何其他限制"②，"我们的性格

---

① 弗兰西斯·哈奇森. 论激情和感情的本性与表现，以及对道德感官的阐明 [M]. 戴茂堂等译，杭州：浙江大学出版社，2009 年，第 136 页.
② 引文同上。

在其中会拥有获得公正的机会"①。其次，我们需要做的就是要考察荣誉授予者的"真实尊严"②，并在这个基础上，把我们对荣誉的期盼限定于"真正高尚而明智的人"身上。我们就会从真正诚心追求公共善的人那里获取荣誉，我们会以最生动的方式让自己看见"伟大、智慧而善的心灵"，这个心灵"掌管着宇宙、观看着每一个行为、知道每一个内心的真实品性和行为意向，除了真诚的善性和正直之外，它什么也不赞许"③。

二 走向幸福

哈奇森曾认为道德哲学的目的就是"要把人们引向最有效地倾向于促进其最大幸福和完善的行为指南"，简而言之，"人类的幸福"就是"道德哲学这一学科的目的"④。对于哈奇森而言，我们的德性以及道德行为只能通过情感的途径来实现，而在我们众多的各种情感中，只有平静而普遍的无私仁爱才是真正的道德情感，因为这是道德感官的唯一真正基础，也是道德感官真正赞许的唯一情感。所以哈奇森强调道德情感的培养，并认为培养道德情感的目的就是要使我们拥有幸福，因为在他看来，德性之乐是最高的快乐，高于所有其他各种快乐。哈奇森所说的幸福具有三个特征：人本性、情感性和感官性。

---

① 弗兰西斯·哈奇森. 论激情和感情的本性与表现，以及对道德感官的阐明 [M]. 戴茂堂等译，杭州：浙江大学出版社，2009 年，第 136 页.

② 同上书，第 137 页。

③ 引文同上。

④ 弗兰西斯·哈奇森. 道德哲学体系（上）[M]. 江畅等译，杭州：浙江大学出版社，第 3 页。

（一）人本性

哈奇森的全部道德情感思想都建立在他的人性论基础之上，一切理论探索都是为了实现人性自身的所追求的幸福和完满。哈奇森所说的"幸福"绝非为种种外在功利如财富和权力所标记的外在幸福。对于财富之欲和权力之欲，哈奇森认为，我们需要其真实价值，既不漠视它们也不挥霍它们，要对它们进行恰当地使用。但是，无论怎样，它们无法买到"道德快乐、博爱之乐、受恩者的感激以及荣誉"①。换句话说，无论有多么丰富的财富和多么显赫的权力，它们都无法为我们购买到幸福。因为"幸福"是内在于我们自身的，它的唯一来源就是德性，唯一表现就是道德情感，由它而产生的最终结果会让我们"察觉一种内在的尊严和价值"，从而"享有我们自身以及每一种其他存在物的完善"②。不仅如此，在这个过程中，我们还可以通过我们感官自身来确定神圣天意的存在，用我们自身的神性之光照亮神的圣殿。

（二）情感性

哈奇森的"幸福"是来自情感的幸福，同时也是表现为情感的幸福。在哈奇森看来，我们的行为除了受到情感和本能的推动之外，不会受到任何其他力量的推动。受到我们的本性结构的支配，我们注定会产生无私的仁爱这种高尚的道德情感。我们的这种情感以及受到这种情感推动的行为必定会给我

---

① 弗兰西斯·哈奇森. 论激情和感情的本性与表现，以及对道德感官的阐明 [M]. 戴茂堂等译，杭州：浙江大学出版社，2009 年，第 138 页.
② 同上书，第 113 页。

们带来赞许之乐和荣誉之乐。在这个意义上，尽管平静而普遍的仁爱这种道德情感所指向的对象即公共善，具有不确定性的特征，但是，哈奇森认为，对于德性而言，和其他欲望不同的是，"德性自身并不依赖于外在的对象和事件，而只依赖于我们可以应允自己会一直享用的自身的感情和行为"①。但是，对于现实的我们来说，我们的仁爱的情感必定是有所指的，而他人的幸福又不是我们所能控制的，但我们的公共感官注定会因他人的状态而产生快乐或痛苦的知觉。在哈奇森看来，我们唯一能做的就是，相信我们的感官"由我们本性的创造者固定在我们身上，从属于该系统的利益，因此每个个体，先于他自身的选择，就被造成为巨大整体的一员，并受到整体命运的影响，或至少受到整体中的绝大部分命运的影响，他不能随意使自己脱身于此"②。这样，我们就可以专心地把注意力集中于自己的情感身上，关注我们道德能力的提升，从而在仁爱的情感中为自己获取幸福。

（三）感官性

我们的各种情感都要受到道德感官的"裁判"，只有那种真正受到道德感官赞许的情感才能作为真正的道德情感而受到我们的追求。因此，我们可以说，幸福具有感官性的特征。对于享有了出自道德感官的幸福的人来说，哈奇森把他们称为"幸福的灵魂"以及"高尚的心地"并给予了极高的赞美，

---

① 弗兰西斯·哈奇森. 论激情和感情的本性与表现，以及对道德感官的阐明 [M]. 戴茂堂等译，杭州：浙江大学出版社，2009 年，第 83 页.
② 同上书，第 84 页。

认为它们会"在我们眼前带来遥远的星辰，使高高的天空臣属于他们的理解力"①。当哈奇森联系自然法（law of nature）来讨论感官的时候，我们便可发现，哈奇森所说的"幸福"以及"道德"具有明显的感官性特征。这种特征最明显地体现为，加入了自然法内容的"道德状态"由处于社会状态下的"一系列道德义务和权利"②所构成。在这种理解的基础上，哈奇森详细地讨论了人的个人权利、社会权利以及所有人的权利，不仅如此，他还具体讨论了绝对权利、非绝对权利、物权、人权、财产权等各种权利。由于这些讨论已经超越了伦理学的范畴，尤其超越了道德情感思想的边界，因此，我们在此暂时不予细述。但我们始终要注意的是，无论是在道德情感思想中讨论幸福，还是在政治学中讨论人的各种权利和义务，哈奇森始终都没有偏离他的"感官"路径，站在经验主义的立场上，他尤其没有偏离"感官"所暗示出来的、消除了天赋观念的经验性特征。

然而，在此，我们需要注意的是，正如前文所言，哈奇森的道德感官虽然超越了外在于人的外在自然，但是它却未能真正超越人的内在自然性，相反，在科学理性精神的支配下，我们发现，具有这种不彻底性的道德感官再次陷入了哈奇森所批判的"自然主义"之中，它在更深入、更隐蔽的层面深化了这

① 弗兰西斯·哈奇森. 逻辑学、形而上学和人类的社会本性 [M]. 强以华译，杭州：浙江大学出版社，2010年，第221页.
② Francis Hutcheson. *A System of Moral Philosophy* [M]. Bristol：Thoemmes Press，p. 280.

种自然主义，从而使哈奇森感官意义上的幸福呈现了精神性和世俗性的张力与冲突。哈奇森曾说，在那种由"精神（这种精神已经抹去了经常在我们肉体中伴随着我们的偏见和错误概念）组成的社会"①中，来自人的荣誉与来自上帝的荣誉就不会再有对立，在这种社会中，通过对公共善的追求，我们的精神会使我们体验到真正属于神国的幸福。但与此同时，哈奇森也说过，我们平静欲望的自然法则是，"仁爱或公共欲望，根据我们的注意力，带着不同的力度延伸而至的不同系统，追求他人之善"②。在这里，我们发现了精神性的公共善同世俗性的公共善之间的冲突，随之而来的是，这两种幸福是各有差别的幸福。但是，对于哈奇森的道德感官来说，由于它在超越自然主义的道路上具有不彻底性，因此，它并非不能包容这两种幸福。不过，我们讨论哈奇森的幸福时，我们必须要注意哈奇森带有感官特色的幸福观中所体现的这种矛盾和冲突。

---

① 弗兰西斯·哈奇森. 论激情和感情的本性与表现，以及对道德感官的阐明 [M]. 戴茂堂等译，杭州：浙江大学出版社，2009 年，第 137 页.
② 同上书，第 28 页。

第五章　哈奇森道德情感思想的
理论特征以及理论得失

我们知道，哈奇森在格拉斯哥大学最出色的学生是亚当·斯密。虽然哈奇森在讲课过程中有关经济学的一些观点直接启迪了斯密的思维，但是，对斯密影响最大、最深远的还是哈奇森所持有的诸多基本哲学观点，正是这样，斯哥特曾说，"斯密受惠于哈奇森的是其作为经济学理论前提的基本哲学立场"①。在这一切基本哲学立场中，最核心、最重要也是最基本的立场就是对人的情感的立场。在哈奇森这位具有现代精神的长老派牧师的努力下，指向现代社会的新福音取代了指向天国的宗教福音。这种努力也逐渐被他的学生们当作了全部理论探索的终极目标。对于新教的中坚人物加尔文而言，宗教的虔敬体现为"这个人是个认识神的人，他的情感和思想都被神所

---

① William Robert Scott. *Francis Hutcheson：His Life, Teaching and Position in the History of Philosophy* [M]. Thoemmes Press, 1992, p. 232.

充满"①；对于苏格兰启蒙运动的领军人哈奇森而言，我们发现，带着同样的虔敬精神，他的情感和思想也被神所充满。但是，这个"神"却不再是圣经启示神，而是人类在这个世界上的世俗利益的化身。因此，我们看见，在他的道德情感思想体系中，人的情感实现了从宗教化向世俗化的转向，它所指向的目标不再是亚伯拉罕之神，而是代表了人类整体的公共善或普遍善，并且，通过道德感官这位裁判的裁决，唯有出自人类本性结构的、指向这种公共善的无私的普遍仁爱才被确认是真正道德的情感。在哈奇森的整个道德情感思想体系中，尽管他也说起过人所具有的、超越一切经验的先天的天然性，并因此而被同时代英国哲学家指责为偏离了经验主义立场。但是，在哈奇森全部道德情感思想体系中，正如科学、理性是他那个时代的主旋律一样，受科学理性支配的情感是他全部道德情感思想体系中的基调。正是这样，哈奇森的全部伦理学思想有着明显的自然主义特征。但是，如果我们仔细地研读哈奇森的文本，我们却不可以说，自然主义特征是哈奇森伦理思想的全部特色，尽管它的确占了很大的比重。我们认为，有必要从哈奇森道德的情感思想的内部出发，仔细地分析这种道德情感思想所具有的理论特征和理论得失。

第一节　理 论 特 征

从哈奇森的道德情感理想内部来看，我们发现，它具有三

----

① 侯士庭.灵修神学发展史［M］.台北：中福出版有限公司，1995年，第37—39页.

大理论特征：首先，对于作为道德之根源的道德情感而言，其基础建立在乐观的整体人性论之上。其次，对于道德评价的前提而言，其评价赖以进行的基础在于感官论。最后，对于道德评价的过程和结果而言，道德评价赖以依靠的原则是动机论。

一 道德情感的基础：乐观的整体人性论

哈奇森的人性论具有两大特征：乐观性和整体性。在哈奇森道德情感思想体系中，人的乐观性的前提为人性无罪论，表现为人是道德评价的主体。整体性的人性论首先体现为有别于自然外物的人性自身的独立性，其次体现为人性自身由自然性和自由性所组成的整体性。相对哈奇森的前辈而言，哈奇森的这种人性论是新颖而独特的，这种新颖性和独特性不仅给哈奇森的思想增添了魅力，而且产生了巨大的历史影响，有力地推动了苏格兰社会从贫穷走向繁荣和富庶。

（一）乐观的人性论

1　乐观人性论的前提：人性无罪论

对于新教而言，加尔文主义占有重要地位。加尔文主义强调人与生俱来的原罪，并且，依靠自己的力量，这种原罪是无法涤干净的，只有依靠上帝的拣选，有罪的人才能得到拯救。然而，作为由新教牧师转为道德哲学教授的哈奇森来说，我们发现，他所谈论的人性是彻底抛弃了以加尔文主义原罪说为重要内容的人性观。哈奇森用一种全新的人性观把人从上帝的束缚中解放了出来。哈奇森反对原罪说，提倡凡人可以是无罪的。这种无罪首先体现在，在我们的感官所能理解的范围内，人若不认得圣经启示神，我们不能因此界定人是有罪的①。其次，这种无罪体现在，人在本性结构上会因对公共善的追求所表现出的无私的仁爱而被视为无罪。"我们必须注意到，不仅无罪会从所有的凡人那里得到期许，而且他们被假定出自其本性，在某种程度上会趋于公共善②。"在哈奇森看来，即使缺乏对公共善的欲求，人性也不会必然因此就被称为恶。如果说人性中有罪恶的成分，那是因为主体由于受到自爱的支配而忽视了他人的善。哈奇森所谈论的人性中的恶仅仅只在这个意义上使用，"足以使之（主体）为恶是它（欲望）出自自爱，且又明显地忽视了他人之善，或对我们要么实际上预见到了、要么可能推测到了的他们的苦难漠不关心"③。对于人的各种激情和感情而言，哈奇森认为，只要它们保持在中道之内，它们就是无罪的，"每一种中等程度的激情或感情都是无罪的，许多完全是可爱的，并具有道德上的善，我们拥有引领我们走向公共善和私人善、德性和外在快乐的感官和感情"④。在哈奇森看来，无罪的人性所能产生的最高程度的恶就是对他人苦难的幸灾乐祸，哈奇森称之为"无私的恶意"。在他看来，"无私的恶意，或因他人苦难而生的喜悦，是我们所认为的最高程度的恶，而

---

① 弗兰西斯·哈奇森. 论激情和感情的本性与表现，以及对道德感官的阐明 [M]. 戴茂堂等译，杭州：浙江大学出版社，2009 年，第 227 页.
② 弗兰西斯·哈奇森. 论美与德性观念的根源 [M]. 高乐田等译，杭州：浙江大学出版社，2009 年，第 134 页.
③ 同上书，第 135 页。
④ 弗兰西斯·哈奇森. 论激情和感情的本性与表现，以及对道德感官的阐明 [M]. 戴茂堂等译，杭州：浙江大学出版社，2009 年，第 64 页.

每个行为只要沾染上任何一点这种感情，都会显现为恶"①。即使对于这种显现为最高程度的恶的情感，哈奇森也认为，对于人的本性而言，只要没有利益对立，"人类本性几乎不能产生充满恶意的无私憎恨，或因他人的苦难而产生镇静的喜悦"②。因此，"人类本性中没有如冷血本性一样的那种程度的邪恶性，也不会因对我们的利益毫无用处的他人苦难而喜悦"③。通过对尼禄和帕图斯故事的分析以及对生活的观察，哈奇森认为，这些邪恶的情感并非出自人的本性，而是出自"错误的自爱"或"错误而草率地形成的对人类的看法"④。只要这些"错误"得到了纠正，我们的情感就会真正地出自我们的本性，而在这种情形中，我们将不会找到受错误观念的引导而产生的那些邪恶的情感。

从哈奇森的理论体系来看，我们发现，以无罪为特征的乐观人性论是他的道德情感思想体系的基石。若非如此，仁爱的情感能否成为道德感官的基础、道德感官能否有权力进行道德审判等，这一切都会成为受到质疑的问题。人性无罪论很好地奠定了道德情感思想体系的基础，同哈奇森所说的道德善和道德恶形成了一脉相承的关系，因此，哈奇森的人性观和道德情感思想体系具有高度的理论一致性和统一性，换句话说，哈奇

---

① 弗兰西斯·哈奇森. 论美与德性观念的根源 [M]. 高乐田等译，杭州：浙江大学出版社，2009 年，第 122 页.
② 同上书，第 104 页。
③ 同上书，第 122 页。
④ 同上书，第 123 页。

森的人性观就是其道德观的具体化。在哈奇森看来，道德恶就是缺乏指向他人的无私仁爱，而道德善就是拥有指向他人的无私仁爱。与此相适应的是，在人性观上，哈奇森认为，人性恶就是由于受到自爱的支配而忽视了他人的善，人性善就是拥有指向他人的无私仁爱。

2　乐观人性论的表现：人自身成为道德判断的主体

在哈奇森之前的英国伦理思想史中，无论是在基督教神学还是在霍布斯、洛克等人的哲学中，有一个共同点，即人自身都不是道德判断的主体。在基督教中，道德判断的权力专属于神，只有神可以凭着自己的公义审判这个世界，即使对于耶稣基督而言，他也没有道德判断的权力，因为他的权力来自天父。那么，对于信仰基督的基督徒而言，更是如此，"基督徒的世界认为权柄来自天上，正如耶稣在圣殿被当时的宗教领袖质问时，他就明说他的权柄来自天上"[①]。霍布斯、洛克等人认为，人自身没有道德判断的权力，但与基督教神学不同的是，这种权力来自外在于人的、不同于神学法则的某种法则。然而，对于哈奇森而言，通过对道德情感的分析，这一切都发生了改变。哈奇森认为道德判断权柄并非来自外面，而是主观的，是属人的，换句话说，人自己就是最高的权威，无论对是天上的神还是对地下的人，理性主体完全有权作出自己的道德判断。

在哈奇森的道德情感思想体系中，道德感官使人自身成为

---

① 侯士庭. 灵修神学发展史 [M]. 台北：中福出版有限公司，1995 年，第 41—42 页.

了道德判断的主体。在道德感官的"裁判"中，不仅人的情感，而且"神"的存在和善性，都要经由它的确认才会具有合法性。因此，道德感官不仅可以判断我们行为的道德价值，而且可以判断上苍是否公正。当我们看见具有真正道德尊严的人的失败时，我们就会产生"更强烈的悲伤、怜悯或遗憾以及在对世界运行的浅薄理解之上带着对德性真正益处的疑虑而产生的不满"，当我们看见这种人的成功时，我们就会产生"所有的喜悦之情、对上苍的满意以及由德性而生的安全感"①。这就表明，哈奇森的道德情感思想体系中包含了对人自身的极大自信。在基督教伦理中，他人的成功或失败绝非我们对上苍是否满意以及我们是否会享有由德性而生的安全感的判断标准，相反，失败本身或许就是由神所体现的德性的表现，因为基督徒知道，"义人多有苦难，但耶和华救他脱离这一切"②，在神的面前，"你的杖，你的竿，都安慰我"③。作为苏格兰启蒙运动的领军人物，作为激进的知识分子，哈奇森的"激进"和"启蒙"集中体现为用理性为人在神的面前争取更多的权利。这样，当人逐渐摆脱神的束缚，带着全部的情感和生命走向以现代社会为目标的"伽南圣地"时，哈奇森认为，为了使我们的情感更加具有道德性，人性需要的是更多的知识、注意力和思考，"我们的本性中最真正缺乏的似乎是更多的知识、

---

① 弗兰西斯·哈奇森. 论激情和感情的本性与表现，以及对道德感官的阐明 [M]. 戴茂堂等译，杭州：浙江大学出版社，2009 年，第 53 页.

②《圣经·诗篇》34：19。

③《圣经·诗篇》23：4。

注意力和思考。如果我们在这个方面拥有更大的完善，如果罪恶的习惯、观念的愚蠢联合得到了阻止，激情就会呈现在更好的秩序中"①。

（二）整体的人性论

我们可以从两个方面来分析哈奇森的整体人性论：

1 相对外在于人的自然物而言，整体人性论把人视为有别于外在自然物的整体

对于哈奇森而言，人性是有别于外在自然物的人的本性，正是在这点上，哈奇森区分了自然善和道德善，认为自然善只属于自然物，如肥沃的田野、硕果累累的果树等，都是自然善，自然善中没有道德善的成分。道德善是属于人特有的东西，和自然善没有关联。正是这种区分使哈奇森有机会为道德寻找人性的根基。通过在人性内部发现指向他人的"无私的仁爱"这种道德情感，哈奇森成功地为道德找到了人性的根基，实现了时代的跨越。在道德的圣殿中，哈奇森超越洛克、霍布斯等人而拉开了一个全新时代的帷幕，在这个时代中，人在道德上不再仰仗上帝的权威，而是第一次有了自主性，可以自己确立道德的基础，自己评价道德的善恶。如果说洛克的知识论使人在认识论领域确立了自我的至高无上的地位，那么，哈奇森的道德情感思想体系就使人在道德领域确立了独立自主的地位。当洛克在认识论上高扬人的主体性时，他却在道德上保留

---

① 弗兰西斯·哈奇森. 论激情和感情的本性与表现，以及对道德感官的阐明 [M]. 戴茂堂等译，杭州：浙江大学出版社，2009 年，第 144 页。

了上帝，到了哈奇森的时代，上帝在道德领域内也不再具有权威的统治地位了，人取代上帝成了道德圣殿的真正主宰。这既可以看作是洛克思想走向深度发展的标志，同时又可以看作新时代曙光来临的标志。

2　相对人性内部灵与肉的二元对立与分裂而言，整体人性论没有在人性内部区分人的内在自然性以及内在自由性

在哲学，尤其是在伦理学中，人是永恒的主题。早在古希腊时代，苏格拉底曾经提出了"认识你自己"的著名命题。到了17世纪，虽然自然科学获得了极大的发展，但是英国哲学家们都没有忘记对人的认识这个古老的哲学主题，"我们知道，霍布斯把了解人作为人是社会国家——人造物体的前提……了解人自身是霍布斯所关注探讨的问题"[①]。我们发现，"有关认识的问题无疑在洛克的哲学中占据首要地位，然而认识是人的认识，人是认识的主体，认识的目的也是为了人，为了人生活中的便利。洛克认为，人除了运用思想进行认识活动外，还通过意志支配他的善或恶的种种行为，是行为的主体。此外在洛克思想中颇为重要的政治、教育、宗教、经济等学说无一不与人息息相关，都必须以对人的一种理解为理论基础。在这个意义上，可以说人是洛克思想的中心。"[②]在伦理学中，"洛克在论及善恶、幸福这类范畴时，都是以其人性论为最终基础的"[③]。基

---

① 胡景钊，余丽嫦. 十七世纪英国哲学 [M]. 北京：商务印书馆，2006 年，第 206 页.

② 同上书，第 367—368 页。

③ 张海仁. 西方伦理学家辞典 [D]. 北京：北京广播电影电视出版社，1992 年，第 166 页.

于把"人"视为自然法则支配下的自然物，洛克、霍布斯、曼德维尔等人提出了各自的不同的"自私的伦理学"思想。总体看来，他们把自然的本性视为人的本性，人的本性也就是人的自然性和生物性。由于自然必然受到自然律的支配，因此，"自私的伦理学"必然受制于自然神的支配。这样，正如受到自然律支配的人只是自然律的奴隶一样，受到自然神支配的"自私的伦理学"必然使人在道德王国中处于被动地位，在哈奇森看来，这样的"道德"必然是远离人性的道德，这种"道德"必定不是人性化的道德，在这种伦理学面前，道德必然失去人性的根基。

哈奇森的道德情感思想体系也建立在对"人"进行认识的基础之上。哈奇森的人性论把人性视为一个整体，没有进行灵与肉或物质与精神的区分。我们认为，哈奇森在把人性从外在自然中区分出来的时候，却由于没有对人性内部的自然性和自由性进行区分而导致了对"人"的再次误解。这种误解产生了两大后果。

首先，就哈奇森的理论来说，这种整体人性观造成了哈奇森理论自身的内在矛盾。我们前文所提到的哈奇森所说的仁爱之情的超功利性与情感的功利计算法之间的矛盾以及道德的超功利性以及道德的功利计算法之间的对立，都非常明确地反映了哈奇森道德情感思想内部内在的理论冲突。这一切均由整体人性观所引起。如果我们对这种整体人性观进行了再划分，如果我们根据人性的实际情形，看到了人性自身所包含的有别于外在自然世界的内在自然世界和有别于这个内在自然世界的道

德世界，我们就会发现，哈奇森理论中的很多冲突和矛盾就会
迎刃而解。

其次，就人性自身来说，整体人性观更多地强调了人的内
在自然性，忽视了人的内在自由性。在哈奇森整体人性观观照
下，人在更深的层面再次被视为自然界的一部分，因此，人来
自自然并受制于自然法则的支配。然而，自然主义的解释是无
法真正解释人的一切的，人之为人的一个重要特征在于人必须
超越人自身的自然属性。从人性的角度来看，这种不彻底性导
致了用内在自然性代替人性整体的片面性，更确切地说，这体
现了哈奇森人性学说中所包含的理论上的片面性。这种片面性
所导致的理论结果是，哈奇森所找到的道德情感是不完整
的。正如哈奇森所言，指向他人的"无私的仁爱"的确是一种
道德情感，的确会令我们的道德感官感到愉悦，并会给行为主
体带来旁观者的赞许之声。但是，具有片面性的哈奇森人性论
忽视了人性中更重要的一点，这就是人的自由性。没有自由
性，就没有人的精神家园，对于这样的人，最大的危险就是会
失去自己，那么，在这种意义上，"人若赚得全世界，却丧失
了自己，赔上自己，有什么益处呢"①? 对于哈奇森而言，他
似乎意识到了这个问题，但由于受制于时代以及经验主义哲学
思潮的限制，他对这个问题的解释是很不充分的，因此，与此
相应的是，在他的道德情感思想体系中，缺乏了这种维度上的
道德情感。对于真正的道德情感的完整性而言，这不能不说是

① 《圣经·路加福音》9：24-25。

一个遗憾。但是，在哈奇森后期著作，如《论激情和感情的本性与表现，以及对道德感官的阐明》中，通过偏离严格的经验主义道路，我们还是可以发现哈奇森对这个问题所作的艰辛探索，虽然这种探索远未开花结果，也远未对他的道德情感思想体系提供什么新的贡献。我们发现，在洛克的《人类理解论》的第一卷中被驱逐的天赋观念（innate ideas），又在某种程度上得到了回归。事实上，的确有人指控哈奇森在道德感官的名义下偷偷地重新输入天赋观念。在回答这种指控的过程中，哈奇森尽力想出一个说法，这个说法可以使道德感官免予在天生性上产生争论，而同时却可以履行被授予天赋观念的那些规范作用。他重申了从洛克那里来的感官模式。正如外在感官没有隐藏任何天赋观念一样，哈奇森认为，"我们并非要认为，这种道德感官比其他感官更多地假定了某种天赋观念、知识或实践命题"①。也就是说，他认为，道德感官也和外在感官一样不包含天赋观念，换句话说，道德感官没有暗含"实践性的论断"(practical proposition)，而仅仅只是对从道德环境中获得的观念进行反应或接受而已，就像外在感官接受它们的观念一样。但是，无论哈奇森怎么辩解，在他的道德哲学中，相对道德反应而言，哈奇森却赋予了道德感官更大的责任：哈奇森陈述了为道德感官普遍认可的那些道德品质的内容。与此相应的是，哈奇森采用对本能或直觉的叙述，对道德感官进行了目的

---

① 弗兰西斯·哈奇森. 论美与德性观念的根源 [M]. 高乐田等译，杭州：浙江大学出版社，2009 年，第 98 页.

论解释："大哲学家关于天赋观念或实践和思辨原则的某些精致论文不外乎是这样的，'在我们存在之初，我们没有观念或判断'，他们或许还会加上，没有视觉、味觉、嗅觉、听觉、欲望和意志力。对于理解人类本性而言，这种论文仅如同解释动物有机体一样有用，它会证明胚胎在有牙齿、爪子和毛发之前或在它能吃、能喝、能消化或能呼吸之前就能活动了，或者说，在植物的自然史中，它会证明树木在有树干、树叶、花朵、果实或种子之前就开始生长了，因此，所有这些事物都是非天生的，或者说是技艺的结果。但如果我们把'那种状态、那些行为意向和行为称为天然，我们因我们的构造中的某部分，先于我们自身的某种意志力而对它们产生了心理意愿，或者说它们源于我们本性中的某些原则，既非由我们自身的技艺，也非由他人的技艺教给我们'，那么，以上所说的一切就会出现这种情况，即'属于善良意志、博爱、同情、互助、繁殖并养育子孙后代、对社区或国家的爱、奉献或对某种支配性心灵的爱和感激的状态就是我们的天然状态'，我们天生地倾向于此，而它事实上的确会普遍而一致地出现，就像我们对待某种确定的身高和外形一样。"①通过这些叙述，我们可以发现哈奇森对道德感官的叙述已经偏离了严格意义上的经验论解释，道德感官在这里被等同于一种道德本能或道德直觉。以类似的方式，哈奇森对感官工作原理的自然性描述也变成了对它

① 弗兰西斯·哈奇森. 论激情和感情的本性与表现，以及对道德感官的阐明 [M]. 戴茂堂等译，杭州：浙江大学出版社，2009 年，第 142 页.

们的终极缘由的探讨，比如，它们为什么会在同神圣天意保持联系的情况下被植入我们的性灵之中？等等。面临着这个问题，在《论激情和感情的本性与表现，以及对道德感官的阐明》中，哈奇森承认，道德感官具有一种神秘的性质（occult quality）。在哈奇森晚期的作品中，哈奇森更加公开地把道德感官等同于良心（conscience），使自己的理论有益于巴特勒主教（bishop Butler）所坚持的良心的天然权威。

综合看来，从伦理学史的发展来看，由于对自然性的界限的划分的不彻底性，哈奇森人性学说的片面性可以视为对霍布斯、曼德维尔等人伦理思想的深化，或者说，在哈奇森伦理学思想中，霍布斯、曼德维尔等人所倡导的"自私的伦理学"得到了更深入地发展。在伦理学史上，正是凭借这种不彻底性和片面性，哈奇森被视为对世界做出的主要贡献在于他的功利主义思想。

二　道德判断的根据：感官论

（一）感官作为道德判断根据的表现

1　感官是道德评价的根据

在哈奇森的道德情感思想体系中，感官作为道德评价的根据集中体现为：感官知觉等于道德判断。"对象、行为或事件获得善或恶的名称，其根据在于它们是对某种敏锐的本性产生愉快或不愉快知觉的直接或间接缘由或诱因。"①在哈奇森看来，如果我们要对对象进行善恶判断，我们无须求助于任何其他东西，如知识和理性等，仅仅依靠我们的感官，我们就可以达到目的。也就是说，凡是能使我们的道德感官产生愉悦知觉的对象就是善的对象，凡是使我们的道德感官产生痛苦知觉的对象就是恶的对象，或者说，当我们的感官对对象、行为或事件产生了愉悦的知觉时，对象因此就被称为"善"，反之，则被称为"恶"。

2　哈奇森所谈论的全部的"善"都处于我们的权能之中

感官作为道德判断之根据的另一个表现是，一切"善"都在我们的感官所能理解的范围之内。对于我们所谈论的善恶而言，我们的全部依据是我们的感官知觉，这样，我们至少可以认为，善恶是在我们的感官理解范围内的。哈奇森反复强调说，他所谈论的一切"仅仅只和道德感官的理解有关，而与神通过启示所要求的德性的那些程度无关"，或者说"在此，我们仅仅只考虑我们的道德感官"②。在感官的范围内，由于"我们的感官把对象、事件和行为理解为善"，所以，"我们有权能去推理、反思并比较各种善行，并找到为我们自己或他人获取最大善的适当而有效的手段，从而不受相对或特殊善的每一种外表所误导"③。在追求善的过程中，哈奇森认为，我们可以对受到

---

① 弗兰西斯·哈奇森. 论激情和感情的本性与表现，以及对道德感官的阐明 [M]. 戴茂堂等译，杭州：浙江大学出版社，2009 年，第 3 页.
② 同上书，第 227 页。
③ 同上书，第 32 页。

各种情感推动的行为所具有的道德程度进行计算，例如，哈奇森认为，追求公共善的公共欲望就可以以这种思路来计算，"公共欲望的强度处于一种复合比率中，它同善自身的量以及人的数目、关系和尊严有关"①。

（二）感官作为道德判断根据的结果

我们发现，在哈奇森的道德情感思想体系中，把感官作为道德判断的根据所产生的直接后果就是，在道德领域内，人的主体地位得到了极大地提高。在道德的圣殿中，人自身取代了昔日的启示性的亚伯拉罕之神成为道德的主宰，道德感官真正成了对人类一切道德行为进行道德判断的道德"裁判"。但是，这并非意味着，人类从此放弃了对道德终极价值的追求，事实上，我们发现，当道德感官驱逐了上帝之后，人类并没有放弃对终极价值的追求，于是，人类自身在不知不觉中扮演了上帝的角色。从此之后，人类不再以《圣经》中的启示的方式来感悟世界，不再需要在天路历程上艰苦地跋涉，而是可以依靠感官用人自身的眼光来解剖、认识并评判我们的世界。哈奇森认为，虽然我们的一切行为仅仅只受到情感和本能的推动，但是，这并非意味着，我们不需要理性。相反，我们时刻都要注意对我们的理性进行训练，以便我们能够找到实现幸福的最佳手段。这样，我们发现，在理性的辅助下，哈奇森的道德感官使人的主体性地位在伦理学史上得到了前所未

① 弗兰西斯·哈奇森. 论激情和感情的本性与表现，以及对道德感官的阐明 [M]. 戴茂堂等译，杭州：浙江大学出版社，2009 年，第 32 页.

有的尊重，人类自主思考的能力得到了极大的彰显。人性自身自此焕发了极大的内在积极性，人们使用理性的批判精神来审视自然和社会，这一切都在向我们暗示，一个新的时代即将来临。

三　道德评价的原则：动机论

在确立了道德判断的基础之后，在道德评价的过程中，我们应该遵循什么样的原则呢？哈奇森认为，我们应该坚持的道德评价原则是动机论，在各样的动机中，成为哈奇森道德评价动机的是我们的道德情感，即无私的仁爱。"当一个行为出自仁爱感情或指向他人的绝对善的意图时，它在道德意义上就是善的。"①这样，"根据主体的感情和行为或行为意图，主体被赋予道德上的善或恶"②，因此，我们可以说，"哈奇森把行为的内在动机作为衡量道德的标准"③。他从正反两个方面论述了动机论的道德评价原则。从正面来说，只有仁爱的情感才会使行为在道德上为善，从反面看来，如果缺乏仁爱的情感，行为就不会具有道德善。

从正面来看，哈奇森认为，仁爱的情感是全部德性的基础所在，一个人只要拥有了仁爱的情感，无论高低贵贱，他都可

---

① 弗兰西斯·哈奇森. 论激情和感情的本性与表现，以及对道德感官的阐明 [M]. 戴茂堂等译，杭州：浙江大学出版社，2009 年，第 29 页.

② 引文同上。

③ 张海仁. 西方伦理学家辞典 [D]. 北京：北京广播电影电视出版社，1992 年，第 214 页.

以成为德性世界里的英雄。"如果我们考察一下无论在何处都被视为友善的所有行为，如果我们研究一下它们受到赞成的基础，我们就会发现，在赞成它们的人看来，这些行为始终显现为仁爱，或出自对他人的爱以及对他们幸福的研究，不管赞成者是否处于被爱一方，还是处于获利一方。因此，推动我们促使他人幸福的所有那些友善感情，以及被认为出自这种感情的所有行为，如果它们对某些人显现为仁爱而又不危害他人的话，都会在道德上显现为善。"①在哈奇森看来，只要行为的发生出于仁爱的情感，我们就可以忽视行为的结果而把行为认定为善，"友善或提升公共善的不成功之举，会和最成功的举动一样显现为可爱，如果它源于强烈仁爱的话"②。通过追求他人之善这个桥梁，仁爱的情感最终可以促进整体公共善。但是，人与人之间的能力各有差异，我们不能要求为王子、政客和将军所拥有的才能也为普通人所拥有，前者在促进公共善的事务上肯定比后者作出的贡献要大得多。在哈奇森看来，这并不意味着，只有前者才是德性上的英雄，相反，哈奇森认为，只要后者在他所处的世界中的地位对公共善作出了自己的贡献，"我们必定会断定这种性格会同那些人（这些人外在的显赫会令不明智的世人感到眩目）一样真正可爱"，并且，我们会说，"他们是德性上的真正英雄"③。为什么仁爱的情感会超

---

① 弗兰西斯·哈奇森. 论美与德性观念的根源 [M]. 高乐田等译，杭州：浙江大学出版社，2009 年，第 117 页.

② 引文同上.

③ 同上书，第 139 页。

越世俗的高低贵贱而使世人眼中的普通人成为"德性上的真正英雄"呢？这是因为，当我们的欲望指向外在对象的时候，因为"人类事务中没有这种确定性，即一个人能确保自己永久地拥有能满足任何欲望的那些对象"，所以，我们常常会因外物的不确定性而不悦，但是，"德性自身的对象除外，因为德性自身不依赖于外在的对象和事件，而只依赖于我们可以应允自己会一直享用的我们自身的感情和行为"①。在这种意义上，我们甚至可以说，哈奇森之所以没有对其一再强调的公共善或普遍善的具体内容进行说明，其原因在于，相对公共善的结果而言，他更重视因这种公共善的出现而来的对人的情感的规范作用，它使我们不断超越狭隘的、褊狭的指向小团体、小圈子的情感，从而使我们培养具有公共性和普遍性的真正的道德情感。联系前文所讲到的经由美学过渡而来的哈奇森伦理学所具有的理论困境来看，我们认为，公共善的形式主义特征具有浓厚的象征意义，正是这种象征意义对我们的情感所产生的规范作用旗帜鲜明地证明，哈奇森所持有的道德评价的原则是动机论而非结果论或功利论。正是在这个意义上，我们认为，只要我们运用理性对我们的公共欲望进行了规范，消除了观念的虚妄联合，仁爱的情感就可以确保所有人成为德性上的英雄。

从反面来说，一方面，如果缺乏仁爱这种情感的推动，无论什么样的行为都不会具有道德之美，"事实上十分有用的行为

---

① 弗兰西斯·哈奇森. 论美与德性观念的根源 [M]. 高乐田等译，杭州：浙江大学出版社，2009 年，第 83 页.

会显现为缺乏道德美，如果我们知道它们不是出自指向他人的友善意图的话"①；另一方面，即使行为所产生的结果并不好，但是只要这种行为源于仁爱的情感，在哈奇森看来，它也是善的行为。"然而，友善或提升公共善的不成功之举，会和最成功的举动一样显现为可爱，如果它源于强烈仁爱的话"②。

哈奇森的动机论德性观指向的目标是公共善，德性的真实本性和唯一目的就是公共善③。对于公共善，哈奇森理解为由人的社会性所决定的社会整体利益，因此，在哈奇森看来，"所有思考的目的是为了找到促进人类幸福的最有效方式"④。正是这样，在坚持动机论的前提下，哈奇森认为，行为的好坏可以由行为的结果来决定，"为最大多数人获得最大幸福的那种行为就是最好的行为，以同样的方式引起苦难的行为就是最坏的行为"⑤。在《论美与德性观念的根源》以及《论激情和感情的本性与表现，以及对道德感官的阐明》的早期版本中，哈奇森运用数学的方法对德性以及恶行的程度进行了计算并列出了一系列有关德性计算的"公理"⑥。于是，根据"最大多数人的最大幸福"这条标准，有研究者认为，哈

---

① 弗兰西斯·哈奇森. 论美与德性观念的根源 [M]. 高乐田等译，杭州：浙江大学出版社，2009 年，第 117 页.

② 引文同上。

③ 弗兰西斯·哈奇森. 论激情和感情的本性与表现，以及对道德感官的阐明 [M]. 戴茂堂等译，杭州：浙江大学出版社，2009 年，第 72 页.

④ 同上书，第 82 页。

⑤ 弗兰西斯·哈奇森. 论美与德性观念的根源 [M]. 高乐田等译，杭州：浙江大学出版社，2009 年，第 127 页.

⑥ 同上书，第 131 页。

奇森是一个注重结果的功利论者，如马可·斯特拉塞（Mark Strasser）就认为，"哈奇森可以显而易见地被归于通常界定为功利主义理论的范围之内"①，并认为哈奇森对历史的贡献在于其功利主义思想。事实上，当我们细读哈奇森的文本时，我们发现，这种判断是对哈奇森的误解，因为哈奇森时时刻刻都是从"无私的仁爱"这种道德情感的动机出发，来对德性进行评价的，正如当代德性伦理学领域极负盛名的的重要思想家、美国马里兰大学道德哲学教授迈克尔·斯洛特（Michael Slote）所说，"通过联系动机，哈奇森把普遍仁爱视为独立于其结果的令人崇敬的道德理想，这样，（哈奇森的理论）更多地同德性伦理学而不是同功利主义或结果主义具有相似性。"②但与此同时，我们不得不面对的一个问题是，如果我们对哈奇森动机论的评判是公允的，那么，为什么这种动机论在历史上引起了这么大的误解？我们认为，这主要是由哈奇森理论自身所包含的矛盾以及英国哲学史在发展过程中对他认可的不同侧面和重点这两个方面的原因所引起的。

首先，由于受到科学理性的时代潮流的影响，哈奇森理论自身的矛盾导致了这种现状的出现。我们知道，哈奇森的伦理学思想建立在其美学思想的基础之上，美学思想是哈奇森伦理学思想的原型和基础。但是，通过分析他的美学思

① Mark Strasser. *Francis Huteheson's Moral Theory: It's Form and Utility* [M]. Wakefield, New Hampshire: Longwood Academic, 1990, p.121.
② Michael Slote. Morals From Motives [M]. New York: Oxford University Press, Inc. 2001, p. viii.

想，我们发现，科学理性或数学成分在他的美学思想中几乎占据了核心地位。哈奇森自己也承认，他是在用数学的方式来表述美的基础即寓多样性的统一性①。这种科学理性精神不仅渗透了哈奇森的美学思想，而且也渗透了他的伦理学思想。对于哈奇森的理论初衷来说，正如他的《对道德感官的阐明》中所暗示的一样，他有意要和科学理性保持距离和界限，但是，由于科学理性精神在 18 世纪占有非常强势的地位，要达到自己的初衷，可谓是"心有余而力不足"，他最终落入了科学理性的窠臼。

其次，由于"西方伦理学具有明显的科学基础"②，因此，英国的哲学传统对哈奇森理论的借鉴和吸收更偏重于吸收其具有科学理性色彩的德性论思想，而忽视了其更有价值的道德情感思想。斯哥特认为，"对最大多数人最大利益原则的频繁引用可以无休无止地溯源于哈奇森。边沁和密尔对快乐的计算都为哈奇森所开创。首先，他持有随后为边沁所信奉的一种观念，即在对于快乐的种类以及更具优先性和尊严的种类进行陈述了之后而认为，各种快乐之间的差别只在于其量的不同。在哈奇森的思路中以及在密尔对边沁理论的修订中，快乐种类的不同都是最不重要的话题。"③除此之外，斯哥特

---

① 弗兰西斯·哈奇森. 论美与德性观念的根源 [M]. 高乐田等译，杭州：浙江大学出版社，2009 年，第 15 页.

② 强以华. 西方伦理十二讲 [M]. 重庆：重庆出版集团，2008 年，第 2 页.

③ William Robert Scott. *Francis Hutcheson: His Life, Teaching and Position in the History of Philosophy* [M]. Bristol: Thoemmes Press, p. 280.

还认为，"哈奇森奠定了功利主义的基本原则"①。对于密尔和边沁来说，他们不仅继承了哈奇森所倡导的功利主义原则以及由对观念的联合的批判而来的普遍的快乐主义思想，而且继承了哈奇森的论述风格。事实上，当我们细读哈奇森文本的时候，我们发现，对于哈奇森而言，他最关心的还是要确立以无私的仁爱为伦理原则的道德情感思想体系。在科学理性精神的支配下，"最大多数人最大幸福"是在坚持道德情感动机论的前提下提出的德性计算过程中的计算结果，对于哈奇森而言，它并非其道德情感思想体系中的道德评价标准。具有讽刺意味的是，哈奇森在晚年所致力于抛弃的正是其道德哲学体系中的这种科学理性精神，道德计算就是他后来要抛弃的东西②。虽然哈奇森立足自己的道德情感思想体系力图消除科学理性对德性程度的计算，但是，由于后人继续在科学理性精神的指导下看待哈奇森道德哲学，因此，后人对哈奇森更多地继承了作者晚年有意抛弃的东西，从而忽视了作者有意保留的"情感"的内容。但是，我们不能让历史的迷雾湮没了哈奇森的真相，我们必须力求通过对文本的细读来领会哈奇森的真正意图所在。虽然哈奇森提出了深为功利主义所信奉的"最大多数人的最大幸福"原则，但是，我们并不能因此就说，哈奇森本人在道德评价的原则上不在乎道德行为的动机而只在乎道德行为的结

---

① William Robert Scott. *Francis Hutcheson：His Life, Teaching and Position in the History of Philosophy* [M]. Bristol：Thoemmes Press, p. 281.
② 弗兰西斯·哈奇森. 论激情和感情的本性与表现，以及对道德感官的阐明 [M]. 戴茂堂等译，杭州：浙江大学出版社，2009 年，第 220 页，注释①.

果。对于"最大多数人的最大幸福"后来成为了功利主义的原则的历史事实而言，这并非哈奇森的初衷，而仅仅只是哈奇森后继者们因各自不同的理论旨趣所造成的历史现象而已。对于哈奇森来说，这种现象真可谓是"无心插柳柳成荫"。

我们需要注意的是，哈奇森虽然坚持认为动机才是道德评价的原则，但是，他毕竟属于新的时代。因此，我们发现，他所坚持的动机论也是具有鲜明时代特色的动机论，这种动机论极大地不同于他的祖先们所信奉的基督教的动机论。基督教认为"上帝的国"就是最高的善[①]，基督徒的行为动机根源于对上帝的爱，最终的目的只指向"上帝的国"。然而，在哈奇森的道德情感思想体系中，我们发现，神只是为了人类的福祉而诞生，他的意志是不可以从神秘的奇迹和神意中知晓的，而只能通过对于人类的更大利益——也就是"最大多数人的最大幸福"——的广泛考察来理解，对于神进行道德评价的标准在于，这个神是否可以增进他的被造物的幸福。哈奇森所谈论的动机的出发点和终点都不是基督教的上帝，而是世俗社会的人以及人的整体善和普遍善。

第二节　理论得失

一　理论成就

哈奇森在道德情感思想体系最关注的是"人"，他不仅理论

---

① 马特生. 基督教伦理学 [M]. 谢受灵译，台北：道生出版社，1995 年，第62 页.

基点建立在对人性的认识之上，而且理论的目标也是指向了人的普遍善或公共善。因此，我们将遵循哈奇森的思路，从"人"出发，来分析哈奇森道德情感思想体系的理论成就。从英国经验主义认识论历史视野中的"人"来看，通过道德情感思想，哈奇森的理论成就体现在扩展了它的地盘，拓展了它的理论深度。就"人"与道德的关系而言，哈奇森最大的理论贡献在于为道德找到了人性的根基，通过把道德情感视为道德的根源并发现蕴涵于人性结构中的道德感官，哈奇森不仅赋予了人进行道德判断的权力，而且极大地提高了人的主体地位。就"人"与社会公共领域的关系而言，通过同自然法思想的联合，哈奇森的道德情感思想转变成现代政治学、法学思想，从而为"人"以及由"人"所组成的社会发现了一系列天然的权利，从而有力地推动了社会公共领域的进步。就苏格兰启蒙运动中的"人"而言，哈奇森的成就体现在用道德情感思想为苏格兰社会从传统走向现代确立了新的信仰基础。因此，以"人"为中心，我们将聚焦于经验主义认识论、伦理学、政治学以及苏格兰启蒙运动这四个领域来简述哈奇森道德情感思想的理论成就。

（一）经验主义认识论：扩展了它的地盘、拓展了它的深度

通过批判天赋观念，《人类理解论》为知识找到了确定的根基，从而在认识论领域内确立了人的主体性。不过，尽管洛克在道德领域内也反对天赋观念，但他并没有把人的主动性以及主体地位衍生到道德领域，相反，他认为，道德的善与恶同"人"自身没有关系，而只存在于外在于人的规则中，"所谓善，就是说一种行动同那个规则相契合的，所谓恶，就是说一种行动同

那个规则不契合的"①，因此，"赏罚决定德性"②。在这里，我们发现，通过对天赋观念的批判，洛克在认识论领域有效地确立了人的主体地位，可是，在伦理学领域，洛克没有为道德找到人性的根基。换句话说，我们认为，洛克的经验论是认识论领域内的经验论。

对哈奇森而言，以情感为基点而找到道德的根基并赋予人性结构中的道德感官以道德判断的权力，这意味着，他在道德领域内确立了人的主体性地位。相对洛克的经验论而言，这可以看作经验主义向纵深发展的标志，因为它把经验主义的地盘从认识论领域扩展到了伦理学领域，从而使得经验主义的认识论方法不仅可以用来学习知识、掌握真理，而且可以用来进行道德判断，这可以被视为这种理论不断向人性深处发展的标志。或许正是这样，霍普（V. M. Hope）认为，"哈奇森、休谟和斯密因对经验主义伦理学作出了空前绝后的推进而著名"③。

（二）伦理学：为道德找到了情感的根源

作为道德哲学的创始人，苏格拉底在号召人们把目光从自然界转向人自身的同时，美德问题成了他关注的主要对象，进而提出了"美德即知识"的著名命题。苏格拉底认为，美德的

---

① 约翰·洛克. 人类理解论 [M]. 关文运译，北京：商务印书馆，1983 年，第 333 页.

② 张海仁. 西方伦理学家辞典 [D]. 北京：中国广播电影电视出版社，1992 年，第 168 页.

③ V. M. Hope. *Virtue by Consensus: The Moral Philosophy of Hutcheson, Hume, and Adam Smith* [M]. New York: Oxford University Press, p. 2.

本性就是知识，"如果知识包括了一切的善，那么我们认为美德即知识就将是对的"①。通过把美德完全等同于知识，苏格拉底"开创了西方伦理学中的一个重要思想流派，即唯理智主义伦理学"②。在这种思想的支配下，人们认为，美德作为知识可以通过教育来培养，由此而来的结果就是，一个人如果有很丰富的知识，那么，这个人就必定是一个道德高尚的人。但是，事实却一再无情地告诉我们，知识与道德之间并非正相关的关系。《红字》中学富五车的齐灵沃斯却深受道德国度中邪恶力量的捆绑，以至于面容都发生了变异，而《八月之光》中的乡村姑娘琳娜以及《喧哗与躁动》中的黑人女性迪尔西，她们虽然从来没有机会读书识字，但她们却善良、宁静、温和，可以不断地用自身美德的光辉照亮接触她们的每个人的内心。不仅如此，"美德即知识"还暗示出，在道德领域，我们需要"寻求道德的科学性"，因为"科学知识在道德判断和价值判断中具有至高无上的发言权"③。以上分析向我们揭示，作为美德的"知识"没有揭示出美德同人的心灵之间的关系，而伦理学如果离开了心灵的支撑，就不会找到道德世界的源头活水。如果我们要试图在这个命题之内来探讨美德同心灵之间的关系，我们就势必会遭遇这种矛盾：心灵的原则同知识的原则如何才能统一？换句话说，在遭遇道德困境的时候，我们是

---

① 北京大学哲学系外国哲学史教研室. 古希腊罗马哲学 [C]. 北京：生活·读书·新知三联书店，1957 年，第 164 页.
② 邓晓芒，赵林. 西方哲学史 [M]. 北京：高等教育出版社，2005 年，第 46 页.
③ 戴茂堂. 西方伦理学 [M]. 武汉：湖北人民出版社，2002 年，第 234 页.

应该听从心灵的判断，还是听从知识的判断呢？

　　通过发现仁爱的道德情感，哈奇森不仅为道德找到了人性的根基，而且很好地处理了道德判断中的知识原则同心灵原则的合一问题。尽管建立在哈奇森整体人性论基础上的道德情感实际上属于人的内在性自然领域，但是，我们不得不承认的是，他为道德找到了人性的根基。正是因为他的这种根基是聚焦于人的情感，所以，哈奇森曾说，他的目的"不是要给他的学生给予一种具有严密逻辑性的道德体系，而是要使他的学生浸润在他们能够赖以依存的伦理规则中"，他的目的就在于"触动内心"并激发"对德性的热忱"[1]。事实上，哈奇森的确触动了他的学生们的内心，不仅如此，他还触动了身后很多哲学家的内心，正是这样，他当之无愧地成为苏格兰启蒙运动的领军人物。哈奇森一再强调，我们的一切行为只会受到情感的推动，而对我们的一切知识和训练而言，除非我们把它们还原为某种感情或本能，否则，"最高尚的学问，即使是道德学、政治学和宗教学，也有可能受到滥用。如果这些学问仅仅只是娱乐消遣和沉思妙想之物，它们就不会把我们领入对自己的恒常训练中，不会匡扶内心，也不会指引行为，我们不会变得比学习一些无用的数字关系或计算运气好坏的人更优秀"[2]，哈奇森很好地解决了道德判断中知识原则和心灵原则

① William Robert Scott. *Francis Hutcheson：His Life, Teaching and Position in the History of Philosophy* [M]. Bristol：Thoemmes Press, p. 286.
② 弗兰西斯·哈奇森. 论激情和感情的本性与表现，以及对道德感官的阐明 [M]. 戴茂堂等译，杭州：浙江大学出版社，2009 年，第 124 页.

的冲突问题。有鉴于"情感"在西方伦理学中不受重视的地位，我们认为，通过旗帜鲜明地把情感视为道德的基础，由沙夫茨伯利所开创、哈奇森所发扬的情感主义伦理学不仅为西方伦理学增添了新的理论和声音，而且，更为重要的是，通过对内在于人性自身的道德情感的重视和培养，我们找到到了通往道德境界的道路。

（三）政治学：人的社会性与权利

对哈奇森道德情感思想的社会效应而言，它在社会学、政治学以及经济学等领域内发挥了较大的社会影响，这种影响来自哈奇森对人的社会性以及权利的强调。我们认为，哈奇森的全部道德哲学的前提是人的内在自然性，由此出发，想要真正建立类似于可以超越功利、理性与知识的审美快乐的、以道德感官之乐为内容的道德情感思想，似乎注定是不太可能的。然而，需要注意的是，对哈奇森而言，由于没有注意到人性结构中有别于内在自然的内在自由性，他一生都在致力于做这种不可能成功的事情，这种努力的结果就是，他的道德情感思想体现了极大的前后矛盾。不仅如此，我们还注意到，确立了美与道德的根源之后，哈奇森真正感兴趣的却不再是伦理学领域内的诸多问题了，他把讨论问题的重点转向了政治学等领域。由于被哈奇森称为道德情感的无私的仁爱所指向的对象是他人的世俗善以及由此而扩展开来的社会公共善，就此而言，我们可以说，这种道德情感是一种外向型的情感。事实上，在哈奇森道德哲学中，就仁爱这种情感本身以及它所产生的社会效应而言，他更看重的是仁爱这种情感所产生的社会效应。立足于人性的结构，哈奇森认为人类天然具有社交性，在他看来，这构成了人类社会性的天然基础，就人类社会整体而言，社会整体幸福是个体幸福的必然结果。哈奇森所强调的人的社交性以及社会性事实上就是对人性社会化的强调。塞缪尔·弗雷切斯克认为，"社会化人性这一概念可以被看做是'苏格兰派'观点"①，就此而言，我们认为，这种观点的理论开创者应当归于哈奇森。哈奇森道德情感思想内部的理论矛盾、哈奇森自身的兴趣转向以及历史对哈奇森的吸收与借鉴等似乎都在向我们暗示，他的道德情感思想真正发挥效力的领地不是伦理学而是政治学等其他领地。就伦理学自身而言，我们将这种现象评价为"墙内开花墙外香"。这样，有学者指出，"随着理论的发展，哈奇森不仅进一步扩展并完善了他对在心灵中起作用的、各种'内在感官'的叙述，而且，通过把道德感官与自然法联系起来，哈奇森使他的作品蕴涵丰富的政治学含义"②。由此可以认为，哈奇森的道德情感思想已经超越了伦理学领域，转而走向社会学领域、政治学领域、法学领域甚至经济学领域，从而对人类社会发展迈向现代化的进程作出了一定的贡献。就哈奇森道德情感思想的发展路径而言，我们认为，由此而生发出诸多社会学、政治学思想是理论必然，相对于他的道德情感思想在伦理学领域内的前后矛盾而言，这种思想在政治学领域

---

① 亚历山大·布罗迪. 苏格兰启蒙运动 [M]. 北京：生活·读书·新知三联书店, 2006 年, 第 308 页.

② Anthony Grayling, Andrew Pyle and Naomi Goulder. *Continuum Encyclopedia of British Philosophy*. [M] London：Thoemmes Continuum, 2006, p. 1582.

内的扩展却恰好体现了自身的理论一致性与理论必然性。在此，我们将从个体以及社会整体来分析哈奇森道德情感思想在社会领域内的积极功绩。

对于组成社会的个体而言，哈奇森的道德情感思想的最大贡献是推动了人的权利观念的确立。从道德感官出发，哈奇森首先详细分析了体现为对作为社会成员的个体的权利。哈奇森认为，"从这种感官出发，我们也可以推导出我们的权利观念"①。对于我们每个人来说，拥有权利的条件是，该人所拥有的某物或施行、命令的行为在总体上会有益于公共善。这样，"根据公共善之趋向的强弱，这种权利就会有大有小"②。哈奇森列举出了三种权利：绝对权利、非绝对权利以及外在权利。在他看来，以公共善为准绳，"被称为绝对权利的是指向公共善的这种必然性，对它们的普遍侵犯就会使人类生活变得不堪忍受，它事实上会使权利受到如此侵犯的那些人变得痛苦不堪"③，而"非绝对权利是这样一些权利，当它们普遍受到侵犯时，它们不会必然使人痛苦不堪"④，对于外在权利而言，"外在权利产生这种时候，即对某行为的施行以及对某物的占有或要求会真正有损于公众"⑤。在这些权利中，绝对权利是不可冒犯以及不容置疑的权利，如果它受到了冒犯，在自然状态中，

① 弗兰西斯·哈奇森. 论美与德性观念的根源 [M]. 高乐田等译，杭州：浙江大学出版社，2009 年，第 198 页.
② 引文同上。
③ 同上书，第 199 页。
④ 同上书，第 200 页。
⑤ 同上书，第 201 页。

会导致武力的运用，对此，哈奇森认为，这"似乎对整体极为有益，因为它使每个人害怕反对他人之绝对权利的任何尝试"①。这种思想对杰斐逊产生了很大影响，有研究显示，他不仅吸收了哈奇森有关绝对权利的观点，而且把它摆在了十分突出的地位②。除此之外，对于权利是否可以让渡，哈奇森认为可以把权利划分为可让渡权利和不可让渡的权利。在哈奇森看来，我们进行私人判断的权利、处理情感的权利以及侍奉上帝的权利都是不可让渡的权利，而在追求公共善的过程中，我们可以把对公共善的追求权利让渡给比我们更加审慎的人，这种范围内的这种权利是可让渡的权利。

对于由个体组成的社会而言，哈奇森的道德情感思想推动了社会公共领域内的进步。从道德感官出发，结合自然法传统，哈奇森讨论了社会生活中政府权力的基础和边界。在追求公共善的过程中，由于人们拥有可让渡权力，因此，哈奇森认为，人们可以用这种权利来组建民主政府，这样，这种可让渡的权利就可以交给统治者支配，而对于统治者来说，"就人们转交他们的权利而言，他们的统治者就在他们审慎的督导下，至少拥有了一个外部权利来支配他们，以达到他们制度的目标，除此之外，不得作任何擅权"③。在哈奇森看来，政府

---

① 弗兰西斯·哈奇森. 论美与德性观念的根源 [M]. 高乐田等译，杭州：浙江大学出版社，2009 年，第 199 页。
② 亚历山大·布罗迪（编）. 苏格兰启蒙运动 [M]. 北京：生活·读书·新知三联书店，2006 年，第 308 页.
③ 弗兰西斯·哈奇森. 论美与德性观念的根源 [M]. 高乐田等译，杭州：浙江大学出版社，2009 年，第 206 页.

的边界在于个人的不可让渡的权利，"不可让渡的权利是所有政府的必要边界"①。在这个边界之内，政府还存在着不受限制的权利，即追求公共善的权利，以及受到限制的权利，即对政府形式自身进行改变的权利。

哈奇森的这些思想在当时产生了积极的社会效应。当受到迫害的清教徒漂洋过海来到新大陆，并试图在消除欧洲政治体制的痼疾的同时建立"地球上的上帝之城"（City of God on earth）时，他们大量吸收了哈奇森的这些政治学思想。在哈奇森逝世之后的第30年，即1776年，他的思想被吸收进了美国《弗吉尼亚人权法案》中，在这个法案中，我们可以读到，"设立政府的目的，应当是为了谋求公共利益、提供社会保障以及保证人民、国家和社会的安全。在形形色色的政府构成模式与组织形式中，只有那些能够最大限度地制造社会的幸福与安全，而又能够最有效地避免行政失当的政府，才能称之为最好的政府形式。任何一个政府，一旦当其不能充分适应这一基本目的，甚或与这一目的相背离的时候，社会的大多数成员应当享有不容质疑、不可让渡与不可剥夺的权利，来改革、变更甚至废除这个政府。可以断言，这是一种最有助于增进公共福利的政治方式"②。正是这样，有人指出，"哈奇森的道德哲学

---

① 弗兰西斯·哈奇森. 论美与德性观念的根源 [M]. 高乐田等译，杭州：浙江大学出版社，2009年，第211页.

② Francis Hutcheson. *An Inquiry into the Original of Our Ideas of Beauty and Virtue* [M]. Indiananpolis：Liberty Fund, p.ix.

具有一种政治洞察力"①。沃尔夫冈·理德霍德（Wolfgang Lei-dhold）指出，"他（哈奇森）的著作在 18 世纪被引介到美国，通过他的学生们以及来自苏格兰的访问学者们的介绍——这其中就有 1759 年来美国的本杰明·富兰克林，哈奇森的哲学开始广为人知。他的理论观念甚至成为殖民地课程的一部分。"由于受到 18 世纪哈奇森学生们的推动，直到今天，"哈奇森的哲学，已成为美国人政治观念的一部分，这些观念是美国政体得以形成的理论基础"②。

（四）苏格兰启蒙运动：确立了新的信仰基础

如果说启蒙时代就是"打破信仰主义语言霸权和建立新时代语言的时期"③，那么，哈奇森的"道德感官"可以说很好地完成了这两个使命。在为道德确立新的根基的同时，我们发现，基督教的启示神走下了神坛，取而代之的是人自身。在这个意义上，我们认为，哈奇森的道德情感思想的另一个理论成就是，他为人类社会从传统走向现代找到了新的哲学基础和信仰基础，这就是为他反复强调的人类公共善或普遍善。正如基督徒的一切情感最终只指向上帝一样，哈奇森所谈论的情感，无论是自爱还是普遍而平静的仁爱，它们都只指向一个终极目标，即公共善或普遍善。从此之后，只要有了这个目标作为我们感情和行为的灯塔，我们的行为就不再是有罪的，相反，由

---

① Francis Hutcheson. *An Inquiry into the Original of Our Ideas of Beauty and Virtue* [M]. Indiananpolis：Liberty Fund, p. Ⅻ.

② Ibid., p. Ⅹ.

③ 邓晓芒. 西方启蒙思想的本质 [J]. 广东社会科学, 2003（4）.

于受到我们的道德感官的赞许，我们可以享受最高和最持久的快乐与幸福。在这个过程中，我们发现，为了更好地论证自己的道德情感思想，同时，也是为了确立新的信仰形式，除了从沙夫茨伯利那里继承了"道德感官"之外，哈奇森甚至独创了很多新的词汇，公共感官以及荣誉感官就是最明显的例证。正是这样，卡西尔曾说，"确立新的信仰形式恰恰是启蒙时代最高的积极成就，启蒙运动最强有力的精神力量就在于它"。

由于哈奇森通过情感的途径为苏格兰启蒙运动找到了全新的信仰基础，哈奇森的社会学和政治学思想几乎都源于对情感的研究，正是这样，加勒特认为，"对人类激情的经验主义分析以及在此基础上提出的人类社会经验解读的观点是苏格兰启蒙思想的两大特色"[①]。考虑到哈奇森在苏格兰启蒙运动中处于领头羊的角色，因此，我们可以说，哈奇森确立了一种新的启蒙观——情感型启蒙。哈奇森虽然并不反对对理性的使用，但是，他认为，理性是有缺陷的，这种缺陷不仅表现在理性无法理解种种为本能所理解的东西，而且表现在理性无法推动我们产生行动。在这种意义上，如果在伦理学领域内把理性当作道德的根源，那么，这种伦理学必定是无法触动人的内心的伦理学，它无法为我们找到道德的真正源头。理性能给我们提供各种知识，能给我们提供达到各种目的（包括道德目的在内）的有关手段的各种帮助，但是，它无法推动我们去做道德或不道

---

① 亚历山大·布罗迪. 苏格兰启蒙运动 [M]. 北京：生活·读书·新知三联书店，2006 年，第 86 页.

德的行为，因为人的一切行为除了受到感情或本能的推动之外，不会受到任何其他东西的推动。除此之外，哈奇森的情感型启蒙思想还一再告诉我们，要成为一个高尚的人，就要学会控制我们的感情，尤其要学会控制我们的激情。只有这样，我们才能享有来自道德感官的最高和最持久的幸福与快乐。启蒙的过程是一个价值重塑的过程，我们当今的时代，许多地方的旧有价值观正在逐渐崩溃，许多崭新的价值观正在不断占据人们的心灵。在这个过程中，我们有必要回过头来，在历史的资料库中看看往昔的人们是如何对待时代变迁所引起的价值观变化的，通过对他们的研究，今天的我们不仅可以在全新的层面上来看待人的本性，而且可以为时代的问题找到历史的出路和借鉴。

二　理论缺憾

综观哈奇森道德哲学，我们发现，他的道德情感思想始终蕴涵着一个巨大的理论矛盾，即从超功利的出发点，走向了功利主义的终点。哈奇森道德学说中最重要的概念——"道德感官"——直接源于对审美活动中对"美的感官"的类比。事实上，就他对感官的理解而言，也与对"美的感官"进行概归纳总结有关。在《对美、秩序等的研究》的开篇之处，他曾详细阐明过，感官知觉所产生的快乐和痛苦是"直接的"，与知识、理性、利益无关①。换句话说，他认为，审美知觉自身具

---

① 弗兰西斯·哈奇森. 论美与德性观念的根源 [M]. 高乐田等译，杭州：浙江大学出版社，2009 年，第 5 页.

有直接而即时的快乐，有别于这种快乐的任何其他东西都无法增加或减少这种快乐。在道德哲学的开篇处，哈奇森的道德情感直接源于对审美情感的类比，它们都共同具有超功利的审美特性。不仅如此，在所有对美的讨论中，他反复强调的一个观点是，在所有各种类型的美中，道德行为之美为最大的美。根据所有这些论述，我们有理由相信，道德行为中的"美"应该也如同其他各种类型的美那样，具有可以使我们的审美感官产生即时而直接的快乐。事实上，哈奇森也是这样看待道德知觉的，他反复论证，认为我们对道德善或恶的知觉不同于我们对自然善或恶的知觉，在这个意义上，他主张，道德善应该与外在于"我们"的自然善划清界限。哈奇森的全部道德情感思想都是以此为前提展开的。哈奇森把道德善定义为"行为中为人所领悟的某种品质观念，这种行为会为从中无法获得益处的那些行为者获取赞许和爱"①，这个定义至少包含了三个含义。第一，道德善是旁观者的主观领悟。第二，对行为者而言，道德善不会给自身带来自然意义的利益，但却会给行为者带来赞许和爱，即道德行为的践行者所获取的不是利益，而是超利益的爱。第三，道德善存在于"人"的行为中。在此，我们的问题是，既然道德善的目的是为了获取超功利的赞许和爱，那么，对行为者而言，为什么哈奇森在反复强调德性、超越行为者自身的利益与益处的同时却一再论述德性应该以他人利益为对象？难道他

---

① 弗兰西斯·哈奇森. 论激情和感情的本性与表观，以及对道德感官的阐明 [M]. 戴茂堂等译，杭州：浙江大学出版社，2009 年，第 81 页.

人的"利益"就不是利益？当行为者一心欲求他人利益时，固然
会令旁边者感到满意，并由此产生赞许和爱，但对行为者自身
而言，难道这种行为不正是在谋取某种"利益"吗（虽然在哈
奇森看来，这种"利益"的确是不同于自然善的"利益"）？
无论行为者所欲求的是"他人利益"，还是他人的赞许与爱，
难道它们在行为者的眼中不是"利益"吗？在人类社会中，尤
其是在商业行为中，我们经常看见很多人在以作秀的方式无私
地谋取他人的利益，难道其动机不是为了获取他人的赞许、爱
与信任这些情感吗？而对这些行为，有谁会赞许或者夸奖它们
是"道德"的行为呢？在对现实生活的真实观察中，哈奇森的
道德情感思想展现道德与不道德的尖锐对立。这是为什么呢？

　　除了理论自身所显现的矛盾外，我们发现，他的伦理思想
还会遭遇很多现实困境。根据哈奇森计算法，我们知道，一个
行为道德程度的高低可以根据其仁爱程度的不同来予以判定，
即，可以用 这个公式来计算。在这个计算公式里，仁爱（be-
nevolence）的程度（也即道德程度）处于公共善（moment of
good）的大小与行为者的能力（ability）的复合比例中。假设两
个具有相同能力的人（即 Ability 都是一样的）而言，由于人生
的机缘不同，这两个中的一个掌握了社会公共权力并因此而给
社会带来了巨大的公共善，根据哈奇森的道德计算法，掌握公
共权力的那个人肯定会拥有更大的德性，因为他的公共善更大
一些。但是，如果我们把掌握社会公共权力这种行为视为一种
人生职业。这种道德计算法实际上就是在引导我们相信，如果
两个人能力相同，那么不同职业的人会具有不同大小的德

性。事实上，在现实生活中，我们不会这么认为，理由在于，我们不会认为个人人生业绩的大小是道德程度高低的指针和标志。哈奇森的伦理学，如同其美学一样，起步于对现实的细腻观察，但其理论一旦形成之后，为什么会无法充分解释现实呢？

人性具有物质与精神两个维面的生存结构，这使得"人"可以屹立于天地之间，头顶蓝天，脚踩大地，天地之间的广阔空间就是人生的广阔舞台。除此之外，我们认为，人性还有独具特色的逻辑结构——真、善、美。在人的生存境遇中，总少不了要追求科学之真、道德之善与审美之美。哈奇森的道德情感思想就是在真、善、美的华丽变奏中演绎出来的。在自然科学方兴未艾的时代潮流中，以自然为对象的求真是人们认识世界的重要路径，这不仅推动了自然科学在近代的快速发展，而且使科学理性成为时代潮流的情节主线。在哈奇森的美学与伦理学中，哈奇森对美的基础以及道德的基础的探寻都打下了科学理性的深刻印痕。无论是求美还是求善，求真才是二者共同的基础。在研究美学和伦理学的过程中，哈奇森体现了明显的科学思维特征。正如同时代的其他哲学家们一样，由于把科学思维方式视为泛之四海而皆准的普遍思维模式，他们在哲学研究中也广泛吸收与借鉴了这种思维模式，因此，他们"都以对待自然的方法对待人事，采取逻辑分析的态度，作纯粹理智的思辨，把美与善作为客观的求真对象"①。我们发现，哈奇森道德情感思想所充分暴露的理论矛盾与实现困境实际上彰显了

---

① 牟宗三.中国哲学的物质.台北:学生书局，1982 年，第 9 页.

其道德哲学的深层理论缺陷。这种缺陷产生的根源就来自对自然科学方法论的运用。在探索心灵的奥秘时，哈奇森认为自己所从事的工作与自然科学家们从事的工作是一样的，他把心灵视为自然科学的自然对象来进行研究。就此点而言，亚历山大·布罗迪认为，"苏格兰启蒙运动对心灵的研究应当归于'自然史'范畴，因为学者们不仅通过经验事实考察了心灵的各种能力及其相互关系，他们还试图理清心灵在自然进程中的发展脉络。"①我们认为，作为苏格兰启蒙运动的领军人物，哈奇森就是这样做的。事实上，就苏格兰启蒙运动而言，"17世纪科学革命所孕育的'新科学'为苏格兰启蒙运动所构建的'人的科学'提供了方法论指导，并给这一时期的苏格兰学者们提出了哲学和认识论方面的新课题"②。正是由于把心灵视为自然科学的研究对象，并运用自然科学的研究方法来研究心灵，哈奇森的学说才不断暴露理论矛盾。哈奇森的美学与伦理学都体现了唯真为尊的思维框架内的美真统一与真善统一的鲜明特征。我们认为，正是这个特征构成了哈奇森道德情感中的最大理论缺憾。科学的求真须以主客二分思维模式为前提，在观察与归纳的基础上充分运用数学方法才能得到可靠的科学结论。在此，我们将从两个方面着手进行详细分析，即主客二分思维模式与数学方法的运用。

---

① 亚历山大·布罗迪. 苏格兰启蒙运动 [M]. 北京：生活·读书·新知三联书店，2006 年，第 60 页.
② 同上书，第 91 页。

(一) 主客二分思维模式

所谓主客二分,就是把世界分为主体 (Subject) 与客体 (Object),并以此来作为观察世界的基点。这是进行自然科学研究时不可缺少的一种理论视角。在西方哲学史上,由于科学的求真精神与哲学精神之间有着密切联系,因此,我们可以看见主客二分的思维模式的广泛存在。古希腊哲学家普罗泰戈拉的著名命题——"人是世间万物的尺度,是一切存在的事物之所以存在,一切非存在的事物之所以不存的尺度"——就体现了主客二分思想。对于中世纪神学而言,上帝是人类认知的基础与来源,上帝自身在自己创造的自然万物面前是唯一的主体。主客二分思想在中世纪神学演绎为以神为中心的世界观。在主体性受到大力推崇的近代,主客二分思想被演变成了机械自然观。英国哲学家柯林伍德认为,与古希腊有机自然观相比,近代机械自然观不再认为世界是有生命的有机体。因此,它的一切运动都是外界强加给它的。所谓一切自然律,只不过是"人为自然立法"的必然结果。就主客二分的实质而言,它"来自人对于物、对于自然客观价值的关怀和追求……是人要求在自然界中实现自己的目的,满足自己的需要,为人类生活建立一个可靠的物质基础"①。

哈奇森的美学与伦理学都建立于这种思维模式之内。在美学领域,他认为美是主观的,因为美是"心灵的知觉"在"在

---

① 刘恒健. 中国哲学的天人合一与西方哲学的主客二分:兼与张世英先生商榷 [A]. 陕西师大学报 [J]. 1993 (8):40—46.

我们心中唤起的观念"[①]。美的感官是"指我们接受这种观念的能力",审美知觉是愉悦的。对哈奇森而言,探讨美的根源,就是要找到审美这种愉悦知觉产生的根源所在。在此,按照逻辑一贯性原则,我们似乎只会局限在"我们"的"心灵"世界中去寻找这种恰似悦知觉的根源。其理由是,第一,审美知觉是由"我们"建立起来的,离开了"我们",何谈知觉?第二,审美就是心灵的知觉,抛开了我们的"心灵",我们难道可以在"心灵"之外的某个地方去讨论发生在心灵之内的审美活动,并试图找到其根源?基于基本逻辑常识,这似乎是在缘木求鱼。

　　然而,在哈奇森的美学中,对美的根源的探寻恰好就体现了这种特征。在《对美、秩序等的研究》的第一节,他旗帜鲜明地说道,在以后的叙述中,他试图做的事情或试图发现的是,"对象中的什么真实属性"常常唤起了我们愉悦的审美知觉。至此,哈奇森已决心把对美的根源的探寻定位于探寻"对象中"的"某种真实属性",因此,我们在其后的诸多章节中所见到的都是以自然界的万物为对象,来进行美根源的研究。哈奇森的观察是细致而宏大的,从小小的一颗水滴到浩渺的宇宙苍穹,从一片树叶最细微的、显微镜下的结构到飞禽走兽的羽毛与运动,从一滴血液到人的面容与行为,似乎自然界的一切都纳入了他的视野。同时,这种观察也是动静相宜、博

---

① 弗兰西斯·哈奇森. 论美与德性观念的根源 [A]. 高乐田等译,杭州:浙江大学出版社,2009年,第7页.

古通今的，从日月星辰的轮转到光线明暗的变化，从静谧的大地到人类的和声，从生机勃勃的自然界到书斋里的科学公理、数学定理和艺术作品，似乎囊括了这个星球上的一切所见与所闻。在探寻美的根源的过程中，哈奇森不仅进行了缜密的观察，而且在此基础上归纳总结，找到了可以用来解释一切为他所观察到的自然现象（即对象）所蕴涵的美之为美的根源——"寓多样性中的一致性"。不过，我们始终感到困惑的就是，对象中的这种属性与发生在"我们"的"心灵"中的愉悦的审美知觉有何关系呢？换句话说，"我们"的"心灵"为什么必然会对"寓多样性的一致性"感到愉悦呢？对于这种必然性，哈奇森不认为这应该成为一个问题。不仅如此，在他的美学著作中，这是他讨论美的根源时的一个基本出发点。或者说，这是理所当然地假定的一个必然前提。在他看来，"我们"之所以产生愉悦的审美知觉，必然是因为对象中的某种属性唤起了我们的审美知觉，因此，只要弄清楚，对象中究竟是什么样的真实属性在这样"工作"，那么，就可以肯定地说，这个人就找到了"美的根源"。然而，事实上，我们的问题是，难道审美知觉的产生必然源于对象中的某种属性吗？如果没有所谓的对象（因为这个对象与"我们"无关），难道我们就不会产生任何审美知觉吗？如果"我们"的审美必须以对象为基础，那么，是不是意味着一旦失去了对象，"我们"的"审美感官"就会无所依靠，并不再发生作用？如果这样的话，在"对象"面前，"我们"自身的独立价值如何体现呢？如果我们自身没有独立于"对象"的独立价值，那么，"我们"为何要这么关注"我们"的审美感官产生愉悦知觉的原因呢？换句话说，如果说探讨美的根源最终是为了探索以"对象"为代表的自然奥秘，那么我们为何要称之为"我们"所认为的美的根源呢？对于这些问题，哈奇森没有予以解释。在他那个"新科学"兴盛的时代，主客二分的思维模式是人们看待世界的最基本视角。在此视角范围内，人类往往以自己为中心，自称为"主体"，并把外在于自己的一切称为"客体"。然而，具有讽刺意味的是，当以自己为"主体"的人类专心研究"客体"时，自己的"主体"地位往往会不知不觉为客体所取代，这个"主体"在强大的"客体"面前只能显现昙花一现式的精彩，短暂的现世之后，"主体"又再次融入了永恒的沉寂，哈奇森的美学就是最有力的证明。在找到了人类审美的根源是基于对象中的"寓多样性中的一致性"的"品质属性"之后，哈奇森认为，美虽然是心灵的知觉，但美的感官要发生作用，就必须以某种前定观念——"寓多样性中的一致性"——为前提才能发生作用。这样，美的感官在前定观念面前，也即在对象面前，是完全被动的。正如哈奇森所言，"内在感官是一种被动的能力，它会从具有寓多样性于一致性的所有对象中接受美的观念"①。因此，哈奇森美学看似强调审美主体的主体性地位，然而，事实却是，在"客观事实"面前，人类主体的审美情感却未能获得真正的主体地位。

---

① 弗兰西斯·哈奇森.论美与德性观念的根源 [M].高乐田等译，杭州：浙江大学出版社，2009 年，第 62 页.

　　在哈奇森伦理学中，同样体现了这种主客对立或二分的思维模式，事实上，我们发现正是这种思维模式"孕育"了有缺陷的哈奇森道德情感思想，从而使其在理论上显现了极大的矛盾。在哈奇森伦理学中，客体是行为者，主体是旁观者，即有别于行为者的一切人如"我"、"我们"甚至"他们"，等等。道德善是旁观者从行为者的行为中领悟出的某种品质观念，具体而言，这种行为无法为行为者获取类似于利益的益处，但却能为行为者获得旁观者的爱与赞许。行为者的行为为什么能为自身获取旁观者的爱与赞许？在哈奇森看来，这是因为行为者的这种行为指向了旁观者的利益，并因此而毫不在乎自己的利益，也就是说，它体现了"普遍而无私的仁爱"。一旦这个"他人利益"被普遍化，就变成了公共利益，因此，在哈奇森伦理学中，凡是有益于公共利益的行为，不仅能使人产生公共感官愉悦，也能带来荣誉感官的满足，更能产生道德感官之乐。这样，我们便不难理解，哈奇森为什么会把为最大多数人带来最大利益的行为视为最好的行为。在旁观者眼中，一旦行为者超越自身利益做出了有益于他人利益的行为，如同审美活动中对象中的某种属性必然会使美的感官产生审美愉悦一样，行为者的这种行为中所体现的"普遍而无私的仁爱"就必然会使旁观者的道德感官产生道德愉悦。然而，当哈奇森以这种方式讨论问题时，他所采用的这种思维模式从最开始的时候就注定了他的这种讨论会变得危机四伏、矛盾重重。我们将从与他的这种思维模式内部最基本的支点，即"主体"与"客体"，来予以分析。

从主体的角度来看，在哈奇森伦理学中，虽然主体被限定于旁观者的身上，但有一个问题自始至终都是存在的，即这个"主体"只是主客二分思维模式下的"主体"。换句话说，这个"主体"不是真正的"主体"。伦理学的这种情形与美学中的主体、客体有着截然不同的区别。在美学中，哈奇森所讨论的客体几乎都是有别于人自身的万事万物，即使讨论人的面容之美，他是把它置于与自然事物无异的对象中来予以讨论的。在这个意义上，我们认为，在哈奇森美学中，主体与客体的划分是合理的，至少，就其划分的依据而言，它体现了人与自然的不同。但在哈奇森伦理学中，主客二分思维方式的运用却失去了这个最基本的基础。在伦理学中，作为主体的旁观者与作为客体的行为者自身都是人，二者本来都是一种类型的生物，不存在类似于美学讨论中的、严格意义的主体与客体的差异。然而，哈奇森在讨论伦理问题时，由于直接借用了美学讨论中的主客二分思维模式，本不应被划分为主体与客体的"人"却被人为地区别开了，因此必然带来诸多问题。在这些问题中，最大的问题是，主客二分的思维模式对主体中心的强调使哈奇森伦理学过分关注旁观者道德感官的愉悦，从而忽略了同样身为"人"的行为者自身的道德感官之乐。在旁观者的眼中，当行为者的行为无私地欲求他人利益时，旁观者马上可以发现这种行为体现了行为者的无私仁爱，并由此而产生类似于审美愉悦的道德感官之乐。然而，为哈奇森所忽视的是，对这种行为者而言，其行为固然能因旁观者获得道德感官之乐而从旁观者那里获取赞许与爱，并由此而使自身的荣誉感官与公共感官获得快乐。事实上，在此种情形中，严格说来，行为者自身的道德感官永远无法获得旁观者所获得的那种道德之乐，对行为者而言，我们甚至可以说，他所获得的荣誉感官之乐与公共感官之乐正是对道德感官之乐的丧失的某种补偿。这是因为，在"行为者—旁观者"的思维模式内，无论对行为者自身的行为，即无私地欲求他人利益，还是对行为者从旁观者那里所得到的荣誉感官之乐与公共感官之乐而言，行为者注定无法享有旁观者所享有的超功利的快乐，因为就行为者的道德感官而言，它甚至无法找到能刺激它、从而使之产生道德愉悦的那种"品质观念"①。首先，他无法如旁观者那样看见行为中的能刺激道德感官的那种品质，从而产生类似快乐的超功利（利益）快乐，因为行为者根本就没有这样的"对象"可看。其次，如果说行为者可以以自己的行为为对象，即由于发现了自我的行为中所体现的那种"指向他人的无私仁爱"这种"品质"而感受到道德感官为乐，那么，由于行为者的行为是在欲求他人"利益"，因此，就哈奇森所说的道德感官可以产生类似于审美感官的那种超越利益的快乐而言，行为者的这种自我赞许之乐早已改变了性质，因为它不仅无法产生于对利益的超越，相反正来自对利益的欲求，虽然这不是行为者自身的利益，而是他人的利益，但无论怎样，它们总归是利益。因此，我们认为，在主客二分思维模式下讨论伦理问题，由于主体注定无法真正有

---

① 弗兰西斯·哈奇森. 论美与德性观念的根源 [M]. 高乐田等译，杭州：浙江大学出版社，2009 年，第 81 页.

别于他人而成为真正的主体，如果强行贯彻主客二分思维模式，其结果必然是"客体"受到忽视，而这个客体由于不是自然界的客体，因此，从这个客体诞生的那一刹那，这个客体就在对抗这种忽视，这种对抗破坏了哈奇森理论的逻辑惯性，使其显得矛盾重重。

不仅如此，就哈奇森伦理学的"客体"而言，它不同于自然客体的地方不仅在于它在性质上有别于自然事物，而且在于这个"客体"可以随时与身为旁观者的"主体"交换角色。一旦作为旁观者的主体变为作为客体的行为者，他们也将同行为者一样，除了获得荣誉感官之乐与公共感官之乐外，无法获得类似于审美愉悦的、超功利的道德感官之乐，因为寓于主客二分思维模式之内的他们也无法找到令他们的道德感官产生道德快乐的"对象"。事实上，在人类社会中，在作为行为的旁观者的同时，几乎所有人都是行为的参与者，即哈奇森所说的作为客体的行为者。这样，结果必然是，哈奇森所认为的体现了最大美的道德行为必然失去其超功利的美学性质，而在这个意义上，由美的感官的类推而来的道德感官必然不可能享有类似于审美快乐的道德快乐。因此，对所有人而言，除了使自身的行为走向对公共利益（公共善）的诉求之外，别无其他选择。到此为止，我们发现，起步于超功利审美快乐哈奇森道德情感思想最终却走向了其理论前提的反面，转而成为功利主义伦理思想的先驱者。就主客二分思维模式在伦理学领域内的应用而言，哈奇森伦理思想所体现的矛盾与对峙却是理论发展的必然结果。然而，就哈奇森道德情感思想而言，这种前后矛盾的状况却给这种理论带来了致命的内伤，并由此而影响了哈奇森作为道德哲学家在西方伦理思想史上所应具有的地位。主客二分思维模式使旁观者把本来与自己一样的行为者看得有异于自身，一旦自己变成了"行为者"，旁观者就会要么被自己的视野所异化（而这是不可能的），要么使哈奇森的理论走向异化与破产，而当作为行为者的旁观者道德感官不再能享有类似于审美快乐的超功利道德快乐时，这种理论已经以自身的矛盾宣告了它的异化与破产。

（二）数学方法

在两百多年前，康德曾评论说，"没有什么比哲学家模仿几何学方法给哲学带来更大的损害"①。哈奇森通过在美学中引入数学，进而在这种基础上来探讨伦理问题，这必定会导致哈奇森的美学和伦理学思想具有不可否定的方法论缺憾。在哈奇森的道德情感思想体系中，寓于时代自身的局限，相对真正完整的道德情感而言，存在着两个缺陷。首先，作为道德情感思想来源的原型和基础，哈奇森的美学思想混淆了"科学世界"和"美学世界"的界限。其次，哈奇森伦理学思想的最大缺陷体现在混淆了"事实世界"和"价值世界"的界限。哈奇森虽然为道德找到了人性的根基，但是，由于这种根基建立在整体人性论之上，他没有看到人性自身的二元构造，因此，在把自然善与道德善进行区分的时候，由于没有意识到人性内部

---

① Kant.*Selected Pre- Critical Writings ans Correspondence with Beck* [C]. Manchester：University of Manchester Press, pp. 5 –35.

也是由自然善和道德善所构成，哈奇森实际上在人性内部用自然善代替了全部道德内容。在这个意义上，我们认为，哈奇森找到的道德情感是不完整的。

第一，美学：混淆了"科学世界"和"美学世界"的界限。

由于没有划清自然科学和美学的界限，哈奇森的美学始终都是处于自然科学的自然主义方法论指导之下而建立起来的，最终的结果是，哈奇森所讨论的美学染上了浓厚的自然科学的色彩。首先，在哈奇森的美学中，我们可以看见很多数学式的语言，这不仅体现在他用数学式的语言来表达了其美学的基础，即美的根源，而且体现在他时刻没有忘记直接采纳数学的例证与语言，如"多样性"、"一致性"、"比例"、"复比例"等。其次，我们发现，哈奇森所讨论的美的三种类型都体现了自然科学"求真"的特色。哈奇森认为，第一种类型的美即本原美与第二种类型的美即相对美之间的关系是模仿与被模仿，哈奇森认为，所有的文艺作品都体现了相对美，即对自然以及处于自然状态下的人的真实模仿或描述，只有这才是"作品所特有的美"，是作家们"首先要尽力去获得的一切"①。对于第三种类型的美，即公理之美本身就是自然科学以及数学的内容。

然而，对于美学而言，它的真正奥妙在于，"美是真，但美不是客观的真而是情感的真；审美是判断，但审美不是认识

① 弗兰西斯·哈奇森. 论美与德性观念的根源 [M]. 高乐田等译，杭州：浙江大学出版社，2009 年，第 33 页.

判断而是情感判断；故而，美学是科学，但美学不是自然科学而是人文科学"①。在这个意义上，我们发现，哈奇森美学自身具有的浓厚的自然科学特色决定了其伦理思想中必然存在诸多矛盾和冲突，因为人，这个世间最奇妙的被造物，自身的多元纬度决定了自然科学的单面纬度永远无法真正把握其本质，因为人，永远不甘心也不愿意成为单面的人，因此，建立在自然科学基础之上的美学无法为我们在审美的过程中找到真正的审美情感，与之相适应的是，建立在这种美学基础之上的道德情感思想也无法为我们找到真正完整的道德情感。

第二，伦理学：混淆了"事实世界"和"价值世界"的界限。

哈奇森早期的作品显示，正如美学受到了自然科学方法论的"侵占"一样，伦理学领地也深受自然科学方法论的纠缠，这样，哈奇森以道德情感探索为出发点的道德哲学最终未能走向对道德情感的呵护和珍藏，而是不断向伦理学之外的学科如政治学、经济学、社会学等领域扩展自己的地盘。在他的美学著作中，由于强调对"多样性中的统一性"的寻求，美学成了科学的附庸。在他的伦理学中，由于强调对人的道德程度进行数学计算，伦理学也成了科学的附庸。然而，道德不是知识，自然科学需要确定的知识，但道德世界却是一个与知识没有关系的世界，因为它是一个情感的世界。"在道德与知识的关系问题上，如果把道德之为道德的东西定位为科学之为科学的东

---

① 戴茂堂. 超越自然主义 [M]. 武汉：武汉大学出版社，1998 年，第 391 页.

西，那无疑是在取消道德。"①在事实世界，任何事实都不能不进行定量分析，然而，在道德世界，任何情感都不能进行定量分析，因为情感的路径和科学的路径是截然不同的，科学之真不是情感之真，二者具有独特的边界。正如休谟所言，"在我看来，抽象科学和证明的唯一对象只是量和数，如果想把这种较完全的知识扩展到这些界限以外，那只是诡辩和幻想……人类别的一切探究都只涉及实际的事实和存在的，而这些分明是不能证明的。"②因此，我们要对"事实世界"与"价值世界"进行区分。"事实世界就是表象世界或经验世界……在表象世界中有许多表象依据因果性、必然性等先验的范畴互相联系、彼此依属着，对这个领域的研究就产生事实命题或知识命题，关于它们的判断就是逻辑判断。这种判断只表述经验事实，不涉及个人的意志、爱好和情感"③。"价值世界"是与"事实世界"不同的世界，它"是意志世界……在价值世界涉及的不是知识命题，而是主体的意志和情感问题、评价和态度问题，不是知识命题，而是价值命题和伦理命题。对它们的研究不具有逻辑意义或知识意义，只具有价值意义和实践意义"④。

　　由于受到自然科学方法论的影响，哈奇森总在试图寻求道

---

① 赵红梅，戴茂堂. 文艺伦理学论纲 [M]. 北京：中国社会科学出版社，2004年，第110页.

② 巴里·斯特德. 休谟 [M]. 周晓亮，刘建荣译，济南：山东人民出版社，1992年，第287页.

③ 赵红梅，戴茂堂. 文艺伦理学论纲 [M]. 北京：中国社会科学出版社，2004年，第112页.

④ 引文同上。

德的科学性。在早年的《论美与德性观念的根源》以及《论感情和激情的本性与表现，以及对道德感官的阐明》中大量使用了数学语言来计算道德的程度，但是，哈奇森在《论激情和感情的本性与表现，以及对道德感官的阐明》的第三版以及在稍后的《论美与德性观念的根源》中缓和或去除了这种数学语言。这不仅包括数学符号也从论文二中得到了删除，而且包括文本中由"箴言"所代替的"公理"一词，尽管该词在页边标题中仍然存在①。对于哈奇森道德哲学体系来说，这是一个重大变化，这个变化说明，随着对道德情感问题研究的深入，哈奇森注意到了事实世界和价值世界之间的区分，注意到了数量只能说明自然现象，不能说明或表达人的行为、行为的动机，也不能进行道德评价。推理和计算只属于科学世界、自然世界和事实世界，解决这些世界中的问题就需要用到推理和计算的方法，一个越善于推理和计算的人，就越能把这些世界中的问题处理得比较令人满意。最善于推理和计算的人就有可能成为最优秀的自然科学家。但是，这并不意味着，这些人就是最有道德的人。晚年的哈奇森或许是因为注意到了这些问题，因此，他在第三次的再版中删除数学语言表明，他意识到了价值世界和事实世界是两个界限分明的不同的世界，因此，他试图把善恶、正义等问题从科学范畴中清理出来，给它们划定独立的领域。但是，无论怎样，历史已经向我们揭示，在哈奇森全

① 弗兰西斯·哈奇森. 论激情和感情的本性与表现，以及对道德感官的阐明 [M]. 戴茂堂等译，杭州：浙江大学出版社，2009年，第220页，注释①.

部道德哲学中，这种修订都只是相当微弱的声音，并且很快为时代所淹没。可是，这并不能说明，这种修订不重要，或者说是可以受到忽视的。如果我们认为，"真理、事实、真假等认识论的概念不能应用在道德领域；道德与认识之间、价值与事实之间没有共同之处。伦理学既不同于物理学的经验陈述，也不同于数学的逻辑演绎"①，如果我们坚信道德具有"前科学性"②特征，如果我们相信"伦理学不是科学"③，如果我们确信"科学为论证所支配，而道德则起于直觉"④，那么，我们就会发现，哈奇森的这种修订相当重要，我们甚至可以根据这种修订而推测，晚年的哈奇森已经明晰地认识到，情感，尤其是道德情感，只属于"价值世界"，不属于"事实世界"，这两个世界应该是互有边界的世界，而他的修订也从反面说明，年轻的哈奇森并没能对这两个世界划定清晰的界限。

---

① 戴茂堂. 西方伦理学 [M]. 武汉：湖北人民出版社，2002 年，第 235 页.
② 同上书，第 234 页。
③ 同上书，第 236 页。
④ 引文同上。

结语　人性的结构与道德情感的生成

如果说"人是哲学的阿基米得点，认识自我乃是哲学的最高目标、绝对命令，即使在各种哲学流派之间的一切争论中，这个目标从来也不曾动摇过"①，那么，在伦理学中，"认识你自己"乃是重中之重。然而，我们所面对的事实却是："对人的科学研究是所有知识中最艰难的一门"②。但是，即使如此，我们所进行伦理学研究却还是必须以人对象，这是因为，离开了对人的认识，一切伦理的话题都会终结，离开了对人性的思索，一切伦理规则都是空中楼阁，而在探索人性的伦理学中，离开了对心灵的触动、对良知的唤醒以及对情感的激发，所有的探索都不会开启道德世界的大门，相反，还会堵塞道德之源。正是这样，我们有必要以人性为对象，在对人性的探询中来审视哈奇森的道德情感思想。我们所面对的问题是，在人性自身的结构中，哈奇森是否找到了真正完整的道德情感？如果没有找到，

① 戴茂堂. 超越自然主义 [M]. 武汉：武汉大学出版社，1998 年，第 1 页.
② 奥利弗·霍姆斯（1809—1894），美国医生、幽默作家，曾任哈佛大学医学院院长.

那么，真正完整的道德情感是什么呢？

　　为了找到真正的道德情感，我们需要沿着哈奇森所开辟的"启蒙"之路继续前进。我们认为，没有哈奇森对道德情感的艰难探索，就没有对道德情感问题的接近，没有哈奇森在探索过程中因科学理性的自然主义方法论所不断暴露的理论矛盾和冲突，也就没有我们对道德情感问题的重新思考。通过对道德情感问题的思考，哈奇森开启了苏格兰启蒙运动的大门。但是，对于这个"启蒙"，相对于已有的成果而言，我们从中更应该继承的是它的精神。对于人而言，启蒙是内在的使命，只要人存在，启蒙就不会消亡，而对于过去的启蒙而言，它所留下的成果只是人类精神史上的一个环节，只要人类还存在，启蒙就要继续下去。正如 17—18 世纪亟待启蒙的苏格兰一样，在当今全球化的背景之下，我们生活的家园正在日益变为"地球村"，那么，一个没有被启蒙的民族或国家势必会遭受被边缘化的危机。因此，无论对于民族的外在强盛，还是对于个体的内在安宁来说，启蒙都是一个值得永远被探讨的话题。或许正是在这种意义上，福柯曾说，"我不知道我们有朝一日是否会变得'成年'。我们所经历的许多时期使我们确信，'启蒙'这一历史时间并没有使我们变成成年，而且，我们现在仍未成年……我们自身的批判的本体论，绝不应视为一种理论、一种学说，也不应被视为积累中的知识的永久载体。它应当被看作是态度、'气质'、'哲学生活'"①。这样，对于道德情感的探索，我们不应

----

① 杜小真. 福柯集 [C]. 上海：上海远东出版社，2002 年.

局限于、满足于哈奇森的已有成果，我们会从哈奇森手中接过"启蒙"的火炬，继续前行。

通过立足于人类本性的结构（the structure of human nature），哈奇森不仅找到了人类社会中的道德情感，而且以此为基点外推，确立了具有哈奇森特色的社会学思想，对于今天的我们而言，在重新面对道德情感的问题时，同哈奇森一样，我们找到的突破口仍然人性的结构。在哈奇森看来，对他人的仁爱之情生发于我们本性的结构，因此，当我们仁爱他人的时候，我们不是出于利益、知识，甚至也不是为了获得由道德感官而产生的道德快乐。当我们的行为发生后，这种情感不会为我们自身带来利益和增加，因为我们所欲求的是他人的利益，但与此同时，我们却会获得旁观点的赞许和爱。由此扩展开来，哈奇森认为，能为最大多人带来最大利益的行为就是最好的行为，因为这种行为在最大限度范围内最好地呵护了人的本性。在此，我们认为，由于经验主义自身的局限，哈奇森未能把人的本性结构划分为内在自然性与内在自由性，因此，就他对"本性的结构"的理解而言，他所说的"本性的结构"就是人的内在自然性。在此意义上，就仁爱是道德感官的基础而言，可以认为哈奇森所说的道德感官的基础就是人的内在自然性。

然而，我们认为，人类本性的结构除了内在自然性之外，还有内在自由性。人性的二元结构向我们表明，"人与自然界的特殊关联使人永远也变不成神，人与神的特殊关联使人永远不会成为动物……人的存在是精神的，但人又不具有绝对的精神，因为他不能彻底拒绝物质世界的诱惑"①。为什么我们会基于本性的结构去仁爱他人？对此，哈奇森没有过多解释，他的理由是，我们本性的结构规定了我们这样做，仅此而已。但我们本性的结构为什么会这样规定我们呢？也就是说，我们会不会有另外一种相反的本性结构规定我们彼此相恨？对此，哈奇森认为，这是不可能的。原因在于，我们如目前所是的本性结构极大地体现了"神的善性"②，"世界的显性结构"就是神的智慧与善性的最好证明。由于神"处于最大可能的幸福状态"中，并"能使自己的愿望得到满足"③，所以神必然只会以如目前所是的本性结构来创造我们，因为哈奇森认为，"根据坎布兰德与普芬道夫的推理，反思人类在这个世界的处境会表明，普遍仁爱以及合群的性情追求某种外在行为，会最有效地提升每个人的外在善"。在这个意义上，只有使人类的本性处于如目前所是的结构状态中，神才能确保"自己的仁爱意图"④在这他的被造物中得到满足，并由此而证明自身的善性。基于这些论证，哈奇森认为，我们本性的结构必然会规定我们对他人产生仁爱之心。

我们的问题是，就我们是神的被造物而言，难道我们如目前所是的本性结构仅仅只是为了证明神的善性？难道我们在至

---

① 戴茂堂. 人性的结构与伦理学的诞生 [J]. 哲学研究, 2004 年第 3 期.
② 弗兰西斯·哈奇森. 论美与德性观念的根源 [M]. 高乐田等译, 杭州：浙江大学出版社, 2009 年, 第 215 页.
③ 同上书, 第 217 页.
④ 同上书, 第 216 页.

高者面前仅仅只具有工具性价值？如果这样，为什么每个人的生命都会彰显神秘而神圣的品质？对于这些问题，哈奇森没有解释。事实上，基于人的内在自然性，哈奇森所说的神可以被视为内在自然性的完美象征，人在作为神的工具的同时也改变了神的性质。然而，与哈奇森不同的是，我们认为人性的结构除了内在自然性之外，还有内在自由性。在人的内在自然性中，如果我们如目前所是的本性结构充分证明了神的善性，那么，在人的内在自由性中，我们便找到了与神对话的线索，也找到了"回家"的方向。这样，当神的恩典临到时，我们才有可能发生感动与感恩，正是在这个意义上，"我们"作为人，是有别于万物的一个特殊的被造物，也正是在此点上，"我们"作为人，也可以真正做到与万物息息相通，因为在生命开始的本源，我们与万物一样，都共同起源于那原初性的、本源性的一切。

立足这种人性的结构，就人的精神高于物质而言，我们认为人的内在自由性高于内在自然性。如果自然性是人性的外在显性结构，那么自由性就是内在隐性结构，于人而言，二者都是不可缺少的。内在自然性造就了个体的自然生命以及社会生活，内在自由性生发了人的精神与灵魂的生活。如果说前者充满喧嚣与躁动，那么后者便是沉寂而安静的。但这并不意味着，后者可以被忽视。相反，就其力量而言，我们更应对它保持敬畏与崇敬。如果说前者是有形有象的，那么后者便是隐形的。但这并意味着，后者可有可无，相反，就其对生命自身的重要性而言，我们更应切切地去欲求它，用我们全部的心思与意念去爱它、渴慕它，让我们的情感以它为对象，因为它就是生命自身，在它的面前，万物作为生命而合一，你、我、他作为生命而同一，不再有对立与纷争。我们对它的爱与欲求，虽不再会有旁观者的赞许与爱，不再会有公共感官之乐与荣誉之乐，但却可以为我们的生命带来真正属于生命自身的无穷养分。然而，就其隐性而言，我们认为，这种情感常常处于被遮蔽的状态中，正是如此，当我们被抛入这个世界时，我们所见、所闻的一切都或多或少在时刻诱惑我们远离那被遮蔽的一切，只身投入五光十色的现实生活。就我们的道德感官而言，我们认为，除了以无私的仁爱作为自己的基础之外，这种立足于内在自由性的对超越一切现实的、生命自身的欲求，也应成为它的基础。事实上，即使我们的道德理论未能及时完善，我们的本性结构也在一再督促我们自身去欲求它。对哈奇森而言，他在晚年不仅删除了道德计算法，而且使道德感官越来越靠近良心，这种做法不仅显示了哈奇森对自身的超越，而且显示，人性自身的本性结构会促使其作者一步步完善其道德哲学思想，使其一步步接近对其真实结构的真实描绘。

因此，就感情就是欲求或憎恶而言，类似于人性的二元结构，我们的道德情感自身也应是二元的。当道德情感关注显性现实的时候，它的目标是所指向的是人的内在自然性，对此，哈奇森已经向我们表明，这种自然性是有别于物的自然性的一种专门属于人的自然性。但这不会意味着，指向自然性的德性就纯粹只会产生自私的伦理学，这不仅因为自私的伦理学与动物的行动法则没有两样，还因为自私的伦理学抹杀了人作为人存在的尊严与价值。事实上，正是这种认识推动了哈奇森思考人类道德问题，并建立了不同于曼德维尔伦理学的、以利他为特点、以道德情感为主要内容的伦理学思想的诞生。现实生活显示，"即使最狡猾、奸诈、吝啬的人都不可能以纯粹经济的方式来对待自己的父母儿女，他总是有一些不可泯灭的人性"①，这其中的"人性"就是指的对他人的无私仁爱之情，也正是在这个意义上，以研究自然法则而闻名于世的达尔文明确指出，"就人与动物的区别而言，只有道德感或者说良心才是意义最大的"②。我们认为，在人的内在自然性方面，道德情感的构成在于对他人的无私仁爱，在人有别于内在自然性的内在自由性方面，道德情感的构成在于对内在的精神自由的体验。这是因为，人性内部灵与肉的结构代表了两个分别具有无限性的世界，对于人而言，由"物质"所代表的自然世界是一个无限广阔的显性世界，把道德情感仅仅定位于这个世界，我们离不开普遍的无私仁爱，这种情感所能指向的最高目标必定是公共善和普遍善，正如哈奇森的后继者们所作的那样，在目前的人类社会中，最有能力来实现这种公共善的机构不是个人而是政府。但是，我们发现，对于人这个具有二元结构的被造物，我们仅仅只拥有这种类型的情感是远远不够的。当历史发展到今天的时候，已经向我们显示，对于仅仅只拥有这种类型

① 万俊人. 义利之间：现代经济伦理十一讲 [M]. 北京：团结出版社，2003 年，第 30 页.
② 弗朗茨·M.乌克提茨. 恶为什么这么吸引我们？ [M]. 北京：社会科学文献出版社，2001 年，第 12 页.

情感的人而言，他可能坠入无底的深渊，最后人所失去的不仅是他"无私地"仁爱着的一切，而且还有他自身。这是因为，这种人的道德情感中缺乏了另一个内容，即由"精神"所代表无限自由的世界，正是这个世界决定了"人类的社会生活有一种目的与理想，不单纯是为了维持其肉体的存在，更主要的是为了满足人类精神需求：让生活更有意义……正是由于对意义的追寻才使得人类生活的目的不单纯是直接性的，而根本上是超越性的"①。真正完整的道德情感，除了显性的道德情感，即对他人的无私仁爱之外，它还应当是隐性的、精神性的，即对具有超越性特征的人性内在自由的欲求与呵护。对于关注现实的道德情感而言，它不仅需要立足本性的结构培养对他人的无私仁爱，而且，更重要的是，它还需要关注它自身，也就是关注那隐藏在显性道德情感背后的精神。

对他人展现无私的仁爱，这是出于我们天生的社交性本能，是我们的本性的结构规定了我们这种行为的发生。但与此同时，我们认为，在人性的结构中，就精神高于物质、无形大于有形，沉寂重于喧嚣而言，我们更应超越一切显性的情感处境，远离世界的纷扰，真正回归那万物的本源。我们甚至相信，只有从这里出发，我们才能真正找到仁爱他人的动力与基础。为什么我们要仁爱他人？不是因为我们注定要成为神的工具，不是因为我们要以被造物的身份去证明神的善性，而是因

① 万俊人. 义利之间：现代经济伦理十一讲 [M]. 北京：团结出版社，2003 年，第 31 页.

为，在万物的本源之处，自我与他人没有对立，自我与世界没有纷争，一切仅仅只作为生命自身而存在。然而，生命的宿命在于，它必然要离开这种混沌状态而走向世界，并在世界显现为有形、有像的万事万物，正如亚当和夏娃注定会离开宁静、美丽、圣洁的伊甸园，背上原罪的包袱，在这个世界彰显生命的全过程一样。对于世界的每个生命体而言，他们注定要从本源之处出发，在这个世界来展现灵魂的表演，人类的命运也是这样。但是，当我们在世界的舞台上戴着面具表演人生的时候，内在于我们本性深处的声音总在不断地提醒我们，这里不是我们灵魂的家园。因此，每当暂时卸下面具，独自面对自我时，我们总不会忘记寻找回家的路径，因为我们知道，只有在那生命本源之处的"家"里，你、我、他乃至于物才是真正的同一，在那里，爱他人、爱万物就是爱自己，在那里，我们才可以生发真正的爱心，并且，这种爱不再受到自爱与爱他人的困扰，因为它唯一的指归就是生命自身。或许，我们的灵魂对这种处于万物一体的本源之爱留下了深刻印象，所以，当我们在世界的舞台上表演人生时，我们总会出于本能去对他人展现无私的仁爱，这固然是基于本性的结构，但除此之外，还有一个更深层的原因，即，这种爱就是生命自身的生存状态的象征。但人性的困境在于，在世界的舞台上，"本源"在大多数时候都是被遮蔽的，灵魂的家园在大多数时候都是被遗忘的，处于支配地位的是各种各样看得见的利益，对利益的诉求离不开理性，而人类理性往往会基于利益的算计而使行为变得谨慎起来，正是由于看见了这种境况，哈奇森也承认，在不存在利益对立的情况下，我们更容易展示对他人的无私仁爱。但可悲的是，人类生活的绝大多数情形都是在各种利益的对立与妥协中展开的。即使如此，只要有机会，每个人还是非常乐意展现对他人的无私仁爱，如拾金不昧、在公共场所给行动不便的人让座等等，这一切不仅仅是为了证明神的善性，更是为了展现精神深处的本源性的生存状态。事实上，我们认为，在这个世界上，一切爱都源于这里。在这个意义上，我们认为，道德情感具有物质与精神、显性与隐性的双重特征。就物质与显性而言，我们的道德情感应该是指向他人的无私仁爱，这种情感不仅使我们获得道德快乐，而且使我们在这个世界的生活变得轻松得多、愉悦得多，因为它以社交性的本能促使我们以友善的态度去处理自我与他人以及自我与社会的关系。就精神与隐性而言，我们的道德情感应该是对万物本源状态的欲求，也是对我们自身如其所是的状态的欲求，这种感情不仅可以使我们享受更高的道德快乐，而且使我们找到生活的终极价值支点与意义原点，因为它以万物一体的巨大力量促使我们以崇敬而谦卑的心态去面对生命自身，使我们自身的生命在这里找到灵魂的"粮食"，也即生命的粮食，从而真正得以苗壮成长。

　　就道德情感的裁判——道德感官而言，我们不仅要在直觉主义的名称上来使用道德感官，而且我们还要重新赋予道德感官以直觉主义的功能。在此，我们不是要否定哈奇森所充分解释过的道德感官的内容，不过，立足人性的二元结构，我们要试图恢复或还原它本来的面目。正如人性自身具有二元维度一样，我们认为，道德感官也应该具有二元维度。对于我们的隐形的超越性的道德情感而言，我们只能在直觉的意义上使用我们的道德感官来接触它，我们无法用理性来证明、用数学来算计，也无法用科学来探究它，除了依靠我们自身的道德感官，我们无法通过其他的任何途径进入这个世界。如果我们在道德感官的指引下真的有幸进入了这个世界，我们就会"在直接性体验瞬间把自我与对象、主体的我与客体的我完美地统一起来，在非对象性思维方式中体验万物相通、万物一体的本源状态"①。在此基础上，我们认为，就道德感官的基础而言，除了指向他人的无私仁爱之外，还应添加这种对生命本源的欲求之情。就精神高于物质而言，我们认为，我们所添加的这种道德情感可以被视为比指向他人的无私仁爱更加重要的一种道德情感。就人性的结构而言，我们认为，我们的添加不是基于学理，而仅仅是出于对人性结构自身的忠实描绘。我们如果坚守哈奇森道德情感思想的理论出发点，即，道德情感应该超功利，应该可以给人带来类似于审美快乐的超功利快乐，那么，就道德情感应该添加对生命本源的欲求之情这种情感而言，我们认为，真正"道德"的情感既要超越他人利益，也要超越自我利益。在此基础上，我们发现，由于真正超越了一切世俗利益，所以，真正的道德情感可以在这种较高的层面完全使我们自身完全实现与自我、他人和世界的融合。这种道德情感虽然具有超越性，但就我们自身而言，它并非外在于我们的某种东西，因为它源于我们自身的人性结构之内的内在自由性。

_____

① 戴茂堂. 西方伦理学 [M]. 武汉：湖北人民出版社，2002 年，第 239 页.

　　作为人，一个具有二元结构的被造物，我们的困境在于，尽管具有超越性的精神自由的世界代表了真正崇高、美丽和圣洁的东西，但是，我们无法、也不能把我们全部的情感定位于这个世界，因为我们是"人"，不是"神"。即使对于那种能坚守这种具有超越性特征的道德情感的人而言，生活的现实往往会"教导"他们把这种情感限定在较小的范围之内，在这个意义上，这种限定不仅暗示了人类情感的有限性，而且彰显了人类自身所固有的有限性特征。因此，在这个世界，相对真正超越性的道德情感而言，人类的其他各种情感都显现为极强的边界性以及有限性特征。就大多数人而言，这种源于内在自由性的道德情感常常都处于被遗忘的状态，因为人性的有限性使人大多数时候只把眼光定位于可见的现实与功用，对于不可见的超越之物，往往是无法"看见"的。然而，事实上，对于人而言，如果把德性仅仅只定位于此，道德于人而言仅仅只是伊甸园中上帝的诫命，人之为人的宿命注定了人不得不触犯这伟大而威严的律法，从而受到驱逐，并因此离开那圣洁的伊甸园，背上原罪的包袱，永别那无忧无虑、无羞无耻、不辨善恶的美好生活。这就是我们的处境，人性内在的张力决定了人的现实存在，也决定了"道德"于人而言的重要性，更决定了人类道德生活的意义。当道德感官指向人的内在自由性或人的精神性的时候，作为一个整体而存在的人会发现，无论是在外在自然面前，还是在内在自然面前，虽然人无法抹杀自身具有的种种本能性的自然欲望，人必须依赖自然物而生存，必须受制于自然法则的支配，但是，这绝不意味着，人愿意成为自然力的玩物和牺牲品，这是因为，人总在追求一种超越的生活。这样，当焰火绽放的时候，人们会为它的美丽而惊呼；当牡丹花开放的时候，人们会为它的雍容华贵而震撼；当百合花盛开的时候，最荣华、最富贵的所罗门王也会用它来装饰自己的衣裳；当工作太累的时候，人们要出去旅游，看看美丽的风景，在审美的愉悦中暂时忘记俗世的辛劳。正是这样，我们发现，对于世界各族的人类而言，他们总是要用烹调艺术来烹制食物，要用爱情来成就婚姻，要用父母之爱来养育儿女，因为，不管有意还是无意，人类在生活中总是在时时刻刻寻求对平凡物质和自身内在自然性的超越。事实上，这已经成为了人所固有的一种习惯。为什么会有这种习惯？因为我们自身天然具有的道德感官会有意无意地一再提醒或警示我们，在这物欲生活的背后，只有人的精神，只有那先验的精神自由才是人真正的故乡和永恒的家园。正是这样，夏尔·波德莱尔曾说，"我们的灵魂和肉体日益沉溺于阴郁、疏忽与罪恶之中，而懊悔，这可爱的消遣，我们以此为食，就如乞丐同他的虱虫"，如果没有道德感官的超越性一面对我们的刺激，我们怎么会注意到并开始体验懊悔这种"可爱的消遣"呢？正是这样，我们人类的生活真正具有一种一致性，因此，乌克提茨认为，"当然，我们在这一点上还是一致的，就是说，人类生活中确实存在一种无论如何也要捍卫的超越一切的价值。绝大多数人，尤其是西方文化熏陶出来的人，原则上都会支持这一类要求，但是实践告诉我们，一旦涉及细节问题，涉及具体的情况，人们的思想就开始发生分裂了"①。但是，同时，我们必须时刻不能忘记的是，人性的结构决定了道德情感不能仅仅只有超越的一面，它还必须具有现实的一面，即哈奇森已经充分言说过的那一面。我们可以看到，即使对于宗教而言，无论是佛教还是基督教，它们都不会放弃现世的事功，总会试图以"无缘大慈，同体大悲"的慈悲之心和"神爱世人"的仁爱之心来温暖这个世界。如果我们为了保持道德感官的超越性和纯洁性而拒绝哈奇森式的外向型情感，我们最终失去的不仅是具有纯洁性和超越性的"道德情感"，而且还有我们自己。《红楼梦》中身为绛珠仙子的林妹妹虽然超凡脱俗、纯洁无瑕，可毕竟只是病态之美，所以她最终无法用健康的情感体验完整的真实人生。传统理学虽然一再苦苦追求"存天理，天人欲"的高远理想，但是历史已经证明，这最终只是海市蜃楼、空中楼阁一般的美丽幻象而已。这其中的原因很简单，因为对人而言，"道德不是悬空着的精神幻觉"②，因为"纯粹道德的人是不存在的，即使是崇高理想主义的道德英雄，也不可能是不食人间烟火的纯灵性存在"③。这一切都充分说明，道德感官不可能仅仅只具有超越性的一面，而我们的道德情感也不可能仅仅只具有超越性的特征，人之为人的现实处境决定了人的情感必定会在具有超越性指向的

---

① 弗朗茨·M.乌克提茨. 恶为什么这么吸引我们？[M]. 北京：社会科学文献出版社，2001年，第6页.

② 万俊人. 义利之间：现代经济伦理十一讲 [M]. 北京：团结出版社，2003年，第33页.

③ 同上书，第30页.

同时以极大的爱心来爱这个世界。

在以上分析的基础上，如果我们把哈奇森的道德情感视为的外向型道德情感，我们主张，真正完整的道德情感还应添加一种内向型的维度，即内向型的道德情感。在这个意义上，我们认为，如果说，"在一个拥有伦理道德的时代，那此前向外驰逐的精神将回复到它自身，得到自觉，为它自己固有的王国赢得空间和基地，在那里人的性灵将超脱日常的兴趣，而虚心接受那真的、永恒的和神圣的事物，并以虚心接受的态度去观察并把握那最高的东西"①。对于我们的道德情感而言，当我们忙于指向他人的无私的仁爱时，我们这种向外驰逐的情感必定会力争找到真正属于它自身的王国，因为在无私地仁爱他人的时候，这种道德的情感必定会在真正的伦理国度中"回复到它自身"，得到自觉，并因此而找到真正的自由。更重要的是，对人类而言，它必定会以虚心的态度走进那真正神圣的、亘古存在的永恒精神家园。在我们对他人的仁爱中，只有加入了经由这种自由的体验以及虚心的态度而来的神圣情感之后，我们才可以说，我们找到了真正完整而真实的道德情感，只有这样，对"一个情感整体上是健康的、丰富、持久、美好的人"来说，我们"在一定意义上可以说，他就会有幸福的人生"②。

对于我们而言，在道德情感的问题上，无论我们给哈奇森

---

① 戴茂堂. 西方伦理学 [M]. 武汉：湖北人民出版社，2002年，第357页.
② 江畅. 情感与人生：伦理学视野的审视 [J]. 伦理学研究，2009年，第4期.

的道德感官补充了什么，或者更准确地说，还原了什么，我们总是不会忘记哈奇森曾经做过的努力，没有这种努力，今天的我们在面对道德困境时，我们将无法从历史的宝库中重新寻找到新的精神动力。正是在这个意义上，我们认为，哈奇森的历史价值远远超出了我们目前所认识到的价值。在此，我们将以哈奇森研究专家斯哥特对哈奇森的评价来结束本论文的讨论："只要得到了完全的认识，哈奇森的成就远比哈奇森的名字通常所连带提起的那些人中的任何一个都要伟大得多。哈奇森拥有独特的天赋，并非指他有建造体系的天赋，而是指他拥有作为英国思想史上全新开创者的天赋。正是这样，哈奇森为后来者指明了道路。他从事实上无人所知的思想的'谷仓'中收集了许许多多的种子，并在广阔天地中四处播种，他所关心的仅仅只是，这些种子会不会发芽以及由此而生长出来的庄稼会不会长势良好。他遗赠给他的后来者的工作就是要对丰收的庄稼进行筛簸、去除粮食中的杂物并留下有用的部分。"①

---

① William Robert Scott. *Francis Hutcheson: His Life, Teaching and Position in the History of Philosophy* [M]. Bristol: Thoemmes Press, p. 288.

参 考 文 献

一、基本文献

英文

1. Francis Hutcheson. *An Inquiry into the Original of Our Ideas of Beauty and Virtue* [M]. Indianapolis: Liberty Fund, 2004.

2. Francis Hutcheson. *An Essay on the Nature and Conduct of the Passions and Affections, with Illustrations on the Moral Sense* [M]. Indianapolis: Liberty Fund, 2004.

3. Francis Hutcheson. *The System of Moral Philosophy* [M]. Bristol: Thoemmes Press, 1755.

4. Francis Hutcheson. *Logic, Metaphysics, and the Natural Sociability of Mankind* [M]. Indianapolis: Liberty Fund, 2006.

中文

1. 弗兰西斯·哈奇森. 论美与德性观念的根源 [M]. 高乐田, 黄文红, 杨海军译. 杭州：浙江大学出版社, 2009.

2. 弗兰西斯·哈奇森. 论激情和感情的本性与表现，以及对道

德感官的阐明 [M]. 戴茂堂, 李家莲, 赵红梅译. 杭州：浙江大学出版社, 2009.

3. 弗兰西斯·哈奇森. 道德哲学体系 [M]. 江畅, 舒红跃, 宋伟译. 杭州：浙江大学出版社, 2010.

4. 弗兰西斯·哈奇森. 逻辑学、形而上学和人类的社会本性 [M]. 强以华译. 杭州：浙江大学出版社, 2010.

二、专著、论文和网页

英文

1. William Robert Scott. *Francis Hutcheson: His Life, Teaching and Position in the History of Philosophy* [M]. Bristol: Thoemmes Press. 1992.

2. V. M. Hope. *Virtue by Consensus: The Moral Philosophy of Hutcheson, Hume, and Adam Smith* [M]. New York: Oxford University Press. 1989.

3. Patricia M Matthews. "Hutcheson on the idea of beauty", *Journal of the history of philosophy*. Apr.1998, 36, 2; Academic Research Library.

4. Alexander Broadie. *The Tradition of Scottish Philosophy: A New Perspective on the Enlightenment* [M]. Edinburgh: Polygon. 1990.

5. Alexander Broadie. *The Cambridge Companion to the Scottish Enlightenment* [C]. New York: Cambridge University Press, 2003.

6. Daniel Carey. *Locke, Shaftesbury, and Hutcheson Contesting Diversity in the Enlightenment and Beyond* [M]. New York: Cambridge University Press. 2006.

7. Michael Slote. *Morals from Motives* [M]. New York: Oxford University

Press, Inc. 2001.

8. James Legge. *Chinese Classics with a Translation, Critical and Exegetical Notes, Prolegomena, and Copious Indexes* [M]. Taipei: Southern Materials Center, Inc, 1985.

9. James Legge. *The Religions of China: Confucianism and Taoism Described Compared with Christianity* [M]. London: Hodder and Stoughton, 1880.

10. Morice (editor). *David Hume Bicentenary Papers* [C]. Edinburgh University Press, 1977.

11. Nicholas Phillipson. *Hume* [M]. New York: st. Martin's press, 1989.

12. Jane Rendall. *The Origins of the Scottish Enlightenment* [M]. New York: St. Martin's Press, 1978.

13. *Continuum Encyclopedia of British Philosophy* [C]. International Publishing Group Ltd.

14. Peter Kivy. *The Seventh Sense: Francis Hutcheson and Eighteenth — Century British Aesthetics* [M]. New York: Oxford University Press Inc, 2003.

15. Daniel Carey. *Locke, Shaftesbury, and Hutcheson Contesting Diversity in the Enlightenment and Beyond* [M]. New York: Cambridge University Press, 2006.

16. The New International Webster's Student Dictionary of The English Language.

17. Mark Strasser. *Francis Hutcheson's Moral Theory: It's Form and Utility* [M]. Wakefield, New Hampshire: Longwood Academic, 1990.

18. Anthony Grayling. *Andrew Pyle and Naomi Goulder*. *Continuum Encyclopedia of British Philosophy*. [M] London. Thoemmes Continuum, 2006.

19. James McCosh (Editor). *The Scottish Philosophy, Biographical, Expository, Critical, From Hutcheson to Hamilton* [C]. Bristol. Thoemmes Antiquarian Books Ltd, 1990.

20. Stuart Brown (Editor). *British Philosophy and the Age of Enghtenment Volume V* [C]. London and New York. Routledge, 1996.

21. S. L. Bethell. *The Cultural Revolution of the Seventeenth Century* [M]. New York. Roy Publishers, 1951.

22. R. L. Brett. *The Third Earl of Shaftesbury* [M]. London. Oxford University Press, 1952.

23. Rosalie L. Colie. *Light and Enlightenment. A Study of the Cambridge Platonists and the Dutch Arminians*. [M] Cambridge. Cambridge University Press, 1957.

24. Paul Edwards (Editor in Chief). *The Encyclopedia of Philosophy* [C]. Volume, I, New York. The Macmillan Company and the Free Press, 1967.

25. Thomas Fowler. *Shaftesbury and Hutcheson* [M]. New York. G. P. Putnam's Sons, 1883.

26. Francis Gallaway. *Reason, Rule and Revolt in English Classicism* [M]. New York. Octagon Books, Inc, 1965.

27. Stanley Grean. *Shaftesbury's Philosophy of Religion and Ethics* [M]. Athens, Ohio. Ohio University Press, 1967.

28. Charles Hartshone and William. L. Reese. *Philosophers Speak of God* [M]. Chicago. The University of Chicago Press, 1969.

29. William Ralph Inge. *Christian Mysticism* [M]. London: Methuen and
    Co., 1899.

30. Kant. *Selected Pre-Critical Writings ans Correspondence with Beck*
    [C]. Manchester: University of Manchester Press.

31. James Q. Wilson. *The Moral Sense* [M]. New York: The Free Press,
    1993.

中文

1. 弗兰克·梯利. 西方哲学史 [M]. 葛力译.北京：商务印书
   馆，2005.

2. 弗兰克·梯利. 伦理学导论 [M]. 何意译.桂林：广西师范大
   学出版社，2002.

3. 亚当·斯密. 道德情操论 [M]. 蒋自强等译. 北京：商务印
   书馆，1997.

4. 周辅成. 西方伦理学名著选辑 [C]. 北京：商务印书馆，
   1964.

5. 周辅成. 西方著名伦理学家评传 [C]. 上海：上海人民出版
   社，1987.

6. 埃利·哈列维. 哲学激进主义的兴起：从苏格兰启蒙运动到功
   利主义 [M].曹海军等译.长春：吉林人民出版社，2006.

7. 万俊人. 比照与透析——中西伦理学的现代视景 [C]. 广
   州：广东人民出版社，1998.

8. 万俊人. 义利之间：现代经济伦理十一讲 [M]. 北京：团结
   出版社，2003.

9. 朱光潜. 西方美学史 [M]. 北京：人民文学出版社，1979.

10. 江畅. 幸福与和谐 [M]. 北京: 人民出版社, 2005.

11. 江畅. 自主与和谐 [M]. 武汉: 武汉大学出版社, 2005.

12. 江畅. 情感与人生: 伦理学视野的审视 [J]. 伦理学研究, 2009 (4).

13. 焦国成. 传统伦理及其现代价值 [M]. 北京: 教育科学出版社, 2000.

14. 樊和平. 中国伦理精神的历史建构 [M]. 南京: 江苏人民出版社, 1992.

15. 樊和平. 文化与安身立命 [M]. 福州: 福建教育出版社, 2009.

16. 戴茂堂. 超越自然主义 [M]. 武汉: 武汉大学出版社, 1998.

17. 戴茂堂. 西方伦理学 [M]. 武汉: 湖北人民出版社, 2002.

18. 赵红梅, 戴茂堂. 文艺伦理学论纲 [M]. 北京: 中国社会科学出版社, 2004.

19. 戴茂堂. 走向情感化的道德: 关于传统道德的反思 [J]. 社会科学, 1998 (9).

20. 戴茂堂. 人性的结构与伦理学的诞生 [J]. 哲学研究, 2004 (3).

21. 高乐田. 神话之光与神话之镜 [M]. 北京: 中国社会科学出版社, 2004.

22. 张怀承. 天人之变: 中国传统伦理道德的近代转型 [M]. 长沙: 湖南教育出版社, 1998.

23. 强以华. 西方伦理十二讲 [M]. 重庆: 重庆出版集团,

2008.

24. 强以华. 存在与第一哲学——西方古典形而上学史研究 [M]. 武汉：武汉大学出版社, 2005.

25. 蒙培元. 漫谈情感哲学 [J]. 新视野, 2001 (2).

26. 张传有. 伦理学引论 [M]. 北京：人民出版社, 2006.

27. 张传有. 西方社会思想的历史进程 [M]. 武汉：武汉大学出版社, 2005.

28. 张世英. 新哲学讲演录 [M]. 桂林：广西师范大学出版社, 2006.

29. 龙静云. 治化之本：市场经济条件下的中国道德建设 [M]. 长沙：湖南人民出版社, 1998.

30. 龙静云. 经济伦理的三个维度 [J]. 哲学研究, 2006 (12).

31. 王雨辰. 技术祛魅与人的解放：评法兰克福学派科技伦理价值观 [J]. 哲学研究, 2006 (12).

32. 王雨辰. 略论西方马克思主义科技伦理价值观 [J]. 北京大学学报, 2006 (3).

33. 王雨辰. 略论西方马克思主义的生态伦理价值观 [J]. 哲学研究 2004 (2).

34. 巴里·斯特德. 休谟 [M]. 周晓亮, 刘建荣译. 济南：山东人民出版社, 1992.

35. 休谟. 道德原则研究 [M]. 曾晓平译. 北京：商务印书馆, 2001.

36. 休谟. 人性论 [M]. 北京：商务印书馆, 1997.

37. 休谟. 道德原则研究 [M]. 北京：商务印书馆, 2002.

38. 周晓亮. 休谟及其人性哲学 [M]. 北京：社会科学文献出版社, 1996.

39. 李伦. 网络传播伦理 [M]. 长沙：湖南师范大学出版社, 2007.

40. 唐凯麟. 伦理学 [M]. 北京：高等教育出版社, 2001.

41. 马丁·摩根史特恩, 罗伯特·齐默尔. 哲学史思路：穿越两千年的欧洲思想史 [M]. 唐陈译. 北京：中国人民大学出版社. 2006.

42. 孙伟平. 价值论转向：现代哲学的困境与出路 [M]. 合肥：安徽人民出版社, 2008.

43. 王淑芹等. 信用伦理研究 [M]. 北京：中央编译出版社, 2005.

44. 龚群. 社会伦理十讲 [M]. 北京：中国人民大学出版社, 2008.

45. 龚群. 善恶二十讲 [M]. 天津：天津人民出版社, 2008.

46. A. 古谢伊诺夫, P. 伊尔利特茨. 西方伦理学简史[M]. 北京：中国人民大学出版社, 1992.

47. 张廷国. 从形式逻辑到先验逻辑 [J]. 世界哲学, 2003 (1).

48. 张海仁. 西方伦理学家辞典 [D]. 北京：北京广播电影电视出版社, 1992.

49. 阿拉斯代尔·麦金太尔. 伦理学简史 [M]. 北京：商务印书馆, 2003.

50. 阎吉达. 休谟思想研究 [M]. 上海：上海远东出版社, 1994.

51. 赖欣巴哈. 科学哲学的兴起 [M]. 北京：商务印书馆，1991.

52. 罗素. 西方哲学史 [M]. 北京：商务印书馆，1963.

53. A.N. 吉塔连柯. 情感在道德中的作用和感觉论原则在伦理学中的作用 [J]. 世界哲学，1986 (2).

54. 梁漱溟. 中国文化要义 [M]. 上海：学林出版社，1987.

55. 明恩溥. 中国人的气质 [M]. 上海：上海三联书店，2007 年。

56. 丘吉尔. 英语国家史略 [M]. 薛力敏，林林译. 北京：新华出版社，1985.

57. R.福斯菲尔德. 现代经济思想的渊源与演进 [M]. 杨培雷译. 上海：上海财经大学出版社，2003.

58. 北京大学哲学系. 西方哲学原著选读 [C]. 北京：商务印书馆，1982.

59. 不列颠百科全书·国际中文版（第15卷）：北京：中国大百科全书出版社，1999.

60. 侯士庭. 灵修神学发展史 [M]. 台北：中福出版有限公司，1995.

61. 卡儿·贝克尔. 十八世纪哲学家的天赋 [M]. 何兆武译. 北京：生活·读书·新知三联书店，2001.

62. 范玉吉. 审美趣味的变迁 [M]. 北京：北京大学出版社，2006.

63. 彼得·赖尔，艾伦·威尔逊. 启蒙运动百科全书 [M]. 刘北成，王皖强译. 上海：上海人民出版社，2004.

64. 卡西尔. 人文科学的逻辑 [M]. 上海：上海译文出版社，2004.

65. 胡塞尔. 现象科学的观念 [M]. 上海：上海译文出版社，1986.

66. 亚历山大·布罗迪. 苏格兰启蒙运动 [C]. 北京：生活·读书·新知三联书店，2003.

67. 哈耶克. 经济、科学与政治：哈耶克思想精粹 [M]. 冯克利译. 南京：江苏人民出版社，2000.

68. 西塞罗. 西塞罗三论 [M]. 徐奕春译. 北京：商务印书馆，1998.

69. 贺拉斯. 诗学·诗艺 [M]. 北京：人民文学出版社，1984.

70. 斯图亚特·布朗. 英国哲学和启蒙时代 [C]. 高新民，曾晓平等译. 北京：中国人民大学出版社，2009.

71. 马可·奥勒留. 沉思录 [M]. 何怀宏译. 北京：中央编译出版社，2008.

72. 罗卫东. 情感·秩序·美德 [M]. 北京：中国人民大学出版社，2006.

73. 赵敦华. 西方哲学史 [M]. 北京：北京大学出版社，2001.

74. 约翰·洛克. 人类理解论 [M]. 关文运译. 北京：商务印书馆，1983.

75. 马特生. 基督教伦理学 [M]. 谢受灵译. 台北：道生出版社，1995.

76. 邓晓芒，赵林. 西方哲学史 [M]. 北京：高等教育出版社，2005.

77. 胡景钊，余丽嫦. 十七世纪英国哲学 [M]. 北京：商务印书馆，2006.

78. 阿伦·布洛克. 西方人文主义传统 [M]. 董乐山译. 北京：生活·读书·新知三联书店，1997.

79. 柯林武德. 自然的观念 [M]. 吴国盛译. 北京：北京大学出版社, 2006.

80. 费孝通. 乡土中国 [M]. 南京：江苏文艺出版社, 2007.

81. 苗力田. 西方哲学史新编 [M]. 北京：人民出版社, 1990.

82. 亨德里克·房龙. 宽容 [M]. 秦立彦, 冯士新译. 北京：中国人民大学出版社, 2003.

83. 邓晓芒. 西方启蒙思想的本质 [J]. 广东社会科学, 2003 (4).

84. 杜小真. 福柯集 [C]. 上海：上海远东出版社, 2002.

85. 弗朗茨·M.乌克提茨. 恶为什么这么吸引我们？[M]. 北京：社会科学文献出版社, 2001.

网页

1. http://www.xinhuanet.com/chinanews/2009 —12/19/content_18544420.htm.

2. http://www.shxb.net/html/20100104/20100104 _ 221698.shtml.

3. http://www.ckpu.com/post/39.html.

4. http://bbs.rednet.cn/MINI/Default.asp? 111 —15587911 —0 —0 —0 —0 —a —.htm.

后　记

　　本书是由我的博士论文整理而成。博士阶段的学习，于我而言，不仅是学业的进步，更是人生的蝉变。

　　亲近伦理学，看似一种偶然，但回首前尘，却似乎更是冥冥中早已注定。1995 年秋天，作为外语专业的本科生，我踏上了英语语言文化的学习、体验与探索之旅。随着英语语言学习的深入，很久以前曾困惑过我的一个问题逐渐变得越来越不明晰以至于不断萦绕在我的脑海：中西文化为什么会有这么大的差异？而在如此异质的文化之间，英汉两种语言赖以沟通和交流的基础是什么呢？这个问题曾牢牢地盘踞在我的脑海中，以至于在没有获得让自己信服的答案前，我的语言学习几乎无法继续推进。在种种试图解惑的尝试中，我曾以为，阅读英语文学作品，浸润在作者用全部生命体验构筑的文学世界里，可以寻找解答问题的方向。为此，我选择了以英美文学为研究方向来完成英语语言文学专业硕士阶段的学业。然而，在阅读了大量的英语经典文学作品后，我发现，英美现代派文学，如诗歌《J.阿尔弗雷德·普鲁弗洛克的情歌》、《荒原》等，戏剧《等待戈多》、《玻璃动物园》、《推销员之死》等，小说《尤利西斯》、《麦田守望者》、《永别了，武器》、《了不起的盖茨比》、《喧哗与骚动》等，这些运用现代派手法创作的作品却不断向我们暗示了现代西方人心灵世界中难以摆脱的灰暗、虚无、荒诞和无意义。很显然，在走过了洋溢着英雄崇拜情结的古典时代、充满了激情的文艺复兴时代以及高度自信的启蒙时代之后，身处现代社会的人们并没有在灵魂和精神上体验到幸福。对我而言，文学作品不仅没有完全彻底解答我的疑问，而且，更让人烦恼的是，身处这个满装着社会万象的"文化大袋子"的时代里，我陷入了价值观的困惑中。为此，我一度感到前所未有的失落、迷惘和痛苦。因为，无论从生活的哪个层面，我都找不到答案。借着种种机缘，我得以踏入伦理学研究之门，这不仅非常有效地解答了困惑我多年的问题，而且，更为重要的是，在"认识你自己"的警示下，我终于找到了于我而言最重要的人生意义——它如火炬般照亮着我的征途，不断给我力量和依靠，它不仅使我找到希望，而且使我全部的生命在对它的膜拜中启程回到那永久的家乡。它不仅使我懂得，那温暖的家园感就是幸福之路上的不竭源泉，而且使我看到，随着它的被发现，我的世界便被早上初升的太阳照亮，浓雾随之消散。

我知道，所有这一切，没有哲学学院老师们指点迷津是根本无法想像的。经师易得，人师难求，在此，我要向老师们表达深深的谢意。首先，我要感谢我的导师——给予我深深启蒙的戴茂堂教授。感谢老师用宽厚和仁爱对读博之前尚为外语学院硕士生的我给予机会，使我有幸旁听老师发人深思的授课。比课堂更精彩的是老师的著述，老师的文字犹如阳光下的雪峰，纯净明晰，清澈透明，虽是哲学著作，读来却意蕴盎然，字里行间充满了对人性的体察、慈爱与悲悯，犹如黑夜中温暖的灯光，不断指引我前行，照亮我精神探求的艰难长路。三年前，当我幸运地正式忝列老师门墙后，老师高尚的人格、敏锐的思维以及严谨的治学态度无时不在教导我、感染我，不仅引领我走进了伦理学的明朗圣殿，而且教育了我该如何为人处世，为我的人生指明了方向。在博士论文选题的时候，以道德情感为切入点，老师选择用翻译的方法来促进我对哈奇森进行文本细读，并与我合作翻译了哈奇森的代表作。与老师合作逐字逐句翻译哈奇森道德哲学著作的过程不仅为我博士论文的写作确立了比较坚实的文本基础，而且使我迅速进入了伦理学语境，顺利实现了从外语专业到伦理学专业的转型。在博士论文的写作中，从文章的构思到论文的结构，从遣词造句到标点符号，老师都耗费了大量的心血，给予了非常耐心和细心的指导与帮助。与此同时，我要衷心感谢江畅教授，无论在我读博之前，还是在读三年期间，江老师总是不断地用鼓励给我勇气，用榜样给我信心，否则，我在三年前绝无"野心"问津哲学这高贵的学科，在这三年期间也难以看见希望的曙光。尤其值得一提的是赵红梅教授，无论在学业上，还是在生活上，我都要感谢她，感谢赵老师用仁爱之心给了我种种宝贵的帮助和支持。在论文开题与写作的过程中，江畅教授、强以华教授、高乐田教授、舒红跃教授、冯军教授、周海春副教授、陈道德教授、余卫东副教授、姚才刚副教授、王义芳老师等都给我提出了非常有益、非常中肯的建议与帮助，这些建议与帮助都极大地促进了我对问题的思考并使论文的写作思路得以真正明晰。论文写作的过程也是反思人生的过程，在这个"价值多元"的"信息高速公路"时代，如果无法单单只做一名"麦田守望者"，如果想使渺小的自我保持人格的真正独立以及灵魂与心灵的健康和完整，我们离不开伦理学，尤其离不开伦理学的反思之路。我知道，没有哲学学院老师们在宽容与和善的氛围中进行的谆谆教诲，于我而言，这一切都是天方夜谭。因此，籍此机会，我要再次向这些可亲、可敬的老师们致以最诚挚的谢意！

除此之外，我要把特别的感谢传达给武汉大学邓晓芒教授、曾晓平教授以及浙江大学罗卫东教授和浙江大学出版社的编辑们。作为康德研究专家，邓老师所谈起的哈奇森曾有效地启迪了我的思维，增强了我的信心。在论文写作之前的文本阅读和翻译阶段，曾老师曾给予了非常关键的指导和帮助。作为斯密研究专家，罗老师立足经济学领域，帮助我更清晰地认识了哈奇森道德情感思想的局限和不足。感谢浙江大学出版社的编辑们，他们抱着认真、负责的态度，对我们合作翻译的哈奇森著作进行了认真、细致的校对，再次促使我对哈奇森著作进行了更深入、更细致、更具宏观视野的文本细读，从而有效地促进了我对哈奇森的理解和领悟，进而为论文的顺利写作打下了良好的基础。

在博士论文评审与答辩过程中，学界专家对论文选题、研究视角、研究的理论价值和现实意义、研究方法与框架、研究内容，以及论文提出的诸多观点等多方面，都作了充分的好评与肯定。除此之外，还为我提出了需要改进的地方和今后进一步研究的方向。为此，我要感谢清华大学的万俊人教授、武汉大学曾晓平教授以及张传有教授、中国社会学学院孙伟平教授、湖南师范大学张怀承教授以及李伦教授、华中师范大学龙静云教授、华中科技大学张廷国教授、中南财经政法大学王雨辰教授、湖北大学江畅教授、高乐田教授以及强以华教授。感谢万俊人教授不辞辛劳专程从北京赶赴武汉主持我的论文答辩。感谢各位先生对我的鼓励与期待。

在这种肯定与鼓励的鼓舞下，在论文答辩之后，我开始对论文进行修改和完善。论文修改的动力源于以下三个方面。首先，在论文答辩之后，我再次走进我的导师戴茂堂教授的课堂聆听老师的授课，同过去相比，再次听老师授课课时产生的感受是截然不同的。老师的诸多思想给了我很大的启发，并直接敦促我着手对博士论文进行深入、细致的修改。其次，在修改论文的过程中，浙江大学出版社在"启蒙运动研究译丛"中推出了一系列国外专家撰写的有关苏格兰启蒙运动的研究专著，并于2010年底在北京召开了第二届苏格兰启蒙运动学术研讨会。论文答辩后，在参加这次研讨会的时候，我得到了浙江大学出版社赠送的这批国外研究专著的译本，这些译本以及会议帮助了我对博士论文进行进一步的修改与完善。最后，经由国家图书馆进行国际互借，我得到了几本英国和美国的有关哈奇森的研究专著，对这些专著的阅读给了我新的灵感，使我得以报以愉快的心境进行论文的修改。通过这些修改，与答辩时的博士论文相比，文章应该说是更成熟了。但我知道，就哈奇森的研究而言，我的研究虽然是独特的，但或许仍然是肤浅的，这意味着，今后还有很长的路要走，还有很多工作要做。不仅如此，哈奇森的道德情感思想虽然极具原创性，但它不是凭空产生的，哈奇森道德情感思想既是时代的产物，也是前人思想发展的必然结果。就此而言，作为真正完美的哈奇森研究而言，应该把哈奇森置于历史的时空点上来进行立体的研究，用博士论文答辩主席万俊人教授的话说，就是要把"哈奇森的肖像画变成视频"。在博士论文写作与修改的过程中，我曾有过这样的"野心"，但在实践的过程中，我发现，做一个"哈奇森视频"的确是一个非常浩大的工程，就本论文的选题——"哈奇森道德情感思想研究"——而言，我只好暂时放弃这个宏伟的计划。不过，在今后的拓展研究中，我将沿着万俊人教授指出的努力方向与前进道路而行，为此，我要再次对万教授表达深深的谢意。

到目前为止，借着种种机缘造化，因着种种缘分与助力，本书已基本成型。感谢浙江大学出版社启真馆文化传播有限公司王志毅总经理以及杨苏晓编辑为本书顺利出版所付出的一切辛劳。感谢湖北大学哲学学院以及湖北省道德与文明研究中心对本书的资助。感谢我的先生梅德高博士及家人多年来对我的鼓励、帮助和支持。最重要的是，我要感谢上天赐予苦难与幸福，如果没有那些欣喜、欢乐、困惑、痛苦与迷惘，在面对哈奇森道德情感思想时，我不会产生那么多的共鸣、疑惑以及苦闷，更不会通过研究哈奇森而收获人生的豁达与明亮。感谢命运，感谢生活！